複雑系の数理

松葉育雄●著

朝倉書店

序　　論

　自然現象か社会現象かにかかわらず，目に見える複雑さとその複雑さを生み出す法則との関係を明らかにすることは応用上重要である．複雑な法則の下に生み出された現象は当然の結果として複雑になる．システムに複雑に折り重なるような原因が発生すると，複雑な挙動が観測される．たとえば，ノイズが加わるとそれだけで不規則な変動が現れる．しかし，そのような原因がないにもかかわらず，単純な法則のみを繰り返し適用するだけで，その単純さからは想像できない複雑な現象が現れる場合がある．複雑さが単純な法則で生み出せるところに面白さがあるのと同時に，そのことは応用する場合にも都合がよい．工学が対象とする現象は少なからず複雑な様相を呈する．単純な法則からの複雑さの発見がさらに新たな発見につながることはしばしばあるが，安易に単純な法則を仮定することは避けるべきで，いろいろな角度から調べることが必要である．システムの挙動を数式で表すことは，その対象から何らかの情報を引き出し，そして新たな環境などで動作を試すことが目的である．このため，時間的あるいは空間的に連続変数で記述されるならば常微分方程式，偏微分方程式，遅延微分方程式などが用いられ，離散的変数ならば写像，差分方程式，遅延差分方程式，セルオートマトンなどが用いられる．複雑さは，2次元から3次元に，また連続系から離散系に進むにつれて増す．セルオートマトンは偏微分方程式などと異なるアプローチであるが，結果的にきわめて複雑な挙動を呈する．しかし，構成要素の動作は実に簡単な法則で記述される．

　さて，複雑さをどのように捉えればよいだろうか．一見不規則に変動するデータでも，よく調べるとデータを発生する法則が実はたいへん簡単な場合がある．カオスはその代表例である．複雑さが，その構成要素まで戻っても複雑ならば，アプローチ自体の複雑さが要求されるだろう．その時にはノイズなど内在的に複雑に変動する要素を持ち込む必要があるが，それでも実際の現象を把握するにはまだ隔たりがある．モデル化の技術，コンピュータの性能がどのように改善され

ても依然，問題は残る．最近よく耳にする複雑系という言葉は，カオス，フラクタルなどを総称して使われているようだが，複雑さ自体が意味するものに関する合意のとれた統一見解はない．大まかには，カオスのように複雑に見える現象でも，比較的簡単な法則で説明できるものを指している．複雑さに潜む新たな，そして簡単な法則が見出されればたいへん魅力的だが，現実の対象は決してそのような理想的な場合に限定されることはないだろう．簡単な法則がない，あるいは発見できない場合でも，何らかの対処法が望まれる．本書が対象とする複雑な問題は，カオス，フラクタルに限定することのない一般的な問題である．

複雑な現象を生じる法則が分からない場合でも，何らかの方法でその現象を数学的に表すことが必要になる．一般によく用いられる方法では，観測データを再現できるような適切な関数を用いて近似する．関数近似はたいへん有用な方法で，その実用性も高い．たとえば観測データを多項式で近似する場合，問題はその多項式の次数を決めることである．複雑さは合目的にその多項式の次数を決める指標であり，複雑さと関数近似は密接に関係する．システムの挙動を表す法則が与えられている場合，より深化した方法が採られる．たとえば線形常微分方程式でモデル化できるならば，ラプラス変換など各種の変換方法を用いてその方程式を解く常套手段がある．それでは，線形微分方程式で記述できない複雑な問題は，どのようにモデル化し，さらにどのようなアプローチでその挙動を把握すればよいだろうか．非線形性が重要な役割を果たす問題では，その非線形性ゆえに汎用的な方法は望めないが，本書で述べるスケーリング法は，関連する従来方法とともに読み進めれば，実は広範囲な対象に応用できることが理解できるだろう．また，関連する各種の手法が，今後も提案されることが期待される．

複雑さは対象の大きさ（スケール）とたいへん関係が深く，しばしばスケールそのものが問題となる．半導体チップの大きさを2倍にすれば，消費電力はどの程度大きくなるだろうか．航空機の大きさを2倍にすると，燃料がどの程度必要になるだろうか．冷蔵庫の容量を2倍にすると，電気料金がどの程度増えるだろうか．このように，ある量とそのスケールを変えた場合の関係を問題にするのがスケーリングで，日常的にも産業応用としても重要であることはいうに及ばない．ある量とは上記のような物理量でも経済的な量でもよく，それらがどのような法則で決まっているかを問題にするのが物理であり経済である．経済のように法則自体がそもそも特定できず，しかも，経済の実体以外の要素が絡まってくる

と，純粋に経済理論の枠組みで議論することが意味をなさない場合が多い．しかし，半導体チップの中で電子に関する想像もできない複雑な現象が生じていたとしても，チップのマクロな性質としては，消費電力がチップの大きさと簡単な関係にあることは経験的に知られている．つまり，内部で起こる複雑な現象のモデルが作成できなくても，消費電力とチップの大きさに着目するならば，異なるアプローチで対処できる可能性があり，それを可能にするのが実は複雑さそのものである．問題にしているのは複雑さを生む法則自体ではなく，スケールを変えた場合の変換則がどのように表されるかである．もちろん，法則が正確に分かれば変換則は解析的に，あるいはシミュレーションで直ちに導かれるが，実はメカニズムが正確に分からなくても変換則が導かれる場合がある．これが，本書の主題である．たとえば，半導体チップの中を流れる電子の動作特性を明らかにできるならば，チップの大きさに対して消費電力を見積もることは，理論的に，あるいはシミュレーションなど何らかの方法で可能であろう．しかし，実際には，チップ中の電流の動作は複雑で，その動作を正確に把握することは容易でない．

　自然現象，社会現象に限らないが，対象の動作を記述する必要性に迫られるとき，どのようなアプローチを採用するだろうか．すぐ思いつくのは，微分方程式あるいは差分方程式などである．実際，半導体デバイス，大気の変動など，分子的な変動から数 km に及ぶマクロな変動まで，方程式の形は異なるにせよ微分方程式が主な道具として用いられてきており，また，今後も変わらないであろう．微分方程式としてモデル化されれば，残る問題はその解を得ることであり，コンピュータを駆使すれば詳細な挙動は分かる．しかし，問題によっては詳細な挙動まで知る必要性がない場合も多い．たとえば，半導体デバイスの性質を知るには，個々の電子の挙動は必要でなく，平均的な挙動が分かれば十分である．対象に関する知識が不完全な場合，このような還元的な方法よりは，むしろスケールに関する量だけで記述可能な方法が望まれる．スケーリング法がこのような問題を解決する一つの有効な手段なのである．

　スケーリング法の古典的な例に次元解析がある．長さ，面積，体積といった幾何学量の単位をスケールとして用いることで，たとえば体積は長さの3乗で表せることが導ける．このようにべき則になっていることは，面積，体積に関する知識を借りることで自明であるが，別の角度からこの問題を考えよう．一辺の長さは cm, m などの長さの単位で表され，単位を変更すれば，一辺の長さを表す数

値は異なるものとなる．たとえば，1 m は 100 cm であり，数値としては 1 から 100 に変わる．単位を変更して，一辺の長さを表す数値が L 倍されたとする．このとき，面積を表す数値は $(L×長さ)×(L×長さ)=L^2×(長さ)×(長さ)$ となり，もとの面積の L^2 倍になる．このことは，物の次元を考えれば，べき則は自然と導かれることを示している．このように，次元を手がかりにべき則を導く方法が次元解析である．次元解析を拡張した相似変換の利用例に模型実験がある．模型実験とは，もとの現象とその模型で起きる現象が同じ法則を満たすように模型の諸量を決め，模型を用いた現象からもとの現象を推定しようとする試みである．よく知られた例に，平行な流れの中に置かれた円柱の背後に生じるカルマン渦がある．長さの縮尺を 1/5 にすれば，流速は 5 倍にしなければならず，また，単位時間あたりの渦の発生数は 25 倍になることが知られている．逆に，この模型実験から実際の現象として生じるカルマン渦の発生数が推定できる．

　スケーリング法は，幾何学的な対象から動的システムまで幅広く適用できるが，その基本概念を把握するために簡単な幾何学を考えてみよう．たとえば，相似な図形の面積の変化を考える．もとの図形の一辺を 2 倍に相似的に拡大すると，面積は $2^2=4$ 倍になり，3 倍に拡大すると，$3^2=9$ 倍になる．逆に，1/2 に縮小すると $(1/2)^2=1/4$ に，1/3 に縮小すると $(1/3)^2=1/9$ になる．一般に L 倍すると，面積は L^2 倍になる．相似な立体の体積も同様で，立体の一辺を L 倍すると，体積は L^3 倍される．このような変換を自己相似変換と呼び，ここに現れる数字 2, 3 は変換された物の大きさを与える指数つまり次元で，これがスケーリング問題の解を与えていることになる．つまり，対象の大きさを L 倍したとき，面積，体積といった量が L に関してどのように変換されるかという問題の解を具体的に与えている．スケーリング法は次元解析と異なり，物理量の単位に頼らないので，次元をもたない各種のパラメータに対しても適用できる利点がある．以上のように，物理量が L のべき関数になっていることがスケーリング法から必然的に得られる特徴で，このような簡単な例では明らかでないが，実はべき関数が複雑な現象と深く関係し，そのべき指数が複雑さの指標として重要な意味をもつ．たとえば，フラクタル図形の場合はフラクタル次元になる．べき則が複雑さと深く関係するわけは，もとの対象をスケール変換してどのように微細にしても，同じべき則が現れるからである．このような性質をスケールフリーという．

　以上に述べたべき関数に特有な性質を数式を用いて表現してみよう．いま，あ

る量 y が別な量あるいはパラメータ x の関数として，$y=f(x)$ と表せたとする．べき則とは，$f(x)\approx x^a$ のようなべき関数で表せる法則のことである．記号「$\approx$」は比例関係を表し，a はべき指数である．たとえば，正方形の面積を y，一辺の長さを x とすれば，$y=f(x)=x^2$ となるので $a=2$ である．べき則の重要な特徴は，x を Lx にスケール変換することで現れる．このとき，L の大きさに関係なく，$f(Lx)=L^a f(x)$ を満たすことは容易に分かる．$f(x)$ が面積を表していれば，このことは単に L^a 倍された面積になることを意味している．この式が意味することとして，Lx にスケール変換したときに L^a 倍されたことだけではなく，$f(Lx)$ の x 依存性自体は本質的に $f(x)$ で表されている点がより重要である．ちょうど倍率を変えて虫眼鏡で観察しているようなもので，大きさが異なるものの，同じ形状，挙動が観察されるスケールフリーの特徴をもつ．図形の場合，複雑なフラクタル図形の特徴そのものである．以上のことから，べき則が複雑さと深くかかわっていることが理解できると思う．

　本書の構成を以下に示す．第1章では，本書で扱う複雑な現象の例を示す．フラクタル図形のみならず動的システムの複雑さの特徴を見る．そこで現れるべき則の意味をいろいろな角度から調べる．第2章では，各種の情報量，フラクタル次元など複雑さの捉え方を述べる．複雑な現象を調べる第一歩である．第3章では，関数の近似方法について述べる．複雑な現象の解析においては，実際に何らかの方法で現象を数学的に表す必要がある．複雑な現象を生むメカニズムが分からないとき，関数近似はたいへん有用な方法で，その実用性も高い．第4章は次元解析に当てる．次元解析は次元に着目したスケーリング法の初歩的な手法で，スケーリング法の入門的な解説でもある．第5章は本書の中核で，スケーリング法について詳細に述べる．第6章では，時間的に変動するシステムへのスケーリング法の応用について述べる．第7章では，カオスのスケーリングについて述べる．複雑な現象の代表であるカオスの複雑さには各種のべき則が現れる．第8章では，自己組織化臨界現象へのスケーリング法の応用に関して述べる．

　最後に，本書をまとめるに当たって多くの計算が研究室の大学院生および卒業生の手によって行われた．ここに感謝する．

2004年11月

松葉育雄

目　次

1. **複雑な現象** ……………………………………………………………… 1
   1.1 複雑な形 ……………………………………………………………… 1
      1.1.1 複雑な図形の特徴 ……………………………………………… 1
      1.1.2 べき則，代表値の不在，スケール変換不変性，スケールフリー … 6
      1.1.3 フラクタル次元 ………………………………………………… 8
      1.1.4 自己相似性 ……………………………………………………… 11
      1.1.5 いくつかの例 …………………………………………………… 15
   1.2 複雑な変化 …………………………………………………………… 20
      1.2.1 正弦波の和 ……………………………………………………… 20
      1.2.2 ワイエルシュトラス関数 ……………………………………… 22
   1.3 スケール変換不変性 ………………………………………………… 26
      1.3.1 ランダムウォーク ……………………………………………… 26
      1.3.2 スケール変換不変性 …………………………………………… 31
   1.4 動的システムの複雑さ ……………………………………………… 35
      1.4.1 不規則変動する時系列 ………………………………………… 35
      1.4.2 カオスの複雑さ ………………………………………………… 37
   1.5 ランダムフラクタル ………………………………………………… 38
      1.5.1 拡散律速過程 …………………………………………………… 38
      1.5.2 浸　透 …………………………………………………………… 41
   1.6 べき則の例 …………………………………………………………… 42
      1.6.1 ジップの法則 …………………………………………………… 42
      1.6.2 当てはめの問題 ………………………………………………… 45
      1.6.3 その他のべき法則 ……………………………………………… 46

2. 複雑さの捉え方 … 48
2.1 情報とエントロピー … 48
2.1.1 シャノン・エントロピーとガウス型確率密度 … 48
2.1.2 カルバック・ライブラー情報量 … 53
2.1.3 一般化エントロピーとべき則 … 56
2.2 情報生成とエントロピー … 61
2.2.1 情報生成とリアプノフ指数 … 61
2.2.2 位相的エントロピーと測度論的エントロピー … 65
2.3 空間的な複雑さ … 68
2.3.1 一般化フラクタル次元 … 68
2.3.2 マルチフラクタル … 71
2.4 時間的な複雑さ … 75
2.4.1 自己相関関数 … 75
2.4.2 自己相似性とハースト数 … 76

3. 関数近似と計算論的複雑さ … 78
3.1 関数の近似 … 78
3.1.1 近似関数 … 78
3.1.2 近似と複雑さ … 82
3.1.3 特異値分解法 … 86
3.2 重みつき残差法 … 88
3.2.1 簡単な例 … 88
3.2.2 流体の対流とローレンツモデル … 90
3.3 通常の近似では扱えない場合 … 96
3.3.1 特異摂動法 … 96
3.3.2 スケール変換不変な解 … 99
3.3.3 多スケール逓減法 … 100
3.3.4 対流臨界点近傍での挙動 … 103
3.4 問題の計算量 … 105
3.4.1 計算論的複雑さとは … 105
3.4.2 積分への応用 … 109

3.5 ニューラルネットワーク ……………………………………… 111
3.5.1 連想記憶と記憶容量 ……………………………………… 111
3.5.2 パーセプトロン ………………………………………… 112
3.5.3 VC容量：最悪のケース ………………………………… 113
3.5.4 ストレージキャパシティ：平均のケース ………………… 115
3.6 視覚系のモデル ……………………………………………… 117
3.6.1 視覚野におけるコラム構造 ……………………………… 117
3.6.2 スパースコーディング …………………………………… 119

4. 次元解析 ……………………………………………………………… 123
4.1 次　　元 ……………………………………………………… 123
4.2 次元解析 ……………………………………………………… 125
4.2.1 次元解析とは ……………………………………………… 125
4.2.2 次元をもつ関数の特徴 …………………………………… 126
4.2.3 無次元パラメータへの変換 ……………………………… 127
4.3 次元解析の応用 ……………………………………………… 129
4.3.1 振り子 ……………………………………………………… 129
4.3.2 ピタゴラスの定理 ………………………………………… 131

5. スケーリング法 ……………………………………………………… 133
5.1 自己相似変換とスケーリング法 …………………………… 133
5.2 スケーリング法入門 ………………………………………… 133
5.2.1 1変数の関数方程式とべき関数 ………………………… 133
5.2.2 多変数の関数方程式とスケール関数 …………………… 136
5.3 スケーリング法の簡単な応用 ……………………………… 138
5.3.1 べき則と次元解析 ………………………………………… 138
5.3.2 動的システム ……………………………………………… 139
5.4 いくつかの例 ………………………………………………… 145
5.4.1 樹状電気回路のインピーダンス ………………………… 145
5.4.2 生物の代謝率 ……………………………………………… 146
5.4.3 コンピュータ科学 ………………………………………… 148

- 5.5 スケール変換不変性と階層構造 …………………………… 151
  - 5.5.1 階層構造の不変性 …………………………………… 151
  - 5.5.2 乱流のコルモゴロフ則 ……………………………… 153
  - 5.5.3 エネルギーカスケード ……………………………… 154
- 5.6 スケール関数の役割 …………………………………………… 156
  - 5.6.1 円の多角形近似 ……………………………………… 156
  - 5.6.2 コッホ曲線 …………………………………………… 158

6. 時間スケーリング …………………………………………………… 161
- 6.1 ランダムウォークを超えて …………………………………… 161
  - 6.1.1 レヴィフライトとレヴィウォーク ………………… 161
  - 6.1.2 動物の摂食行動 ……………………………………… 164
- 6.2 短期記憶過程 …………………………………………………… 166
  - 6.2.1 分散のべき則 ………………………………………… 166
  - 6.2.2 動的自己相似性 ……………………………………… 168
- 6.3 長期記憶過程 …………………………………………………… 170
  - 6.3.1 長期記憶過程の特徴 ………………………………… 170
  - 6.3.2 非整数ブラウン運動 ………………………………… 171
- 6.4 確率密度の自己相似性 ………………………………………… 172
  - 6.4.1 長期記憶過程の確率密度 …………………………… 172
  - 6.4.2 自己相似性 …………………………………………… 173

7. カオスのスケーリング ……………………………………………… 175
- 7.1 カ オ ス ………………………………………………………… 175
- 7.2 カオスの構造的複雑さ ………………………………………… 180
  - 7.2.1 フラクタル次元 ……………………………………… 180
  - 7.2.2 リアプノフ次元 ……………………………………… 182
- 7.3 臨 界 点 ………………………………………………………… 184
  - 7.3.1 カントール集合 ……………………………………… 184
  - 7.3.2 スケーリング ………………………………………… 186
  - 7.3.3 スケール変換不変性 ………………………………… 188

7.3.4　臨界点の複雑さとエントロピー ……………………… 191
　7.4　情報の記憶 ………………………………………………………… 194
　　7.4.1　情報の生成と圧縮 ……………………………………… 195
　　7.4.2　情報圧縮と解像度 ……………………………………… 196

8. 自己組織化臨界現象 …………………………………………… 203
　8.1　臨　界　現　象 …………………………………………………… 203
　　8.1.1　スケーリング法による求解 …………………………… 203
　　8.1.2　臨界点前後の挙動 ……………………………………… 206
　　8.1.3　臨界点と非線形効果 …………………………………… 208
　8.2　自己組織化 ………………………………………………………… 209
　　8.2.1　相互作用する線形システム …………………………… 209
　　8.2.2　空間の粗視化によるスケール変換 …………………… 211
　　8.2.3　スケーリング法 ………………………………………… 214
　　8.2.4　時間領域におけるスケーリング法 …………………… 216
　8.3　非線形システム …………………………………………………… 217
　　8.3.1　非線形な相互作用モデル ……………………………… 217
　　8.3.2　スケーリング法の適用 ………………………………… 218
　8.4　セルオートマトンモデル ………………………………………… 219
　　8.4.1　基本モデル ……………………………………………… 219
　　8.4.2　交通流モデル …………………………………………… 220
　　8.4.3　地震モデル ……………………………………………… 221

付録　関数方程式 ……………………………………………………… 224

あ と が き …………………………………………………………… 226
文　　　献 …………………………………………………………… 227
索　　　引 …………………………………………………………… 239

1

複 雑 な 現 象

　単純な形でも，その大きさを変え何重にも折り重ねれば，しだいに複雑な形になる．フラクタルと呼ばれる図形がそうである．正弦波のような単純な変化でも，その大きさを変え何重にも折り重ねれば複雑な波形になる．見かけの複雑さは実に簡単な方法で作ることができる．本書の目的は，いろいろな複雑な現象の例を取り上げ，その複雑さを解析し，その特徴を把握し，応用することである．本章では，逆に法則を与えて，その法則から生成される現象がどのように複雑になるかを調べる．

　複雑さとは予期しない現象が出てくることを意味するが，そのような例として読者もすぐ思いつくものに乱数がある．複雑でない現象であっても乱数が付加されれば，それが直接，間接的な原因となって複雑に見える．当然の結果である．しかし，乱数を用いなくとも，さまざまな形で複雑な現象が現れる．何をもって複雑というかは，立場の違いによりその解釈は異なる．

1.1 複 雑 な 形

1.1.1 複雑な図形の特徴

　複雑な形を表す代名詞になっているのがフラクタルである．マンデルブロが1983年にはじめて導入したこの概念の重要さは，次のように表現できる．物の長さは，物に固有の性質としてユニークに決まるはずだと思いがちであるが，実はそれは単純で滑らかな形の場合であって，複雑な図形には当てはまらない[1~3]．測定に使用する物差しの尺度（単位長さ）によって物の長さが変化することを実に見事に表現した．マンデルブロによって示された有名な例を引用すると，海岸や国境の長さLは，測定に使用する物差しの尺度rの関数として$L(r)$と表せる．物差しの単位を短くすればするほど，一般にLが大きくなる．なぜならば，図1.1に示すような破線に沿った長さを測ろうとするとき，単位長さの小さい物差し$r_1 (r_1 < r)$を使用して測ると，長さは$L(r_1) = 2r_1$となる．直線でない限り$L(r_1) > L(r)$であり，単位長さの小さい物差しで測定すると物の長さは長くな

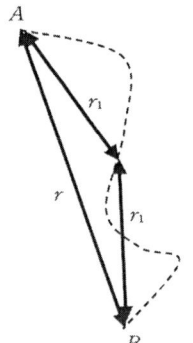

図1.1 複雑な図形の長さの測定

る．一般に，$L(r)$ は r の減少関数である．しかも，マンデルブロが示した重要な点は，$L(r)$ が r のべき関数として，

$$L(r) \approx r^{1-D} \tag{1.1}$$

と表せることを実証したことである．このように，物理量がべき関数で表されるとき，その現象はべき則にしたがうという．物差しの単位のことを単にスケールと呼ぶことがあるが，このとき，べき則をスケーリング則と呼ぶ．

式(1.1)に現れるべき指数 D を，フラクタル次元と呼んでいる．ここで，記号「$\approx$」は比例関係を表し，以降特に必要がない限り比例係数は明示しない．D は正の定数で，複雑な図形を特徴づける．直線のような滑らかな図形では，図1.1から分かるように物差しの尺度によって長さが変わることはなく，$L(r_1)=L(r)$ となり，r に依存しない．これから $D=1$ となり，省略した比例係数がその図形固有の長さである．このとき，$\lim_{r \to 0} L(r)$ の値は存在し，それが実際の長さになるが，複雑な対象では $D>1$ となるので，$\lim_{r \to 0} L(r) = \infty$ と発散する．この事実が，物の長さとは何かと考えさせられる理由になっている．

ここで，例として図1.2に示す岩手県の三陸海岸に沿った長さを測定してみよう．図は1/400000の地図(本書ではさらに66.7%に縮小してある)で，物差しの単位長さを $r=0.25\,\mathrm{cm}$ から $r=4.0\,\mathrm{cm}$ まで変化させて測定した結果を図1.3(a)に載せた(1 cmは実際には4 kmに相当する)．図の横軸は r，縦軸は物差しを当てた回数 $N(r)$ を表す．グラフから，$r=0.25 \sim 4.0$ の範囲で

$$N(r) \approx r^{-D} \tag{1.2}$$

を得る(文献[4]でも同様の計算がなされている)．これを両対数グラフで表すと，

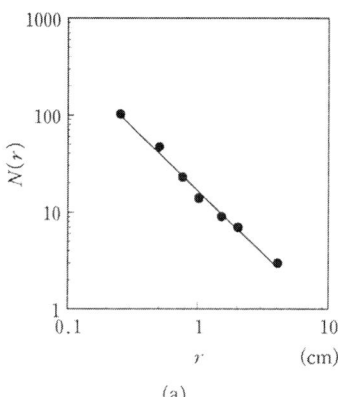

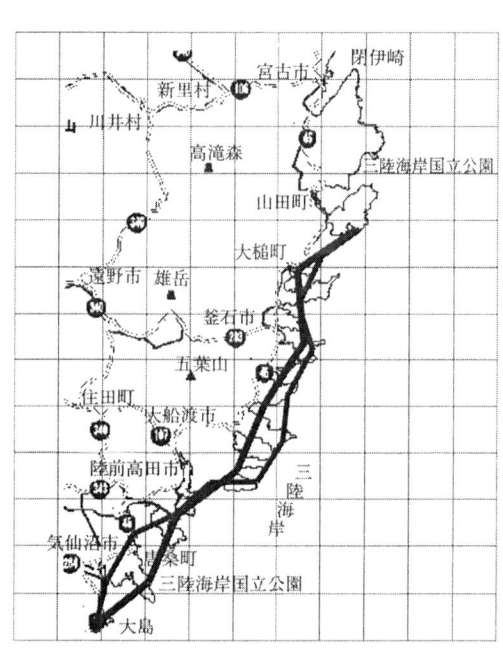

図 1.2 三陸海岸
縮尺：1/600000（1/400000 の地図を本書ではさらに縮小）

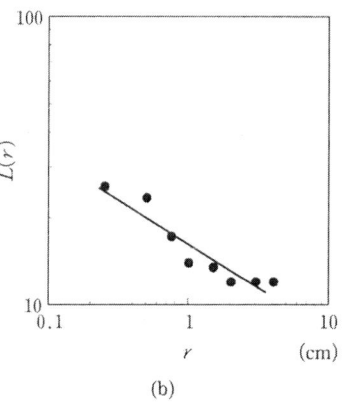

図 1.3 三陸海岸の長さ
(a) 物差しを当てた回数 $N(r)$
(b) 海岸の長さ $L(r)$

$\log N(r) =$ 定数 $- D \log r$ となるので，データを直線回帰することで $D = 1.30$ ($R^2 = 0.992$) と求まる．イギリスの海岸に対しても同様の計算例が報告されている[2]が，そこで求まったフラクタル次元 1.36 は三陸海岸の場合とあまり変わらない．ほぼ同じ値になる理由は，地図で表せる海岸の複雑さの限界に起因するものと考えられる．もう一つの測定方法は，図 1.2 に示すようにいろいろな大きさ r のメッシュを作成して，海岸が通るメッシュ数を数えることで計算する方法である．結果は物差しを当てる回数で算出したフラクタル次元とあまり変わらない．後者の方法は箱（ボックス）の個数を数えることから，容量次元（ボックスカ

ウント次元)と呼ばれている.通常,フラクタル次元といっているのはこの次元のことが多い.

海岸の長さは $L(r)=rN(r)$ から求まるので,式(1.2)から,
$$L(r)=rN(r)\approx r^{1-D} \tag{1.3}$$
を得る.測定した長さをみると,図1.3(b)に示すように $r=0.25\sim 4.0$ の範囲では,べき関数 $L(r)\approx r^{-0.298}$ ($R^2=0.888$) になる.一般に,べき則が成り立つ r の範囲のことを,スケーリング領域と呼んでいる.指数 -0.298 は式(1.3)から計算した $1-D=-0.30$ にほぼ等しい.複雑な図形では $L(r)$ が物差しの尺度 r によって変化するのだから,長さを定義しようがない.むしろ,フラクタル次元が重要である.いうまでもなく,長さだけではなく,面的な物,立体的な物などについても同じことがいえる.しかし,$r=0.25$ 以下では,図1.2に示す解像度においては海岸線に十分に沿った測定ができるので,この地図上ではべき則ではなく,むしろ海岸線固有の長さに近くなっている.

【海岸線,境界など】

海岸線,県の境界など複雑そうに見える図形がべき則にしたがうかどうか調べよう. □

なぜ,長さが定義できないのかをもう少し考えるために,逆に,定義できるような単純な図形を考えよう.単位長さが r の物差しを準備する.たとえば図1.4に示すように,正方形の一辺の長さを測定するため,物差しを順に当てていくと $N(r)$ 回必要だったとする.単位長さを r の半分にした物差しを使用すると,この物差しを当てる回数 $N(r/2)$ は $N(r)$ の2倍必要になるので,

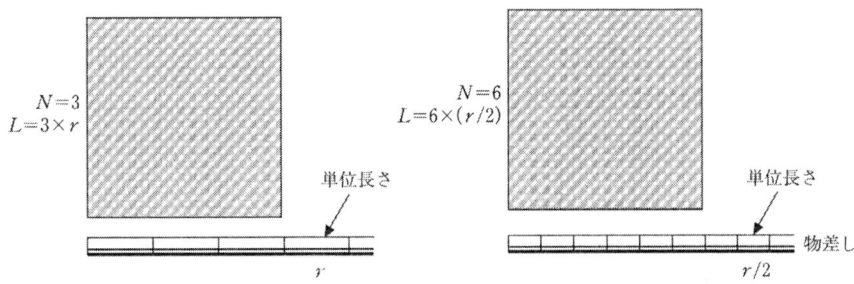

図1.4 物差しの単位長さと物の大きさ

$$N\left(\frac{r}{2}\right)=2N(r) \tag{1.4}$$

と書ける．これはスケーリング領域において成り立つと考えられるが，正方形のような滑らかな図形のときは，どのような r でも成り立つ．この関係式を長さの関係式として表すため，$L(r)=rN(r)$，$L(r/2)=(r/2)N(r/2)$，および式(1.4)を用いると，

$$L\left(\frac{r}{2}\right)=L(r) \tag{1.5}$$

を得る．長さ $L(r)$ は r に関係なく，どのような単位長さの物差しで測っても曖昧さなしに決まる．これは，式(1.3)で $D=1$ とした場合に当たる．

以上のことを長さに単位を付して見直そう．図1.4に示すように一辺の長さを測定したとき，$x=3\,\mathrm{cm}$ であったとする．いま，cm の単位 r を半分 $r/2$ にした新たな単位を cm′ とすると，同じ正方形でも $x'=2\times 3=6\,\mathrm{cm}'$ となる．これが式(1.4)の意味することである．どのような単位で測定したかを明確にしないと，単に値を見ただけではその大きさが特定できない．m と cm のことを考えれば明らかであろう．しかし，単純で滑らかな図形では，一辺の長さはどのような単位で測っても同じである．実際，$L=x\times r=x'\times(r/2)$ である．これを一般的に表したのが式(1.5)である．

式(1.5)に式(1.3)を代入すると，$(r/2)^{1-D}=r^{1-D}$ となる．これが任意の r に対して成立するためには，$D=1$ でなければならない．このことは，直線など滑らかな線に対するフラクタル次元は通常の次元1になることを示している．しかし，複雑な図形では r を半分にすると，上に例で示したように N は2倍以上必要になり，長さに直すと，

$$L\left(\frac{r}{2}\right)=cL(r) \tag{1.6}$$

と書ける．式(1.5)の場合を含め，一般に $c\geq 1$ である．$c>1$ の場合，滑らかな線とは異なり，図形は複雑になる．物差しの尺度 r は任意であり，任意の r に対して成立する式(1.6)のような方程式を，関数方程式という．関数方程式の解は式(1.3)のように r のべき関数になる（付録を参照）．式(1.6)に $L(r)\approx r^{1-D}$ を代入すると，$(r/2)^{1-D}=cr^{1-D}$ となり，これから $2^{-1+D}=c$ を得る．こうして，フラクタル次元は c を用いて，

$$D = 1 + \frac{\log c}{\log 2} \tag{1.7}$$

と表すことができる．対数の底は任意であるが，以降，明示しない限り自然対数とする．直線のように単純で滑らかな線状の図形では $c=1$ で，$D=1$ である．複雑な図形の場合は，$c>1$ から $D>1$ であり，しかも一般に非整数になる．このような複雑な図形のことをフラクタル図形と呼んでいる．

1.1.2 べき則，代表値の不在，スケール変換不変性，スケールフリー

べき則がいったい何を意味しているのか，別の角度から考えてみよう．たとえば，ある集団の身長の分布を調べると，図 1.5(a) に示すように，たいてい真ん中あたりに大きなピークをもつ釣鐘型の分布になる．近似的にガウス分布で表される場合が多いが，仮にそうだったとしよう．この場合，中心の値は平均値で，その集団の代表的な値と考えられる．つまり，この集団の身長はいくらかと尋ね

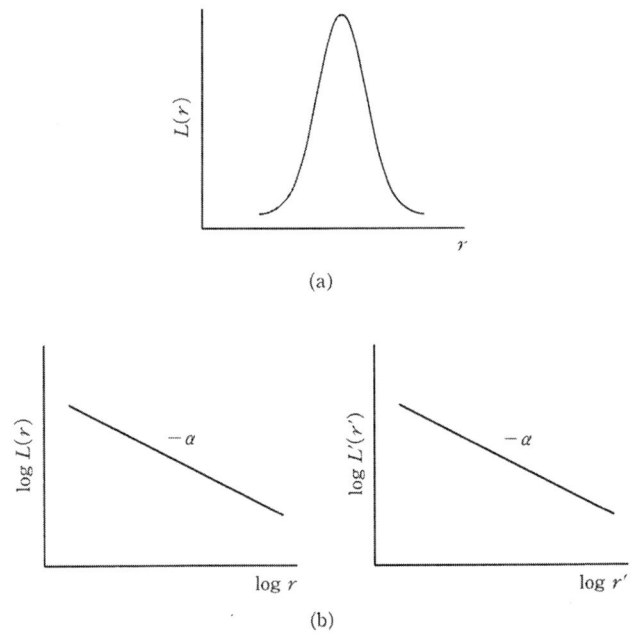

図 1.5 (a) 代表値がある場合の分布，(b) スケールフリーの概念

られれば，平均値を答えるだろう．このように大きさの代表として，平均値を持ち出す意味がある．しかしべき則になると，どうであろうか．たとえば，式(1.1)のように，身長 r の分布が $L(r)=r^{1-D}$（簡単のため比例係数を1とする）であったとしよう．$D=1$ なら，r の代表的な値はいくらかと尋ねられても答えようがない．なぜなら，高い人から低い人まで偏りなく，すべての r に対して同じ人数がいるからである．$1<D<2$ の範囲ではどうだろうか．代表値としての平均値を求めよう．r の上限値を R とすると，平均値は $R^{-1}\int_0^R rL(r)dr=(3-D)^{-1}\cdot R^{3-D}$ と求まる．この値は $R\to\infty$ とすると発散するので，平均値が存在しないことになる．べき則には代表値が存在しない．

もう少し考察を深めよう．新たなスケール r' を，たとえば，$r'=r/2$ とおく．このとき，$L(r)=L(2r')=(2r')^{1-D}=2^{1-D}r'^{1-D}$ となるが，r'^{1-D} が現れることに注目しよう．そこで，$2^{D-1}L(2r')=L'(r')$ とおくと，$L'(r')=r'^{1-D}$ となる．ここで，両辺に現れる変数 r' を記号として r で置き換えると $L'(r)=r^{1-D}$ となるが，これはもとの $L'(r')=r'^{1-D}$ と同じ関数を表す．つまり，関数として，$L'(r)=L(r)$ となる．以上のことは，スケール変換

$$r'=\frac{r}{2}$$
$$L'(r')=2^{D-1}L(2r') \qquad (1.8)$$

としてまとめることができる．べき則ならば，r' を記号として r で置き換えた $L'(r)(=2^{D-1}L(2r))$ は，

$$L'(r)=L(r) \qquad (1.9)$$

を満たす．逆に，$L'(r)=L(r)$ が成立すると，関数方程式 $L(r)=2^{D-1}L(2r)$ の解として，べき則 $L(r)\approx r^{1-D}$ が導かれる．このようにスケールを変換した長さを調べると，それはもとの長さを表す関数と同じ関数になる．このことを，スケール変換不変性という．詳しいことは第5章で述べる．

グラフとして表しても，グラフ $(r,L(r))$ とグラフ $(r',L'(r'))$ は同一になり，図1.5(b)に示す両対数グラフでは，両グラフは傾きが同じ $-\alpha=1-D$（$\alpha>0$）の直線になる．記号にダッシュがついているだけで，両グラフは同じ形である．このように，どのようにスケールを変えてグラフを描いても，同一の直線になる．これはべき則から導かれる重要な性質で，スケールフリーと呼ばれる．べき則でない場合，決してスケールフリーにはならない．たとえば，$L(r)=e^{-r^2}$ としよ

う．スケールを $r'=r/2$ と変えると $L(r)=L(2r')=e^{-4r'^2}$ となるが，これではどのように変換しても $L'(r')=e^{-r'^2}$ とはならない．このように，べき則にしたがう対象は，スケールを変えて観測しても同じように見えるのだから，代表値が存在しない．ただし，前述したようにスケールフリーが成り立つスケーリング領域があることに注意しよう．スケーリング領域を超えた r でも成り立つように，たとえば指数関数的に減少する関数 g を導入して $r^{1-D}g(r)$ と拡張することがある．

以上のように，代表値の不在，スケール変換不変性，スケールフリーといった概念は，ともにべき則のもつ顕著な特徴である．

1.1.3　フラクタル次元

フラクタル図形を定量的に定義する量は次元である．次元といっても，1次元，2次元，3次元のような整数次元ではなく，非整数で表されるフラクタル次元のことである．複雑な線状の図形のフラクタル次元は式 (1.7) に与えた．まず，通常の整数次元をどのように定義すべきか考えてみよう．図1.6に示すような単純な図形の次元を求める方法を考える．長さ 1 (大きさ 1 は以下の議論に関係ないが) の直線を考えよう．海岸線の場合と同様，物差しの尺度を 1 とすると，その単位では直線の長さは 1 である．物差しの尺度を 1/2 に縮小すると，その物差しの単位長さは 1/2 になるので，物差しを 2 回当てなければならない．あるいは，もとの直線に相似なその縮尺の直線が 2 個できる．その単位での長さは

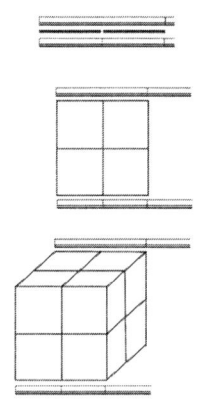

図1.6　単純な図形の次元の求め方

2となるが,実際の長さは(1/2)×2=1であり,もとの長さ1に等しい.一辺の長さが1の正方形の面積の場合,物差しの尺度を1/2に縮小すると,その物差しでの面積は1/4になる.すると,4個の小さな相似な正方形ができるので,その単位での面積は4になる.ただし,実際の面積は(1/4)×4=1であり,もとの面積1に等しい.このように,同じ物でも物差しの単位によってその大きさを表す数値は異なるが,大きさ自体が変わることはない.

以上のことを一般化して,物差しのスケールを$r(r<1)$としたとき,そのスケール(あるいは,単位面積,単位体積)で測ると,物差しを$N(r)$回(個)当てなければならなかったとする.あるいは,そのスケールでできたもとの図形に相似な図形の個数を$N(r)$とする.たとえば,$r=1/2$とすると,直線では$N(r)=2$,正方形では$N(r)=4=2^2$である.このとき,$N(r)$は次元Dを用いて,

$$N(r) = \left(\frac{1}{r}\right)^D \tag{1.10}$$

と表せる.式(1.2)と同じ形である.あるいは,両辺の対数をとり,

$$D = \frac{\log N(r)}{\log\left(\frac{1}{r}\right)} \tag{1.11}$$

と表すこともできる.上記の例では$r=1/2$としたが,$r=1/3$など異なるスケールでも次元の値は変わらない.実際,正方形の面積で$r=1/3$とすると$N(r)=9$となるので,$D=\log 9/\log 3=2$である.また,滑らかな曲線,滑らかな曲線を辺にもつ面でも同様である.

【立体の次元】
一辺の長さが1の立方体を考えよう.$r=1/2$で$N(r)=8=2^3$となるので,式(1.11)から$D=\log 8/\log 2=3$となる.立方体は3次元である. □

【異なる縮尺】
再び,一辺の長さが1の正方形を考えよう.横,縦の縮尺をそれぞれ$r_x=1/2$,$r_y=1/3$とすると,$N(r)=6$である.このような物差しでできた縮小図形は長方形で,もとの図形と相似にならない.しかし,横縦方向へその単位長さで測るとそれぞれ$N_x(r)$,$N_y(r)$($N(r)=N_x(r)N_y(r)$)回必要だったとする.次元は$D=\log N_x(r)/\log(1/r_x)+\log N_y(r)/\log(1/r_y)$から求まり,やはり$D=2$となる[5]. □

式(1.11)にしたがって次元を計算すると,これまで述べてきた単純な図形に

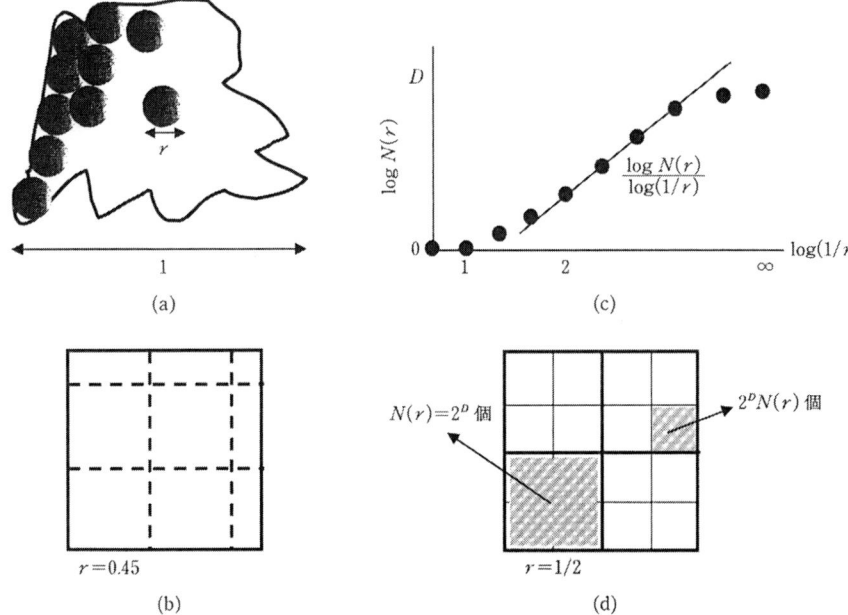

図 1.7 (a) フラクタル次元の求め方，(b) 縮尺によっては正方形の次元を正確に求められない，(c) スケーリング領域の定義，(d) 正方形の自己相似変換

対する通常の次元(整数)に限らず，非整数な値をもつ次元に拡張することができる．このように，式(1.11)で定義する次元 D は，縮小した図形の個数を数えて算出しているので容量次元になる．整数で表せる次元と計算手段が同じなので，通常の次元もフラクタル次元の特別な場合と考えることができる．以上のように定義したフラクタル次元を複雑な図形にも適用できるように，また，後の章で論じるカオスで利用する種々のフラクタル次元を求めるためにも，もう少し拡張して次元を定義しておいた方が便利である．

図 1.7(a)に示すように，大きさ 1 の対象を 1 次元の大きさが $r(r<1)$ の小さな箱で覆い尽くすことができたとしよう．この図形のフラクタル次元を，$r \to 0$ の極限をとって，

$$D = \lim_{r \to 0} \frac{\log N(r)}{\log\left(\dfrac{1}{r}\right)} \tag{1.12}$$

と定義する．ここで，$N(r)$ は図形を覆い尽くすのに要する箱の数である．式(1.11)と異なり，なぜ極限 $r \to 0$ をとる必要があるのか考えよう．図の置かれた空間の次元を d とすると，一つの箱の体積（長さ，面積，体積を総称して体積といっている）は r^d である．たとえば立体のような単純な図形を考えると，箱で覆う個数は $1/r^d$ であるが，c を r によらない定数として，一般に $N(r)=c(1/r)^d$ と書ける．これを式(1.12)に代入すると，

$$D = \lim_{r \to 0} \frac{\log c \left(\frac{1}{r}\right)^d}{\log\left(\frac{1}{r}\right)} = \lim_{r \to \infty} \frac{\log c + d \log\left(\frac{1}{r}\right)}{\log\left(\frac{1}{r}\right)} = d + \lim_{r \to 0} \frac{\log c}{\log\left(\frac{1}{r}\right)} = d \quad (1.13)$$

となる．$r \to 0$ とすることで第3式の第2項が0になる．こうして，単純な図形のフラクタル次元は空間の次元に等しくなる．式(1.11)までは，$r=1/2$ のように，一辺の長さを等分割できるように設定したので $c=1$ となっていたが，実はそのような必要はない．このような一般的な場合も考慮したのが式(1.12)である．実際，縮尺を $r=0.45$ のような中途半端な値にすると，図1.7(b)に示すように一辺の長さが1の正方形は4個では覆い切れず，9個も必要になる．これでは正確な次元が求まらない．また，r を大きくしすぎると図形の形状を反映できなくなり，やはり，式(1.11)では求まらない．実際，$r>1$ とすると $N(r)=1$ なので，$D=0$ となってしまう．このように，極限 $r \to 0$ をとって定義しなければ，真の次元が求まらないことが分かる．

実際の計算では極限 $r \to 0$ はとれないので，いろいろな r に対して $N(r)$ を計算して，横軸に $\log(1/r)$，縦軸に $\log N(r)$ をとった両対数グラフを描く．図1.7(c)のように直線になる領域，すなわちスケーリング領域で直線回帰し，その傾きとして D を決めるのが一般的である．以上の定義が非整数となるフラクタル次元の計算に利用できることは，後で述べるフラクタル図形としてよく知られたカントール集合，コッホ曲線などに適用すれば理解が深まるだろう．

1.1.4 自己相似性

式(1.11)に代わる表現を与えておく．図形が既にスケール r で $N(r)=r^{-D}$ 個の小さな相似な部分に分割されていたとしよう．このとき，さらに $1/r$ に縮小すると，合計 $r^{-D} \times N(r)$ 個のさらに小さな相似な図形ができる（$r=1/2$ とした図1.7(d)を参照）．このように相似な変換で特徴づけられる図形は，自己相似

性をもつという．これを $N(r/(1/r))=N(r^2)$ と表せば，
$$N(r^2)=r^{-D}N(r) \tag{1.14}$$
となる．これは，式(1.4)を拡張した関数方程式である．任意の r に対して成立するので，その解は $N(r) \approx r^{-\alpha}$ と表せる．べき指数を求めるために，これを式(1.14)に代入すると，$r^{-2\alpha}=r^{-D}r^{-\alpha}$ となる．これから，$2\alpha=D+\alpha$ あるいは $\alpha=D$ となる．結局，式(1.2)と同様に
$$N(r) \approx r^{-D} \tag{1.15}$$
を得る．図形を覆う個数 $N(r)$ から，長さ，面積など図形の大きさ $V(r)$ に換算しておこう．一つの箱の体積は r^d であったので，$V(r)=r^d N(r)$ と表せる．これに式(1.15)を代入すると，
$$V(r) \approx r^{d-D} \tag{1.16}$$
となる．式(1.1)あるいは式(1.3)は $d=1$ とした場合の例である．

フラクタル図形としてよく知られた例に，カントール集合がある．カントール集合の実例は，後で詳しく述べるがカオスを生じるロジスティック写像などで見られる．まず，長さ1の直線を準備する．図1.8に示すように，ステップ1の操作で，長さ $r\,(0<r<1)$ の左右の部分2個を残し，中央に残る長さ $1-2r$ の部分は取り除く．ステップ2ではステップ1で残った左右の部分に対して同じ操作を施し，それぞれ，長さ r^2 の部分を2個ずつ，合計4個残す（楕円で囲んだ線

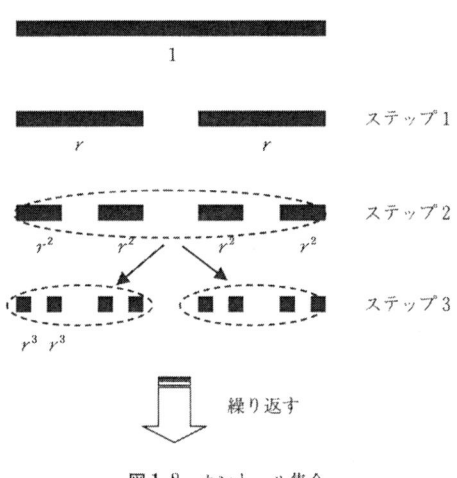

図1.8　カントール集合

分). 同じ操作を無限に続けてできた図形がカントール集合である.

この集合が普通の意味での集合ではないことを示す. このため, $r=1/3$ の場合に, カントール集合の線分の長さ (測度) μ を計算しよう. 図 1.8 から,

$$\mu = 1 - \frac{1}{3} - 2\frac{1}{3^2} - 4\frac{1}{3^3} - \cdots = 1 - \frac{1}{2}\sum_{n=1}^{\infty}\left(\frac{2}{3}\right)^n = 1 - \frac{1}{2}\left(\frac{\frac{2}{3}}{1-\frac{2}{3}}\right) = 0 \quad (1.17)$$

となり, 長さは 0 である. 長さ 0 の図形は点あるいは点の集合である. これは, カントール集合の作り方から直感的に明らかであろう. しかし, 点の集まりに見えて実はそうではない. 点 (次元 0) と線分 (次元 1) の中間的な存在で, フラクタル次元は 0 より大きく 1 より小さい ($0<D<1$). 実際に, カントール集合のフラクタル次元を求めよう. 各ステップでの図形を r で縮小した図形は, 中央を除いているので, 個数が 2 倍の相似な図形ができる. たとえば, ステップ 1 にある 2 つの線分からなる図は, ステップ 2 では縮小されて相似な図形が 2 個できる. ステップ 2 で 4 つの線分からなる図も, ステップ 3 では縮小されて相似な図形が 2 個できる (図 1.8 の楕円で囲んだ線分を参照). どのステップにおいても, r で縮小した図形を 2 個用いれば, 次のステップの図形を覆うことができる. したがって, 式 (1.11) で $N(r)=2$ とおけば, フラクタル次元は

$$D = \frac{\log 2}{\log\left(\frac{1}{r}\right)} \quad (1.18)$$

と求まる. 特に, $r=1/3$ とすれば, よく知られた値

$$D = \frac{\log 2}{\log 3} = 0.63093\cdots \quad (1.19)$$

を得る.

【太ったカントール集合】

カントール集合の測度は, その作り方によっては 0 にならないことがある. むしろ, 上記の例は特別である. 上記の例と同様にステップ 1 で中央の 1/3 を取り除く. ステップ 2 では, 残った長さ 1/3 の二つの部分から, 区間中央の $s=1/4$ (つまり, 1/12) を取り除く. 式 (1.17) と同様の計算を実行すると, $\mu = 1 - (1/3) - (2/3\cdot 4) - (4/3\cdot 4^2) - \cdots = 1 - (1/3)\sum_{n=0}^{\infty}(2/4)^n = 1/3$ となり, 0 にならない. これから, このように作成した太ったカントール集合のフラクタル次元は 1 になることが予想される. ステップ 1 では, 残った点集合を覆うためには, 長さ $s=(1$

$-1/3)/2$ の線分が 2 個必要である. ステップ 2 では, 長さ $s=\{(1-1/3)/2-1/3\cdot 1/4\}/2=1/8$ の線分が 2^2 個必要である. これを続けると, ステップ n では, 長さ $\varepsilon_n=(2^n-(2^{n+1}-1)/3)/(2\cdot 4^n)$ の線分が $N(\varepsilon_n)=2^{n+1}$ 個必要である. 式 (1.12) を用いると, 大きな n に対して, $D=\lim_{n\to\infty}\log 2^{n+1}/\log[(2\cdot 4^n)/(2^n-(2^{n+1}-1)/3)]=1$ となる. 太ったカントール集合はいわば線と考えることができる. なお, $s=1/4$ 以外の s (ただし, $1/3$ は除く) でも次元は 1 になる. □

ここで, フラクタル図形の基本的な特徴である自己相似性から, カントール集合のフラクタル次元を算出する方法を述べる. いま, ステップ $n-1$ でできる線分の数を, $N(r^{n-1})$ と書こう. 次のステップ n での線分の数は $N(r^{n-1}/(1/r))=N(r^n)$ と表すことができ, しかも, 左右の線分に分かれるので,

$$N(r^n)=N_{\text{left}}(r^n)+N_{\text{right}}(r^n) \tag{1.20}$$

と書ける. 次のステップに進んだときにできる左右の線分の数は, 自己相似性から, 前のステップでの図形を相似的に縮小した形になっているので, ともに前のステップでの個数に等しい. つまり,

$$\begin{aligned}N_{\text{left}}(r^n)&=N(r^{n-1})\\ N_{\text{right}}(r^n)&=N(r^{n-1})\end{aligned} \tag{1.21}$$

と書ける. フラクタル図形の自己相似性は各ステップでの線分数の関係式を導く. たとえば, 図 1.8 から, ステップ 1 では $N(r)=2$ で, ステップ 2 に進むと $N_{\text{left}}(r^2)=2$, $N_{\text{right}}(r^2)=2$ で, $N(r^2)=2+2=4$ である. 式 (1.20) と式 (1.21) から,

$$N(r^n)=2N(r^{n-1}) \tag{1.22}$$

を得る. この解は, $N(1)=1$ (最初は 1 個の線分) を考慮すると, $N(r^n)=2N(r^{n-1})=\cdots=2^n N(r^0)=2^n$ となるので, フラクタル次元は

$$D=\frac{\log N(r^n)}{\log\left(\frac{1}{r^n}\right)}=\frac{\log 2^n}{\log\left(\frac{1}{r^n}\right)}=\frac{\log 2}{\log\left(\frac{1}{r}\right)} \tag{1.23}$$

となる. ここでは, 式 (1.12) のように $n\to\infty$ $(r^n\to 0)$ とする必要はなく, すべての n に対して成り立つ. つまり, 全領域がスケーリング領域である. あるいは, 関数方程式 (1.22) に $N(r)\approx r^{-D}$ を代入して, $r^{-nD}=2r^{-(n-1)D}$ から求められる.

1.1.5 いくつかの例

カントール集合以外でよく引用されるフラクタル図形にシェルピンスキー・ガスケットがある．図1.9(左図)に示すように，図1.8のカントール集合を2次元に拡張したものである．各ステップで $r=1/2$ で相似的に縮小した図形 $N(r)$ $=3$ 個で，次のステップの図形を覆うことができる．ステップ n で考えれば，自己相似性から

$$N(r^n)=3N(r^{n-1}) \tag{1.24}$$

となる．フラクタル次元は，式(1.23)と同様に

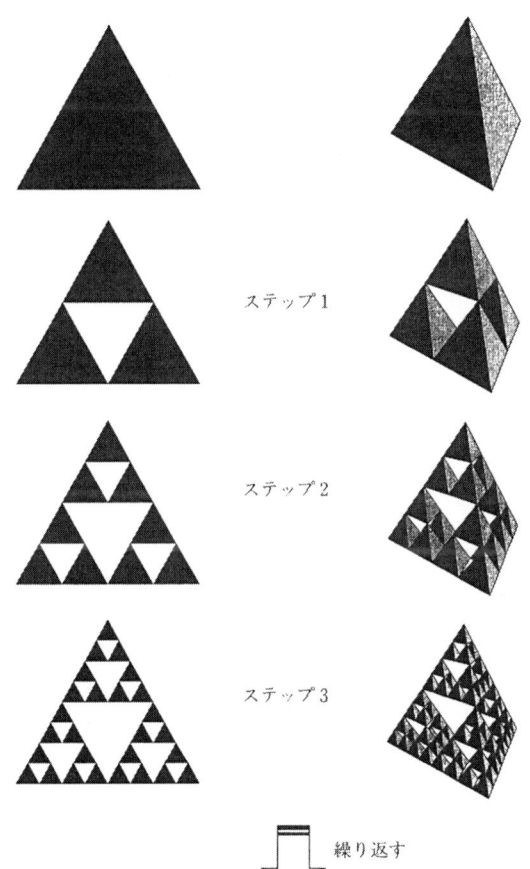

図1.9　2次元および3次元シェルピンスキー・ガスケット

$$D=\frac{\log 3}{\log 2}=1.58496\cdots \tag{1.25}$$

となる.

【3次元シェルピンスキー・ガスケット】

図1.9(右図)に示す3次元のシェルピンスキー・ガスケットでは,$N(r^n)=4N(r^{n-1})$となるので,$r=1/2$とすれば,$D=\log 4/\log 2=2$を得る.フラクタル次元は整数になるが,フラクタル図形である.　□

一般に,d次元のシェルピンスキー・ガスケットのフラクタル次元は,

$$D=\frac{\log(d+1)}{\log 2} \tag{1.26}$$

となることが知られている[6].$d=3$では先に述べたように,ちょうど整数になる.

2次元シェルピンスキー・ガスケットの密度を考えてみよう.密度は,図で黒く塗りつぶした面積を,はじめの三角形の面積(どのステップでも1)で割ったものである.最初は$\rho_1=1$である.ステップ1では面積$1/2^2$の相似な三角形が3個できるので$\rho_2=3\cdot 1/2^2=3/2^2$,同様にステップ2では$\rho_3=3^2/2^4$となる.一般にステップ$n$では$\rho_n=3^n/2^{2n}=(3/4)^n$となり,しだいに0に近づく.一方,面積$(r^n)^2$の小さな三角形が$N(r^n)$個あるので,密度は

$$\rho_n=N(r^n)r^{2n}\approx r^{-(D-2)n} \tag{1.27}$$

と表せる.$r=1/2$として,$\rho_n=(3/4)^n$と比較すると,$D=2+(\log 3/\log 4)/\log 2=\log 3/\log 2$となり,式(1.25)に一致する.

次に,コッホ曲線を取り上げる.コッホ曲線の作り方を図1.10に示す.各ステップでの図形を$r=1/3$で相似的に縮小した図形$N=4$個で,次のステップの図形を覆うことができるので,$D=\log 4/\log 3$になる.以下では,式(1.20)と同様に自己相似性を利用した方法を適用する.ステップnでの線分数を$N(r^n)$とする.その線分は4個の部分からなり,それらを$N_i(r^n)$ $(i=1,2,3,4)$とすると,

$$N(r^n)=\sum_{i=1}^{4}N_i(r^n) \tag{1.26}$$

と表せる.ここで,各$N_i(r^n)$はステップ$n-1$の図形を自己相似的に縮小して作られているので,式(1.21)と同じように

$$N_i(r^n)=N(r^{n-1}) \tag{1.27}$$

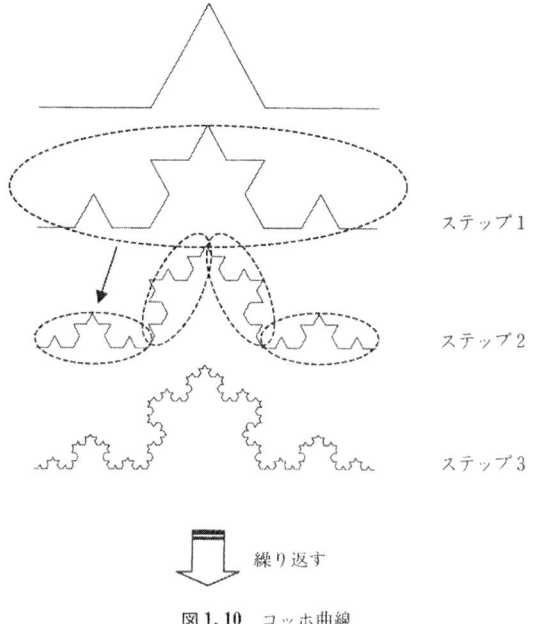

図 1.10 コッホ曲線

と書ける．これを式 (1.26) に代入すると，

$$N(r^n) = 4N(r^{n-1}) \tag{1.28}$$

が得られる．これから，$N(r^n) = 4N(r^{n-1}) = \cdots = 4^n$ となる．$N(r) \approx r^{-D}$ を代入すると，フラクタル次元は

$$D = \frac{\log N(r^n)}{\log\left(\frac{1}{r^n}\right)} = \frac{\log 4^n}{\log(3^n)} = \frac{\log 4}{\log 3} = 1.26186\cdots \tag{1.29}$$

と求まる．どの段階においても次元は同じで非整数になる．コッホ曲線は本来 1 次元の直線で作られているにもかかわらず，次元は 1 よりも大きい．直感的には 1 次元のグラフより複雑であるが，平面を覆い尽くすまでには広がらない図形である．三角形から始めたコッホ曲線を図 1.11 に示す．雪の結晶によく似ている．

なお，コッホ曲線に限らないが，フラクタル図形は再帰プログラムの定番であるハノイの塔問題とともに演習問題などにしばしば利用されている[7]．

フラクタル図形は自己相似性を利用して作られるので，どの部分をとっても，縮尺が異なるだけでもとの図形と同じ構造をもつ．マンデルブロ集合もフラクタ

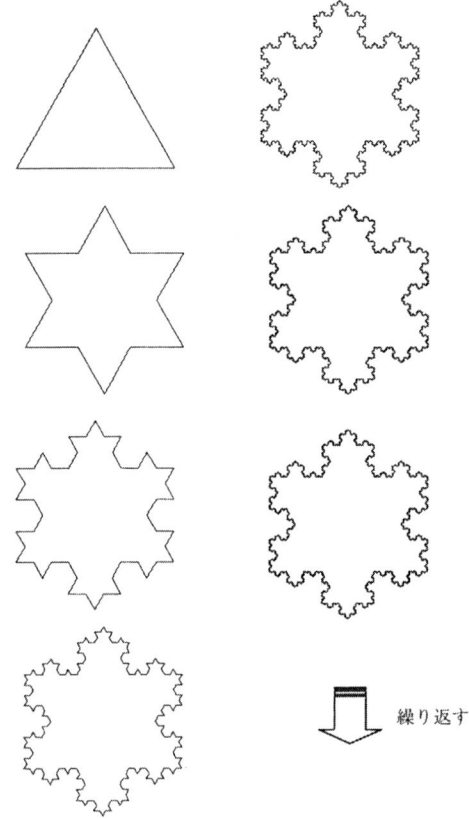

図 1.11 コッホ曲線の拡張

ル図形である[1]. マンデルブロ集合は驚くばかりに複雑であるが，その描き方は，逆に驚くばかりに簡単である．複素数 z を，x, y を実数として $z = x + iy$ と表そう．いま，適当な初期値 z_0 から出発して

$$z_n = z_{n-1}^2 + c \tag{1.30}$$

にしたがって，順に $z_1 = z_0^2 + c$, $z_2 = z_1^2 + c$, $z_3 = z_2^2 + c$ などと求めていく．この方程式は，変数を複素数に拡張したロジスティック写像であるが，このことからも複雑な挙動が想像できる（ロジスティック写像に関しては後章で述べる）．ここで，実数部を c_x，虚数部を c_y とする $c = c_x + ic_y$ は適当な複素数である．そして，ある定数 k, n_k を設定して，$|z_n| < k$ となるか，あるいは，$n < n_k$ が満た

1.1 複雑な形

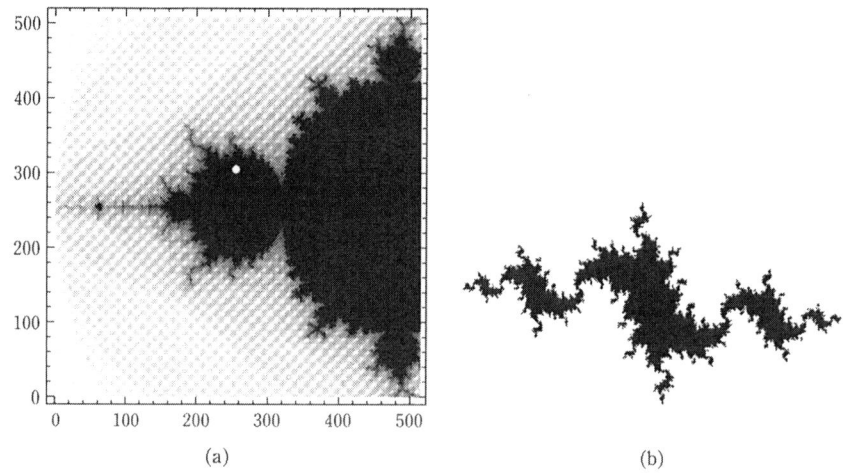

図 1.12 マンデルブロ図 (a) とジュリア集合 (b)
(a) パラメータ c の複素平面, (b) (a) の白点の位置 c での z_n の複素平面

されるまで式 (1.30) を繰り返す．このとき，有限な値に留まるような c の集合がマンデルブロ集合になる．c_x, c_y をいろいろ変え，複素平面で位置 (c_x, c_y) に，最後の n ($0 \leq n \leq n_k$) の値に応じて濃淡を描いた図をマンデルブロ図という．図 1.12 (a) に，$n_k = 50$, $z_0 = i$, $k = 2$, $c_0 = -1.0$, $\Delta x = \Delta y = 1/512$ として，$c = c_0 + (2k_1 - 1 - n)\Delta x + (2k_2 - 1 - n)i\Delta y$ ($k_1, k_2 = 1, 2, \cdots, 512$) とした場合の図を示す．いままで述べてきたようなフラクタル図形と同様，近似的に相似な細かい円形の図形がもとの大きな円の外側についているのが見られる．

ジュリア集合とは，固定した c に対して，いろいろ初期値を変えて，上記の方法で求めた最後の z_n を複素平面上に描いた集合である．ジュリア集合は，全体的に連結していないほど $|c|$ が大きいとき，そのフラクタル次元は $2\log 2/\log(4|c|)$ と近似でき，全体的に連結するほど $|c|$ が小さいとき，単純な閉曲線に囲まれ，$1 + |c|^2/(4\log 2)$ となることが知られている[5]．前者の例として，$c = -1.0 + 0.25i$, $n_k = 30$ として計算したときのジュリア集合 (図の境界) を図 1.12 (b) に示す．この c の値は図 1.12 (a) で白点で示した場所である．

フラクタルには，ほかにランダムフラクタルがある．これまで，縮小した図形がもとの図形と相似な場合を扱ってきたが，ランダムフラクタルでは正確な相似性を扱うのではなく，統計的な相似性を問題にする．以下で，そのようなフラク

タルを作り出そう．

1.2 複雑な変化

複雑に見えるフラクタル図形を特徴づける法則は，実はたいへん単純であった．時間的に不規則に変動するデータにも，同様の単純な法則が存在する．

1.2.1 正弦波の和

正弦波はいうまでもなく周期関数である．時間を t とすると，正弦波

$$x(t) = \sin\left(\frac{2\pi t}{T}\right) \tag{1.31}$$

は周期 T をもつ．周期が T ということは，任意の t に対して，$x(t+T)=x(t)$ が成立することを意味する．逆に正弦波の形に関係なく，この性質が正弦波を特徴づける．式(1.31)は時間軸に対して平行移動しても不変であること，つまり，平行移動不変性なる特徴を表している．その他の特徴はあるだろうか．いま，周期を陽に $x(t,T)$ と表し，式(1.8)と同様に時間(周期も)を a としたとき，スケール変換

$$\begin{aligned} t' &= at \\ T' &= aT \\ x'(t', T') &= x(a^{-1}t', a^{-1}T') \end{aligned} \tag{1.32}$$

に対して，$x(t,T)$ がどのように変換されるか調べよう．ただし，式(1.8)で現れた因子 2^{D-1} は必要ない．t', T' を記号として t, T で置き換えた $x'(t,T) = x(a^{-1}t, a^{-1}T)$ は，$x(t,T)$ と同じ変動を示すはずである．なぜなら，時間と周期を同じ倍率で変換しても挙動は変わらないからである．したがって，式(1.9)と同様に，任意の a に対して関数方程式

$$x(a^{-1}t, a^{-1}T) = x(t, T) \tag{1.33}$$

が成り立つことになる．t と T は独立な変数ではなく，t/T なる組み合わせの1変数の関数であるスケール関数 $f(t/T)$ を用いて

$$x(t, T) = f\left(\frac{t}{T}\right) \tag{1.34}$$

と表せる(付録を参照)．いうまでもなく，この性質からだけでは $f(t/T)$ が正弦波になっていることまでは分からない．

1.2 複雑な変化

正弦波をどのように合成しても周期関数になるが，見かけ上，不規則なデータを作成することができる．周期の異なる二つの正弦波を用意し，

$$x(t)=\sin\left(\frac{2\pi t}{T_\alpha}\right)+\sin\left(\frac{2\pi t}{T_\beta}\right) \tag{1.35}$$

のように異なる周期 T_α, T_β をもった正弦波の和を考える．周期 T_α, T_β がどのような値であっても，周期関数の和は周期関数である．いま，$nT_\alpha=mT_\beta\equiv T_\gamma$ となる最小の整数 n, m を用いると，平行移動不変性

$$x(t+T_\gamma)=x(t) \tag{1.36}$$

が確かめられる．この場合も，式(1.33)と同様に任意の a に対して，

$$x(a^{-1}t, a^{-1}T_\alpha, a^{-1}T_\beta)=x(t, T_\alpha, T_\beta) \tag{1.37}$$

と書ける．これから，式(1.34)を導いたときと同様の手順によって，t/T_α と t/T_β のスケール関数 $f(t/T_\alpha, t/T_\beta)$ を用いて

$$x(t, T_\alpha, T_\beta)=f\left(\frac{t}{T_\alpha}, \frac{t}{T_\beta}\right) \tag{1.38}$$

と表せる．ただし，$x(t, T_\alpha, T_\beta)=f(t, T_\alpha/T_\beta)$ と表すことも可能だが，これは明らかに妥当ではない．

正弦波の周期をたとえば $T_\alpha=1, T_\beta=\pi/2$ とすると，π は無理数なので $n=m(\pi/2)$ となるような整数 n, m は存在せず，T_γ も存在しない．実際，図1.13に示す時系列は不規則に変動しているように見えるが，それが単純な正弦波の和になっていると想像できるであろうか．

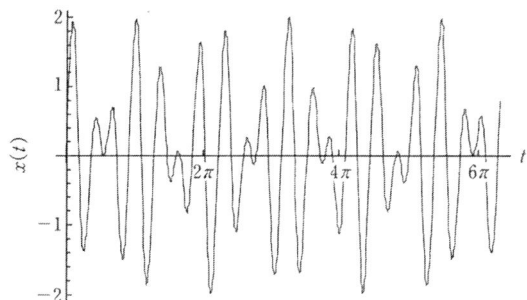

図 1.13　周期の比が無理数である正弦波の和

1.2.2 ワイエルシュトラス関数

周期関数をある規則にしたがって無限個作成し，それらの和を考えよう．ワイエルシュトラス関数と呼ばれる級数和は，たとえば，

$$x(t)=\sum_{j=0}^{N}\alpha^{j+1}\cos(\beta^{j}t) \tag{1.39}$$

と表せる．ただし，和が収束するためには，$|\alpha|<1$ でなければならない．周期が $2\pi/\beta^{j}$ ($j=0,1,\cdots,N$) のいろいろな余弦波の重ね合わせとして表されているので，不規則に変動するものと思われる．ところで，正規分布にしたがう互いに独立な系列を白色過程あるいはホワイトノイズという．つまり，互いに無相関なデータを並べた時系列であり，そのパワースペクトルが白色光と同様に一定で，すべての周波数成分に等しくエネルギーが配分される．ホワイトノイズは異なる周波数成分をもつ周期関数の無限和と考えられ，式 (1.39) で表される変動がノイズのように不規則になると予想される．

実際，$x(t)$ が時間的に不規則に変動していることは，図 1.14 (a) から分かる．

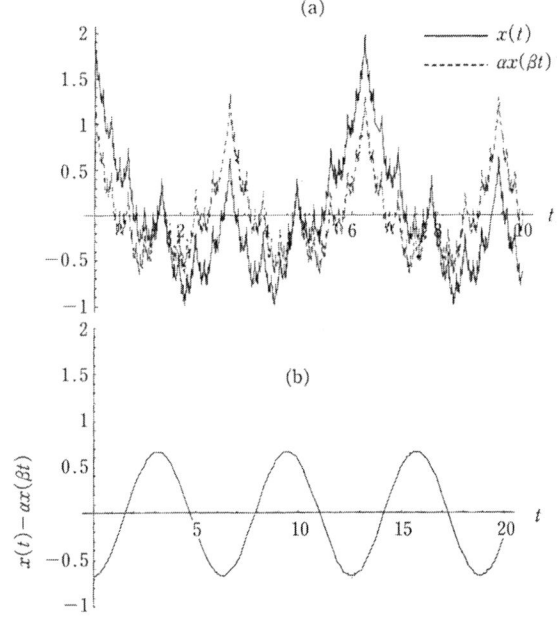

図 1.14 (a) ワイエルシュトラス関数，(b) $x(t)$ と $\alpha x(\beta t)$ の差

$x(t)$ を生成する基本となっている関数は

$$x_0(t) = \cos(t) \tag{1.40}$$

である．$x_0(t)$ を用いると，式 (1.39) は

$$x(t) = \sum_{j=0}^{N} \alpha^{j+1} x_0(\beta^j t) \tag{1.41}$$

と表せる．いま，時間を t から βt にスケール変換すると，

$$\begin{aligned} x(\beta t) &= \sum_{j=0}^{N} \alpha^{j+1} x_0(\beta^{j+1} t) = \alpha^{-1} \sum_{j=0}^{N} \alpha^{j+2} x_0(\beta^{j+1} t) = \alpha^{-1} \sum_{j=1}^{N+1} \alpha^{j+1} x_0(\beta^j t) \\ &= \alpha^{-1} \sum_{j=0}^{N} \alpha^{j+1} x_0(\beta^j t) - x_0(t) + \alpha^{N+1} x_0(\beta^{N+1} t) \\ &= \alpha^{-1} x(t) - x_0(t) + \alpha^{N+1} x_0(\beta^{N+1} t) \end{aligned} \tag{1.42}$$

となる．第4式の変形は，$j \ (j=0,1,2,\cdots)$ に関する和を，$j'=j+1 \ (j'=1,2,\cdots)$ の和に置き換えて，さらに記号 j' を記号 j に書き直せば得られる．$N=\infty$ とすると，$|\alpha|<1$ から $\alpha^{N+1} x_0(\beta^{N+1} t)$ は 0 に近づく．また，$x_0(t)$ はスムーズな関数なので，複雑さは最終式の第1項によって決まる．このように考えると，時間的な不規則性を考える限り，時間をスケール変換した $\alpha x(\beta t)$ はもとの $x(t)$ と等価と考えることができる．つまり，時間のスケールを変えても，その挙動の複雑さは，もとの $x(t)$ と同じである．フラクタル図形では，全体を同じ縮尺で縮小したが，ここでは，時間軸と関数値の軸とを異なる縮尺で縮小していることになるので，自己相似性と区別して自己アフィン相似性と呼んでいる．

式の展開だけではなく，実際にそうなっていることを数値的に確かめよう．図 1.14(a) には，$N=50$, $\alpha=2/3$, $\beta=2$ として，$0 \leq t \leq 10$ までの $x(t)$ と $\alpha x(\beta t)$ を示したが，挙動の複雑さは同じであることが確認できる．両者の差は，図 1.14(b) に示すように，ちょうど $\alpha x_0(t)$ となっている．時間的変動の複雑さを時間変化の激しさとして捉えると，時間微分を評価すればよいだろう．そこで，時間微分を上つき添え字 (1) で表示して，$0 \leq t \leq 10$ での平均2乗誤差 $\left(\int_{t=0}^{10} \left(\alpha x^{(1)}(\beta t) - x^{(1)}(t) \right)^2 dt \Big/ \int_{t=0}^{10} x^{(1)}(t)^2 dt \right)^{1/2}$ を算出した．その結果は 6.52651×10^{-4} であった．つまり，$x(t)$ と $\alpha x(\beta t)$ は同じ複雑さを有し，この意味で $\alpha x(\beta t) = x(t)$ と考えて差し支えない．ただし，$|\alpha \beta|>1$ なので，$N=\infty$ とすると微分自体が発散する．つまり，式 (1.39) はいたるところ微分不可能な関数になる．ただし，パラメータによっては周期変動になる場合もある．

さて，式 (1.39) を少々変形した

$$x(t)=\sum_{j=-N}^{N}\alpha^{j}\sin(\beta^{j}t) \tag{1.43}$$

を考えよう．この例は，先に示した例と同じく，$N=\infty$ で，

$$\alpha x(\beta t)=x(t) \tag{1.44}$$

を満たす．この式が意味していることは，$x(t)$ が複雑な挙動をするゆえに，時間のスケールを変えても，同じように不規則性が見えることである．むしろ，このような場合の方が実際的に重要なことが多い．これまでと異なる点は，式(1.44)は自己相似性から導いたものであるが，式(1.9)とは異なり，特定のパラメータ α, β で成り立つことである．関数方程式ではあるが，任意のパラメータ値に対して成立するものではない．

上の例では基本となる関数を $x_0(t)=\sin(t)$ と選んだが，式(1.44)を導く過程では正弦波の性質は一切使っていない．つまり，正弦波以外の関数であっても，$x(t)$ が $x_0(t)$ を用いて式(1.43)のように表されれば，式(1.44)は $N=\infty$ でいつでも成り立つ．さて，式(1.44)の解 $x(t)$ を求めよう．t のべき関数として

$$x(t)=A(t)t^{\gamma} \tag{1.45}$$

と仮定しよう．ここで，$A(t)$ は t の関数である．これは，$x_0(t)$ によって決まるはずのものであるが，たとえ $x_0(t)$ の具体的な形が与えられたとしても，その無限和 $x(t)$ がどのように表されるか，容易には想像がつかない．式(1.44)に式(1.45)を代入すると，$\alpha A(\beta t)(\beta t)^{\gamma}=A(t)t^{\gamma}$ となる．これが，任意の t に対して成立するためには

$$\begin{aligned}\alpha\beta^{\gamma}&=1\\ A(\beta t)&=A(t)\end{aligned} \tag{1.46}$$

を満たさなければならない．第1式から，べき指数 γ の値は α, β を用いて

$$\gamma=\frac{\log\left(\frac{1}{\alpha}\right)}{\log\beta} \tag{1.47}$$

と決まる．これはフラクタル次元を算出する式にほかならない．また，$A(t)$ は，時間の対数を新しい横軸にすれば，$\log\beta$ の周期関数になるので，一般に，

$$A(t)=\sum_{j=-\infty}^{\infty}A_{j}\exp\left(i2\pi\frac{\log t}{\log\beta}j\right) \tag{1.48}$$

と表せる．ここで，A_j は複素数の係数である．以上から，式(1.44)の一般解は，

1.2 複雑な変化

$$x(t) = t^{\frac{\log \alpha^{-1}}{\log \beta}} \sum_{j=-\infty}^{\infty} A_j \exp\left(i2\pi \frac{\log t}{\log \beta} j\right) \tag{1.49}$$

と表現できる．

図 1.15 に $N=50$，$\alpha=2/3$，$\beta=3$ として $0 \leq t \leq 20$ までの値を表示した．式 (1.44) が確認できると同時に，式 (1.47) から指数 $\gamma=0.36907$ のべき関数

$$x(t) \approx t^{\frac{\log 1.5}{\log 3}} \tag{1.50}$$

で近似できることも分かる．そもそも，$x(t)$ は正弦波の重ね合わせで周期関数であるにもかかわらず，べき関数で近似できる．式 (1.43) に示した無限和の実数部を見ると，高周波数（β が大きい）をもつ項と低振幅（α が大きい）をもつ項の重ね合わせになっている．ワイエルシュトラス関数は周波数 1，振幅 1 の基本モードに，周波数 β，振幅 α の 2 次モード，周波数 β^2，振幅 α^2 の 3 次モードなどを重ね合わせたものである．これらのパラメータから，$\alpha^{-1}=\beta^{2-D}$ を満たすように D を決めると，D はカントール集合のフラクタル次元になる．グラフとしてのフラクタル次元であるグラフ次元は

$$D = 2 - \frac{\log \frac{1}{\alpha}}{\log \beta} \tag{1.51}$$

と表せる．図 1.15 に示した例では，$D=1.63093$ である．なお，

$$D = 2 - H \tag{1.52}$$

とおくと，γ に等しい

$$H = \frac{\log \frac{1}{\alpha}}{\log \beta} = 0.36907 \tag{1.53}$$

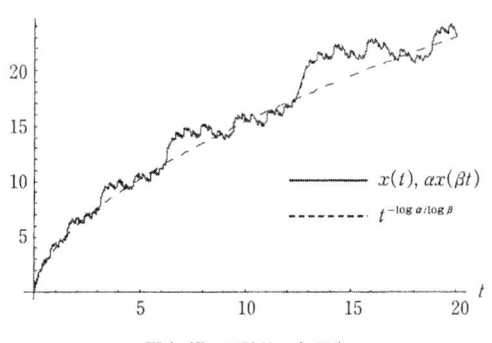

図 1.15 正弦波の無限和

はハースト数として知られているフラクタル次元である．ハースト数については，第2章で詳しく述べる．この例では，式(1.44)は $x(t)=ax(\beta t)=0.667x(3t)$ となるが，これは小さな振幅の変動で，もとの $x(t)$ が再現できることを表している．図1.15で確認したように，時間のべき関数で増加する原因はこの自己相似性による[9]．最後に，$1\ll\beta$, $1<\alpha^{-1}<\beta$ のとき，フラクタル次元は C を正の定数として，$2-H-C/\log\beta<D<2-H$ の範囲に入ることが知られている[10]．

さて，式(1.49)を，

$$x(t)=\sum_{j=-\infty}^{\infty} A_j t^{H_j} \tag{1.54}$$

と書き直すと，べき指数は複素数となり，

$$H_j = \frac{\log\frac{1}{\alpha}}{\log\beta} - \frac{i2\pi j}{\log\beta} \tag{1.55}$$

と表せる．複素べき指数の応用は，ヒトの肺[11]，地震，乱流，金融[12]などに見られる．

1.3 スケール変換不変性

フラクタル図形では，式(1.8)に示したスケールによって変換された面積などの量が，関数方程式(1.9)を満たすことを見てきた．ここでは，このようなスケール変換とスケール変換不変性の考え方が各種の複雑な現象の見方に役立つことを示すため，ランダムウォークを取り上げる．

1.3.1 ランダムウォーク

ランダムウォーク(酔歩，乱歩)と呼ばれる確率過程[13]は，文字通り，酔った人がふらふら歩く様子を確率的に表したもので，その応用は電子の熱運動，半導体ホールの移動などさまざまな分野に見られる．また，ランダムウォークの連続近似は拡散過程として知られ，その応用は流体中の粒子のブラウン運動，熱の移動，バクテリアの運動，疫病の感染，金融工学など数え切れない．

まず，1次元のランダムウォークを考える．はじめ，原点にいたウォーカーが単位時刻に左右に1歩ずつ移動するものとする．図1.16(a)に示すように，j 時刻での移動量を x_j で表し，その確率を $P(x_j=1)=p$, $P(x_j=-1)=1-p$ とする．x_j が左右に乱歩する系列を表すので，このような名称で呼ばれている．n 時刻

1.3 スケール変換不変性　　　27

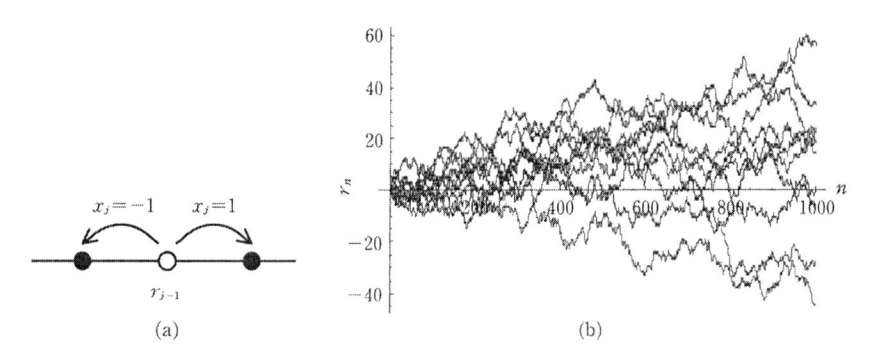

図 1.16 ランダムウォーク
(a) 1 次元ランダムウォークの概念図, (b) いろいろな乱数列 $\{x_j\}$ を用いて, $r_0=0$ から始まる r_{1000} までの値を示した.

後のウォーカーの位置 r_n は, 1 か -1 の値をとる n 個のランダム変数の和

$$r_n = x_1 + x_2 + \cdots + x_n = \sum_{j=1}^{n} x_j \tag{1.56}$$

として表せる. あるいは, 時系列データ処理で扱うような数式で表すと, 初期値 $r_0=0$ から始めて,

$$r_j = r_{j-1} + x_j \quad (j=1, 2, 3, \cdots) \tag{1.57}$$

と書ける. j 時刻の位置は, $j-1$ 時刻での位置で決まる. このように, ランダムウォークでは 1 時刻前の状態のみに依存するのでマルコフ過程になっている. 式 (1.57) で $j=n$ とした値は, 式 (1.56) の r_n を与える. 図 1.16 (b) に, $p=1/2$ とした場合の $r_0=0$ から始まる r_{1000} までの値を, いろいろな乱数列 $\{x_j\}$ を用いて計算した例を示す. どの時刻 n においても平均値はほぼ 0 となっていること, また標準偏差で表される広がりは時刻 n とともに単調に増加していることも分かる.

さて, ランダムウォークは文字通り乱数を用いて作成しているので, 不規則に変動する. しかも, 試行ごとに軌道は異なるので, 平均的な軌道は乱数列 $\{x_j\}$ の統計量で決まる. 最も基本的な統計量である平均値は, $\mu_x = E[x_j] = p \times 1 + (1-p) \times (-1) = 2p - 1$ で, また, 分散は, $\sigma_x^2 = E[x_j^2] = p \times 1^2 + (1-p) \times (-1)^2 = 1$ となる. 記号 E は期待値を表す[14].

(A) 偏りのないランダムウォーク　　左右に同じ確率 $p=1/2$ で移動する. r_n の平均値は $\mu(n) = E[r_n] = \sum_{j=1}^{n} E[x_j] = 0$ で, 分散は $\sigma^2(n) = E[(r_n - \mu)^2] =$

$E[(\sum_{j=1}^{n}x_j)^2]=n$ となる．ここで，各移動は独立と仮定しているので，$E[x_i x_j]=0\,(i\neq j)$ となることを用いた．

(B) 偏りのあるランダムウォーク　この場合，左右に異なる確率で移動するので $p\neq 1/2$ である．平均値は $\mu(n)=n(2p-1)$ で0にはならないので，p の値に応じて全体的に左あるいは右に移動する．これをドリフトと呼ぶことがある．分散は $\sigma^2(n)=E[(r_n-\mu(n))^2]=4np(1-p)$ である．

両者とも，平均値あるいは分散が時刻に依存するので非定常過程である．偏りのない場合は以下のようにしても導ける．式 (1.57) の両辺の2乗をとると，$r_j^2=r_{j-1}^2+2r_{j-1}x_j+x_j^2$ となる．独立性から $E[r_{j-1}x_j]=0$ を考慮して各項の期待値をとると，$\sigma^2(j)=\sigma^2(j-1)+1$ を満たす．$r_0=0$ としているので分散の初期値は $\sigma^2(0)=0$ である．これから直ちに $\sigma^2(n)=n$ が導ける．したがって，標準偏差は

$$\sigma(n)=n^{\frac{1}{2}} \tag{1.58}$$

と表され，$n^{1/2}$ に比例して単調に増加する．図 1.17 に，1000回ランダムウォークさせ，その平均をとった分散を示した．$\sigma^2(n)=n\,(1\leq n\leq 1000)$ が成立していることが読み取れるのと同時に，n が大きくなるにつれて広がりの幅が大きくなっていることも分かる．つまり，n が大きいときは，多数のサンプルを使って平均しなければ式 (1.58) が確認できない．

n 時刻後のウォーカーの位置に関する確率密度を調べよう．ウォーカーが右へ m 回，左へ $n-m$ 回移動したとする．右方向を正にとると，ウォーカーの位置は $r=m-(n-m)=2m-n$ となる．いま，時刻 n において，位置 m での確率密度 $P_n(m)$ は，2項分布

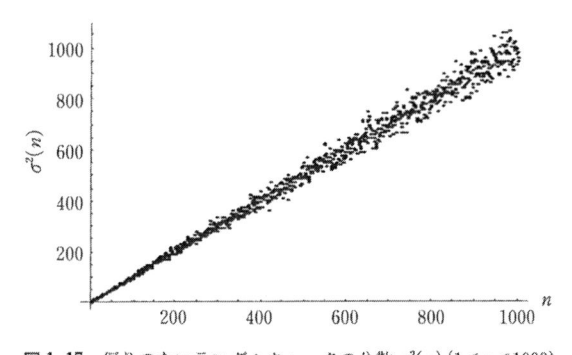

図 1.17　偏りのないランダムウォークの分散 $\sigma^2(n)\,(1\leq n\leq 1000)$

$$P_n(m) = \binom{n}{m} p^m (1-p)^{n-m} \tag{1.59}$$

で表される．$p=1/2$ のとき，n が大きい場合に成り立つスターリングの公式 $n! \cong (2\pi n)^{1/2}(n/e)^n$ [15] を用いれば，$m \ll n$ とすると式 (1.59) は

$$P_n(m) = \frac{1}{\sqrt{2\pi n}} e^{-\frac{r^2}{2n}} \tag{1.60}$$

と近似できる[16]．これは，拡散過程の確率密度にほかならない．時刻 $n+1$ における確率 $P_{n+1}(m)$ は，時刻 n で位置 $m-1$ にある場合と位置 $m+1$ にある場合からの遷移の合計になるので，偏りのないランダムウォークでは，

$$P_{n+1}(m) = \frac{1}{2} P_n(m-1) + \frac{1}{2} P_n(m+1) \tag{1.61}$$

と表せる．これを変形して，差分方程式の形に書けば

$$P_{n+1}(m) - P_n(m) = \frac{1}{2}\{P_n(m+1) - P_n(m) - (P_n(m) - P_n(m-1))\} \tag{1.62}$$

となる．ここで，微小な単位移動間隔 Δr，微小な単位時間 Δt を導入して，$r = m\Delta r$, $t = n\Delta t$ とする．式 (1.62) をさらに

$$\frac{P_{n+1}(m) - P_n(m)}{\Delta t} = \frac{\Delta r^2}{2\Delta t} \frac{1}{\Delta r} \left\{ \frac{P_n(m+1) - P_n(m)}{\Delta r} - \frac{P_n(m) - P_n(m-1)}{\Delta r} \right\} \tag{1.63}$$

と変形する．ここで，$\Delta r^2/\Delta t = D$ を一定にしながら，極限 $\Delta r \to 0$, $\Delta t \to 0$ をとる．なぜならば，分散は時間に比例するので，$\Delta r^2 \approx \Delta t$ と考えられるからである．微分の定義にしたがえば，式 (1.63) から拡散方程式

$$\frac{\partial}{\partial t} P_t(r) = \frac{1}{2} D \frac{\partial^2}{\partial r^2} P_t(r) \tag{1.64}$$

を得る．ここで，$P_t(r) = P_n(m)$ とした．初期条件を $P_0(r) = \delta(r)$ とすると，

$$P_t(r) = \frac{1}{\sqrt{2\pi Dt}} e^{-\frac{r^2}{2Dt}} \tag{1.65}$$

と解け，分散は n の代わりに t を用いて，$\sigma^2(t) = Dt$ と表せる．ここに D が現れる理由は，式 (1.58) と等価な $E[m^2] = n$ に $r = m\Delta r$, $t = n\Delta t$ を代入すると $E[(r/\Delta r)^2] = t/\Delta t$ となり，これから $E[r^2] = t\Delta r^2/\Delta t = Dt$ となるからである．

【拡散方程式の解】

式 (1.64) の解が式 (1.65) であることを確かめよ． □

2次元ランダムウォークも基本的に1次元の場合と同じである．はじめ，原点

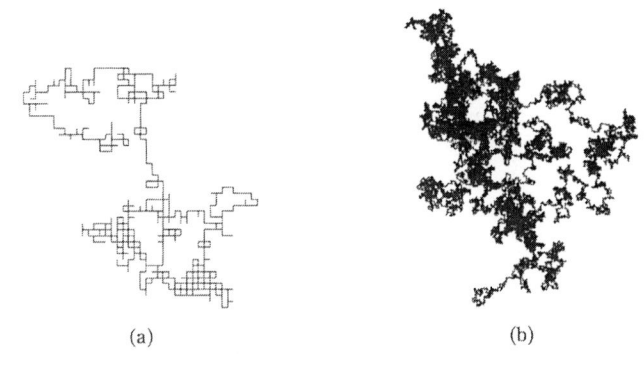

図 1.18 2 次元ランダムウォーク
(a) $n=1000$, (b) $n=100000$

にいたウォーカーはランダムに移動先の位置 (x,y) を定める．ここで，位置は整数値 $x,y=\cdots,-2,-1,0,1,2,\cdots$ をとるとする．ウォーカーが単位時刻に格子上を上下左右に 1 歩移動するとすれば，j 時刻での移動 e_j $(j=1,2,\cdots,n)$ は $(1,0)^T$ (右に 1 歩)，$(-1,0)^T$ (左に 1 歩)，$(0,1)^T$ (上に 1 歩)，$(0,-1)^T$ (下に 1 歩) のいずれかである．ここで，記号 T は転置を表す．偏りのない 2 次元ランダムウォークの場合，それぞれの確率は 1/4 である．時刻 n での位置は，ベクトル

$$r_n = \sum_{j=1}^{n} e_j \tag{1.66}$$

で表せる．ランダムウォークの様子は，図 1.18 の例のように，確率で移動が決まるので複雑に見える．$r_n=(x_n,y_n)^T$ とおくと，原点からの広がりを，1 次元の場合と同様に $\sigma^2(n)=E[|r_n|^2]$ と定義する．これに式 (1.66) を代入すると，

$$\sigma^2(n) = E\left[\left(\sum_{j=1}^{n} e_j\right)^2\right] = \sum_{j=1}^{n} e_j^T e_j = n \tag{1.67}$$

と表せる (混乱はないと思うので，1 次元の場合と同じ記号を使う)．偏りのない 2 次元ランダムウォークで $\sigma(n)=\sqrt{n}$ になることは数値計算からも確認できる．

【円周上に移動するランダムウォーク】

単位時刻に距離 1 だけ離れた自由な位置に移動するようなランダムウォークも考えられる．この場合は格子を考えない．時刻 j では時刻 $j-1$ での位置を中心にした円周上の位置 $(\cos\theta_j, \sin\theta_j)$ $(0\leq\theta_j\leq 2\pi)$ に移動する．角度 θ_j はランダムに選択する．時刻 n でのウォーカーの位置は，複素平面上の複素数 $r_n=\sum_{j=1}^{n}$

$e^{i\theta_j}$ を用いて表すと便利がよい．簡単な計算から，$|r_n|^2 = (\sum_{j=1}^{n} e^{i\theta_j})^2 = \sum_{j=1}^{n}\sum_{k=1}^{n} e^{i(\theta_j-\theta_k)} = n + \sum_{\substack{j,k=1 \\ k\neq j}}^{n} e^{i(\theta_j-\theta_k)}$ となる．最終式の第2項は平均すれば0になるので，式(1.67)と同様に $E[|r_n|^2] = n$ を得る． □

1.3.2 スケール変換不変性

1次元の偏りのないランダムウォークの特徴は，$\sigma(n) = n^{1/2}$ であった．式(1.9)と同様に，任意の A でスケール変換した $\sigma(A^{-1}n)$ が

$$A^{\frac{1}{2}}\sigma(A^{-1}n) = \sigma(n) \tag{1.68}$$

を満たすことを容易に確かめられる．実際，$\sigma(n) = n^{1/2}$ を式(1.68)に代入すると，$A^{1/2}(A^{-1}n)^{1/2} = n^{1/2}$ となり，A の値にかかわらず成り立つ．$A^{-1}n$ における標準偏差は n における標準偏差の定数倍になるだけで，その定数は n によらない．つまり，$\sigma(A^{-1}n)/\sigma(n)$ は一定である．

時間と標準偏差を，式(1.8)と同様にスケール変換して

$$\begin{aligned} n' &= An \\ \sigma'(n') &= A^{\frac{1}{2}}\sigma(A^{-1}n') \end{aligned} \tag{1.69}$$

とする．このとき，関数方程式(1.68)は $\sigma'(n) = A^{1/2}\sigma(A^{-1}n)$ と $\sigma(n)$ が同一になることを意味するが，このことは，偏りのないランダムウォークがスケール変換不変性を有していることを意味する．逆に，式(1.69)のようなスケール変換に対して不変になるような標準偏差 $\sigma(n)$ は $n^{1/2}$ と表せる．式(1.69)の重要な点は，仮に $\sigma(n) = n^{1/2}$ なる関係が知られていない場合であっても，何らかの方法で異なる時刻での標準偏差の関係が分かれば，所望の関係が導けることである．

スケール変換不変性が成り立つことを数値的に確認してみよう．これまで分散に着目したのは，r_n がガウス型確率密度にしたがうことがあらかじめ分かっていたからである．さて，実際に確率密度自体を観察してみよう．図1.19には $n=250$ での分布 $P_n(r)$ と，$A=1/4$ とした確率密度 $P_{4n}(r)$ を示した．両者とも，10000回ランダムウォークさせて求めた頻度分布による確率密度である．分散を同じ値にして近似したガウス型確率密度を実線で示した．それぞれ，

$$\begin{aligned} P_n(r) &= \frac{1}{\sqrt{2\pi\sigma^2(n)}} e^{-\frac{r^2}{2\sigma^2(n)}} \\ P_{4n}(r) &= \frac{1}{\sqrt{2\pi\sigma^2(4n)}} e^{-\frac{r^2}{2\sigma^2(4n)}} \end{aligned} \tag{1.70}$$

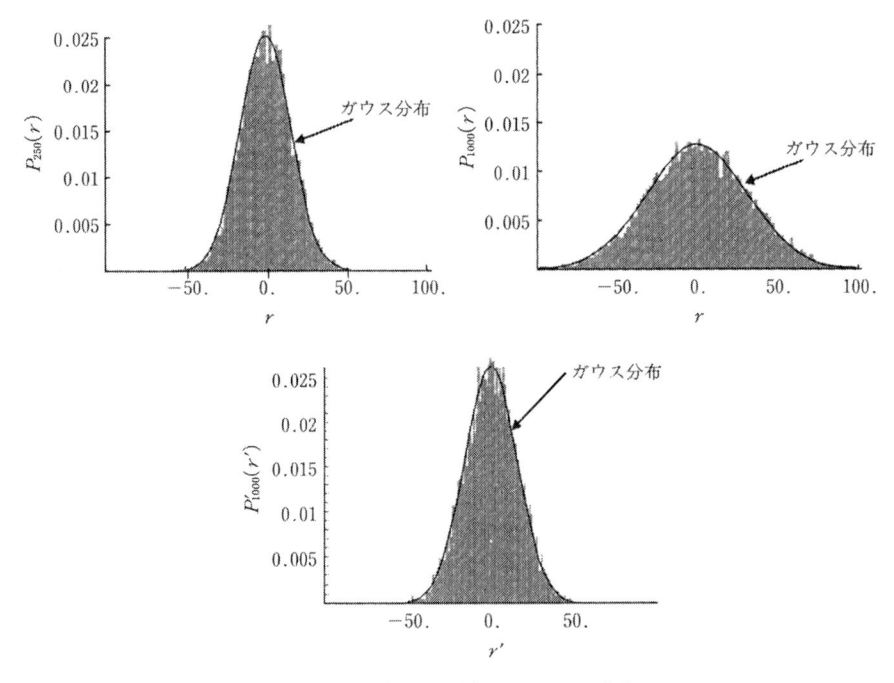

図 1.19　$P_{250}(r), P_{1000}(r)$，および $P'_{1000}(r')$

となった．ここで，$\sigma^2(4n)$ は時刻 $4n$ での分散である．

　時間が経つにつれて原点から一様に広がり，$P_{1000}(r)$ の横軸のスケールは $P_{250}(r)$ のほぼ倍で，縦軸のスケールは半分である．そこで，$P_{1000}(r)$ の横軸を

$$r' = A^{\frac{1}{2}} r \tag{1.71}$$

とスケール変換する．$A=1/4$ である．これはたとえば，r 軸での区間 $[-100, 100]$ を，r' 軸の区間 $[-50, 50]$ に対応させる座標変換である．変換したことを表すため，r と区別して r' としているが，数値的には区別する必要がない．同様に，縦軸を

$$P'_{1000}(r') = A^{-\frac{1}{2}} P_{1000}(A^{-\frac{1}{2}} r') \tag{1.72}$$

とスケール変換する．これも，たとえば縦軸の区間 $[0, 0.5]$ を，新たな区間 $[0, 1]$ に対応させる座標変換である．上式で横軸を r'，縦軸を $A^{-1/2} P_{1000}(A^{-1/2} r')$ と変換した後，変数 r' で表した新たな確率密度を $P'_{1000}(r')$ とする．こうして，$P'_{1000}(r')$ と $P_{250}(r)$ は，横軸の記号は異なるものの，図からも確認できるように

確率密度としては同一である.つまり,式(1.71)と式(1.72)のスケール変換を施すと,$P'_{1000}(r)=P_{250}(r)$ となる.一般的に表すと,

$$P'_{A^{-1}n}(r)=P_n(r) \tag{1.73}$$

となる.これは,A の値にかかわらず成り立つ.

分散に関しては図1.19からも推察できるが,定義通り計算すると

$$\sigma^2(1000)=\int_{-\infty}^{\infty} r^2 P_{1000}(r)dr=A^{-\frac{3}{2}}\int_{-\infty}^{\infty} r'^2 P_{1000}(A^{-\frac{1}{2}}r')dr'$$
$$=4\int_{-\infty}^{\infty} r^2 P_{250}(r)dx=4\sigma^2(250) \tag{1.74}$$

となる.これを $\sigma^2(250)=4^{-1}\sigma^2(1000)$ として一般化し,標準偏差で表すと,

$$\sigma(4n)=4^{\frac{1}{2}}\sigma(n) \tag{1.75}$$

が成り立つ.これはまさに $A=1/4$ とした式(1.68)であり,確率密度の等価性が分散のスケール変換不変性を与えている.

式(1.68)は,$\sigma(n)$ がたとえば指数関数 $e^{-\gamma n}$(γ は定数)ではなく,べき関数 n^α(α は定数)でなければならないこと示している.γ^{-1} よりも大きな時間 n では $e^{-\gamma n}$ はほぼ0になるので,このような場合は,スケールを変えても相似な挙動は得られない.任意の A に対して $\sigma(A^{-1}n)\approx\sigma(n)$ が成立することは決してない.別な言い方をすると,特徴的な時刻がないスケールフリーな場合に限り,式(1.68)が成り立つ.べき指数 α は比例定数から決まる.実際,$A^{1/2}\sigma(A^{-1}n)=\sigma(n)$ に $\sigma(n)\approx n^\alpha$ を代入すると $A^{1/2}A^{-\alpha}=1$ を得るので,任意の A に対して成り立つためには $\alpha=1/2$ でなければならない.

これまで偏りのないランダムウォークを扱ってきたが,偏りのあるランダムウォーク($p\neq 1/2$)で同じような相似性が成り立つであろうか.平均値は $\mu(n)=n(2p-1)$ で,分散は $\sigma^2(n)=4np(1-p)$ であった.いま,分散でなく2次のモーメント $E[r^2]$ について調べてみよう.簡単な計算から,

$$E[r^2]=(2p-1)n^2+4p(1-p)n \tag{1.76}$$

と表せる.これから,時間 $n^*\approx 4p(1-p)/(2p-1)$ を境にして,$E[r^2]$ は異なる振る舞いをする.$n<n^*$ では偏りのないランダムウォークが支配し,$E[r^2]\approx n$ であり,$n>n^*$ ではドリフトが支配するので $E[r^2]\approx n^2$ となる.つまり,時間に関するべき指数 α は,時間が進むに伴い,1から2に不連続に変化する.

さて,これまで分散の自己相似性を調べてきたが,ここではこのような統計量

を生成するメカニズムに戻って自己相似性がどのように表せるかを調べる．フラクタルの場合と同様に，スケールを変えてランダムウォークを調べるため，以下のような操作をする．式(1.64)にスケール変換

$$t'=At$$
$$r'=Rr \tag{1.77}$$
$$P_{t'}'(r')=LP_{A^{-1}t'}(R^{-1}r')$$

を施す．ここで，Lは確率の規格化のために導入した定数である．これらを式(1.64)に代入すると，

$$\frac{\partial}{\partial t'}P_{t'}'(r')=A^{-1}R^2\frac{1}{2}D\frac{\partial^2}{\partial r'^2}P_{t'}'(r') \tag{1.78}$$

と変換される．さらに，規格化条件 $\int_{-\infty}^{\infty}P_t(r)dr=1$ は，

$$R^{-1}\int_{-\infty}^{\infty}P_{A^{-1}t'}(R^{-1}r')dr'=R^{-1}L^{-1}\int_{-\infty}^{\infty}P_{t'}'(r')dr'=R^{-1}L^{-1}=1 \tag{1.79}$$

と変換される．スケール不変性を満たすものと仮定し，$P_{t'}'(r)=LP_{A^{-1}t}(R^{-1}r)$ と $P_t(r)$ が同一の方程式にしたがうことを要求すると，式(1.78)と式(1.79)から

$$A^{-1}R^2=1$$
$$R^{-1}L^{-1}=1 \tag{1.80}$$

を満たさなければならない．このとき，任意のAに対して$P_t(r)=A^{-1/2}\cdot P_{A^{-1}t}(A^{-1/2}r)$が成り立つので，1変数のスケール関数$f$を用いて$P_t(r)=t^{-1/2}\cdot f(rt^{-1/2})$と表せる．つまり，縦軸，横軸をそれぞれ$t^{1/2}P_t(r)$, $rt^{-1/2}$とスケール変換すれば，図1.20に示すように，どの時刻での確率密度も同じである不変な確率密度になる．実際，

$$t^{\frac{1}{2}}P_t(r)=f(rt^{-\frac{1}{2}}) \tag{1.81}$$

となる不変な密度関数fが存在する．

以上の導出過程で，$A^{-1}R^2=1$が自然と導かれた．このことは，$r^2/r'^2=t/t'$を意味している．これから，$r^2\approx t$, つまり，$\sigma^2(t)\approx t$が得られる．実は，これは，$\varDelta r^2/\varDelta t=D$を一定にして拡散方程式(1.64)を導いたが，そもそも成り立つべき関係式であった．

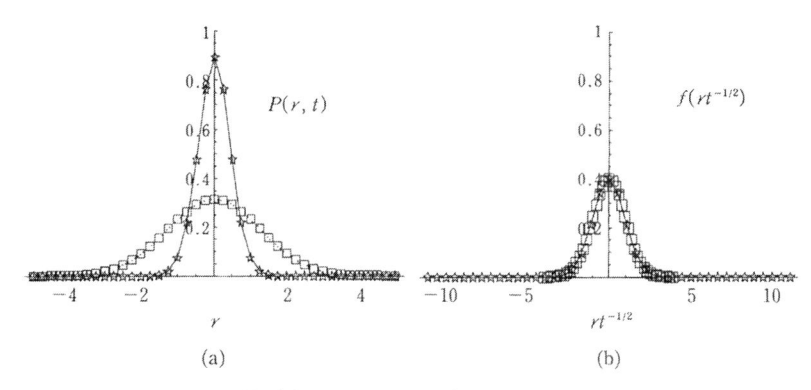

図 1.20 (a) 拡散方程式の解, (b) スケーリング関数

1.4 動的システムの複雑さ

一般に時系列現象は, 景気変動, 季節変動のように規則的に変化する時系列と, ランダムノイズなどの不規則変化に分類される. カオスも不規則に変化する時系列を生む. 数学的な意味や取り扱いは後章で述べることにするが, ここでは, 確率的な要素によって駆動されるランダム変動とカオスによる不規則変動との違いについて, 簡単な例を用いて調べることにしよう.

1.4.1 不規則変動する時系列

ランダム変動による複雑さを調べるため, システムが確率微分方程式で記述されるモデルを考えよう. その最も簡単なモデルとしてブラウン運動

$$\frac{d}{dt}x(t) = -\phi_1 x(t) + \xi(t) \tag{1.82}$$

を考える. ここで, ϕ_1 は正の係数, ξ_n は平均 0 で, $E[\xi(t)\xi(t')] = \sigma_\varepsilon^2 \delta(t-t')$ のホワイトノイズとする. このことを, $\xi_n \sim N(0, \sigma_\varepsilon^2)$ と表す. 上式にフーリエ変換 $x(\omega) = (2\pi)^{-1/2} \int_{-\infty}^{\infty} e^{i\omega t} x(t) dt$ を施すことで, $|x(\omega)|^2 = 1/(\omega^2 + \phi_1^2)$ を得る. これに逆フーリエ変換を施すと $\sqrt{\pi/2\phi_1^2} e^{-\phi_1 t}$ となるので, 自己相関関数は

$$\rho(t) = e^{-\phi_1 t} \tag{1.83}$$

のように指数関数的に減衰することが分かる. 数値計算するときは, たとえば, $x_n = (1 - \Delta t k^{-1}) x_{n-1} + \sqrt{\Delta t} \xi_n$ と差分方程式に直す. 初期値を $x_0 = 0$, $\Delta t = 0.01$, ϕ_1

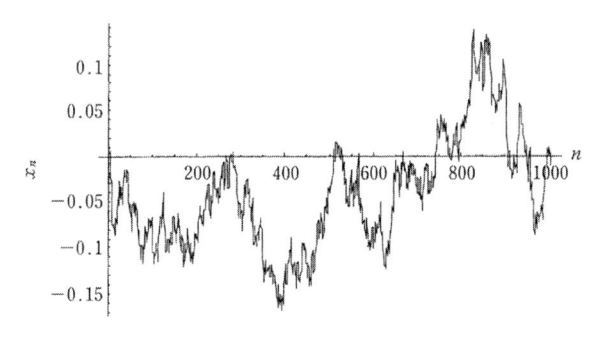

図1.21 ブラウン運動の例

$=1$ として次々に求めた x_n の値を図1.21に示した．ただし，$\xi_n \sim N(0, 0.01)$ とする．自己相関関数は指数関数にしたがって減少するため，自己相似性はもたない．自己相似性に起因するランダムウォークの複雑さとは異なる．

　ブラウン運動を拡張しよう．不規則なデータを扱う時系列処理ではデータを駆動する原因を一般にショックと呼ぶ．ショックは具体的な要因である場合もあれば，特定できないノイズのこともある．応用する場面では通常，単にモデル誤差と見なす．いま，添え字 n を離散的な時刻とし，時刻 n に生じる誤差を ξ_n とする．ξ_n を互いに独立な分布にしたがうと仮定した線形統計モデル

$$x_n = \sum_{j=1}^{p} \phi_j x_{n-j} + \xi_n \tag{1.84}$$

が最もよく使われる．このモデルは自己回帰モデルと呼ばれ，AR(p) モデルと記す．係数 ϕ_j ($j=1, 2, \cdots, p$) は過去のデータを用いて最小2乗法などを適用して決定する．時系列が不規則変動を示すので，その原因 ξ_n もランダム変数でなければならない．通常，先の例と同様に，$\xi_n \sim N(0, \sigma_e^2)$ とする．自己相関関数は，式 (1.83) と同様に指数関数的に減衰する[17]．

　このように，線形モデルから生成される時系列が，複雑で不規則性な挙動を示すためには，ξ_n のランダム性を仮定することが不可欠である．つまり，ξ_n の性質が時系列の複雑さを決める．しかしその複雑さはノイズによるもので，ランダムウォークと異なり，自己相似性が原因ではない．実際，自己相関関数は指数関数にしたがって減少し，べき則は現れない．ブラウン運動と同様，線形統計モデルの複雑さはノイズとして外部から与えられた複雑さで，システムに内在する特

性に起因する複雑さとは質的に異なる．

1.4.2 カオスの複雑さ

一見不規則な現象でも，ランダム変動と異なり，ノイズではなく非線形メカニズムのみで不規則な挙動になる場合がある．それがカオスで，決定論的力学系に見られる不規則で複雑な軌道である．決定論的カオスと呼ばれるゆえんである[18]．カオス時系列データの統計的性質は，上記のようなランダム変動と同じような特徴を示し，スペクトル分析など従来の統計解析では区別しにくい．線形系で不規則変動を生じさせるにはランダムノイズが不可欠であったが，カオスの場合，不規則性の発生に非線形性が本質的な役割を果たす．

同じ差分方程式で記述されるシステムであるが，非線形差分方程式

$$x_n = 4x_{n-1}(1-x_{n-1}) \tag{1.85}$$

にしたがう挙動を考えよう．ノイズはもともとないので，初期値を決めれば，後の時刻における挙動は一意に決まる．つまり，$f(x)=4x(1-x)$ とすると，初期値 x_0 から，$x_1=f(x_0)$, $x_2=f(x_1)$, … と順に求まり，将来の挙動は曖昧さなしに決定される．この方程式は後で詳しく解析することになるが，ロジスティック写像と呼ばれる有名なカオスである．初期値 $x_0=0.01$ から作成した時系列を，図1.22に示す．ノイズがないにもかかわらず，ランダム方程式から得られた時系列と同じような不規則な変動に見える．カオスによる不規則変動は外部から与えられたものではなく，非線形性に由来する内在的なものである．カオスの複雑さは，詳細は後章で述べるが，自己相似性に起因する．

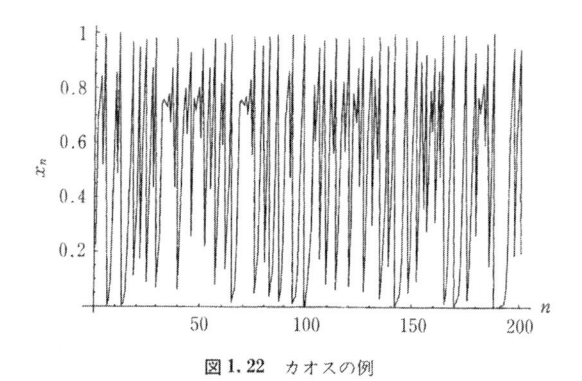

図 1.22 カオスの例

1.5 ランダムフラクタル

1.5.1 拡散律速過程

まず,拡散律速過程について簡単に説明しておく[19].格子状の基盤を用意し,格子点上に置かれた粒子に以下に示す簡単な規則を適用することで,粒子が集まってクラスタに成長する過程をモデル化する.はじめ,種粒子を原点に置く.次に,原点から十分離れたところに新たな粒子を置き,ランダムウォークさせながら種粒子に接近させて止める.同様に,次の粒子を既に占領されている格子に接近するまでランダムウォークさせる.この過程を繰り返すことによって,原点より離れた小枝に新たな粒子が接近して,さらに小さな枝を構成するクラスタが形成される.クラスタの幾何学的特徴は,木の構造のような自己相似性である.クラスタに固有な複雑さは,発達した分岐の先端が移動してくる粒子を最も効率的に獲得するという事実からくる.クラスタの自己相似性はフラクタル次元で定量化することができる.rを原点からの距離,$N(r)$を半径rの円内に入る粒子の個数とすると,

$$N(r) \approx r^D \tag{1.86}$$

が成り立つ.面積的に広がれば$D=2$である.粒子間の距離がrの相関関数を

$$\rho(r) \approx r^{-a} \tag{1.87}$$

と表すと,フラクタル次元は$D=d-a$と書ける.なぜならば,

$$N(r) \approx \int_0^r \rho(r) d^d r \approx r^{d-a} \tag{1.88}$$

となるからである.

自己相似性を数値的に確認してみよう.図1.23には,粒子数が1570の場合にできるクラスタの例を示す.各粒子は,既に占領されている格子の最大半径より2だけ大きい円周上からスタートする.円周上の位置はランダムに決めるが,あまり大きい半径から出発すると,ほとんどが円から離れ,あまりに時間がかかる.各粒子は格子上で,1/4の確率で,$(1,0)^T$(右に1歩),$(-1,0)^T$(左に1歩),$(0,1)^T$(上に1歩),$(0,-1)^T$(下に1歩)のいずれかに進む.

式(1.88)において,任意のAでスケール変換すると,

$$N(Ar) = A^D N(r) \tag{1.89}$$

が成立する.計算結果によると,$N(2.2r) \cong 4N(r)$となったので,これから,D

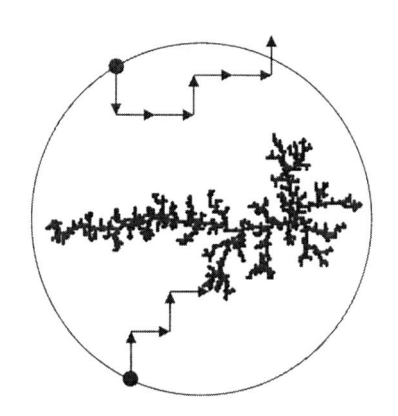

図1.23 拡散律速過程の例（粒子数が1570の場合）

$\cong 1.76$ が得られた．もっと多くの粒子を使ったより正確な値は，1.70 ± 0.06 と求められている[20]．近似的であるが，解析的な値も求められている．d 次元空間にあるクラスタに対して，平均場近似を用いることで

$$D=\frac{d^2+1}{d+1} \tag{1.90}$$

が得られている[21]．$d=2$ 次元の場合は，$D=5/3=1.66667$ となる．この値は単に木構造をしたクラスタの静的特徴だけではなく，どのような動的過程を経てクラスタが成長してきたかをも物語っている．

拡散律速過程の応用例はたいていの書物では物理現象なので，ここでは社会現象の興味ある例を述べる．都市の人口分布は非常に複雑な幾何学的構造を示すが，この構造は，経済発展に伴い人口が増えることで動的に変化していく．これは，都市の人口が増加するとき，都心の人口が飽和状態になり郊外に広がっていくためであるが，分布は単に円状に広がっていくのではなく，郊外へ伸びる通勤路線に沿って広がる．しかし，通勤路線の拡張が人口の増加に追いつかない場合は，通勤路線から離れた場所に住むことを強いられるため，路線の周りが膨らむように人口分布が変化する．このほか，経済状況などさまざまな要因が関係して形成される人口分布あるいは住宅地の幾何学模様は，フラクタル次元を用いて解析できる[22]．一般に，経済発展により都市人口が増加するとき，それに伴ってフラクタル次元も増加する[23]．

このような都市の発展過程は，拡散律速過程でモデル化されている．興味ある

発見に，中心部から距離 r 内にある住宅地の面積 $A(r)$ が構造的に明確に異なる2区間をもち，それぞれのフラクタル次元が2,1に近い値になっていることがある．フラクタル次元が不連続に変化するところが都市の境界を与えると考えられる点は，注目に値する．この結果は，湾などに面しておらず比較的一様に広がっているパリのような都市だけでなく，どのような都市にも当てはまり，普遍的な性質のように考えられている．同様にロンドンなどいくつかの大都市でも，住宅地の面積が広がるにつれて，年々フラクタル次元が単調に増加していることも示されている．都市発展は，経済的発展の結果として現れるものであり，たとえば東京近郊での鉄道網との関係を考慮して都市発展の研究を進めるべきだろう．実際，拡散律速モデルやトーバーに始まるセルオートマトンモデルはフラクタル次元などいくつかの特徴を再現できてはいるが，物理的過程を模擬したこのようなモデルでは都市発展の実際的なメカニズムまでは取り入れられず，正確には再現しにくい[24]．最近，自己相似性を通して調べた研究もある[25]．この過程はまさに拡散律速過程で用いられている規則であり，その結果，人口密集地域の幾何学的複雑さも $D=5/3$ になることが予想される．

松葉は東京近辺地域を対象に都市発展の過程を解析し，従来から提案されているセルオートマトンモデル[26]を発展させて，経済的なメカニズムまで取り入れたモデルを提案し[27,28]，その結果を実際のデータと比較した．対象とする地域は旧都庁（東京都千代田区）から半径 50 km の範囲で，データは国勢調査（「我が国の人口集中地区」，総務庁統計局，昭和35年～平成7年）から引用した1960年から1995年までの5年ごとの資料に基づいている．対象範囲を，64×64のセルに分割して，計算を実行した．一つのセルの大きさは 1.56 km×1.56 km で，データ上の都心からの距離 r は，実際には r に 1.56 km をかけた数値になる．図1.24(a)に，1995年の関東地方の人口分布図を示した．最も濃いところは1セルに2万人以上が居住していることを示す．右下部のあたりは人口が0であるが，ここは東京湾である．はじめは中心部に集中していた人口が，人口の増加に伴い通勤路線が開発されていくと，その路線沿いに広がっていく．

図1.24(b)は，1960年から1995年までの人口分布に対して求めたボックスカウント次元 $D(n)$ (n は年を示す) の変化である．その結果，1960年から5年ごとの変化として表すと，

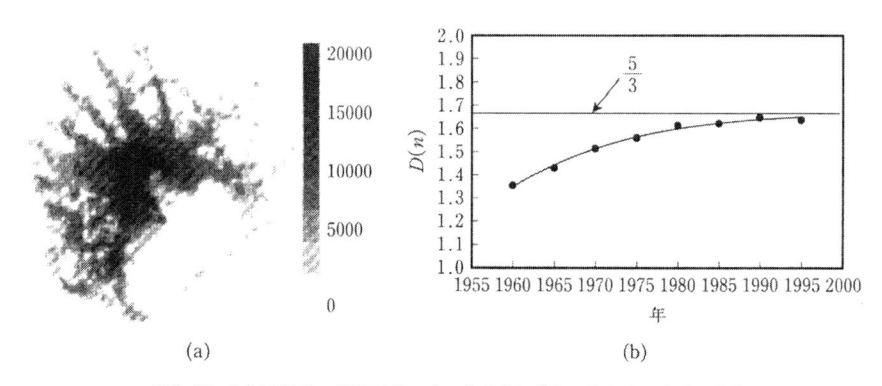

図 1.24 (a) 1995 年の関東地方の人口分布図, (b) フラクタル次元の変化

$$D(n) = \frac{1.670}{1 + 0.241\, e^{-0.0836(n-1960)}} \tag{1.91}$$

($R^2=0.991$) を得た. 人口変化と同形の関数を用いて精度よく当てはめることができた. 漸近値は $D(\infty)=1.670$ となるが, この値は拡散律速過程の値 5/3 にほぼ一致する. このように, 都市発展の幾何学的構造に限定すれば, 拡散律速過程として十分記述できるものと思われる. 一般化フラクタル次元も計算されている[28]. また, 鉄道網自体のフラクタル性に関する研究もある[29].

1.5.2 浸 透

あるものがそれと接触するものを取り込んで伝播する現象の例は, 伝染病の伝播, 腫瘍の成長, うわさの広がりなど多種多様である. 腫瘍の成長を模擬したイーデンモデルに始まり, それを一般化した浸透モデルがある. イーデンモデルでは, 最初原点に置かれたサイトからなる一つのクラスタを考える. そのサイトに隣接するサイトのうち, 最も近い複数のサイトからランダムに一つを選び, 原点にあるサイトとともにクラスタを成長させる. 新たに追加されたサイトに隣接するサイトのうち, 最も近い複数のサイトからランダムに一つを選び, さらにクラスタを成長させる. この過程を続けてクラスタを成長させるのが浸透モデルである[19]. 図 1.25 に 1000 個の粒子を用いたクラスタの例を示す.

このモデルで興味ある量は, クラスタの成長の程度を表す量である. いま, 単位時間当たりに 1 個のサイトが取り込まれるとすると, n 時刻後のクラスタの大きさ $N(n)$ は,

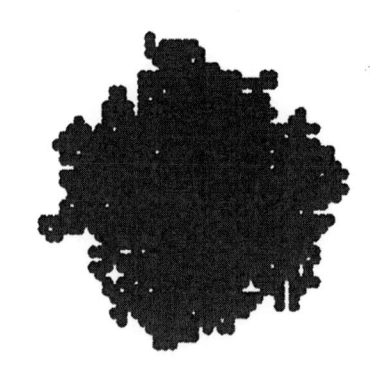

図 1.25　イーデンモデルの計算例 ($n=1000$)

$$N(n) \approx n^{a} \tag{1.92}$$

と表される．3000個の粒子で構成したクラスタでは $a \cong 1.9$，5000個では $a \cong 1.93$ となり，しだいに2に近づくように見える．大きさでいうと，$\sqrt{N(n)} \approx n^{a/2}$ なので，ブラウン運動よりも広がり方が若干緩やかである．

1.6　べき則の例

これまで見てきたように，自己相似性を示す図形，現象の特徴はべき則であった．本章を締めくくるに当たって，べき則を示すいろいろな例を与えておく．以下に示すほとんどの例は実験的な結果で，その発生メカニズムが理解されているとは限らない．

1.6.1　ジップの法則

ジェームズ・ジョイスの有名な小説「ユリシーズ」などに使われた20万語に及ぶ単語の出現頻度を調べたジップは，出現頻度順 r ($r=1,2,3,\cdots$) に並べた単語の出現頻度 $P(r)$ に，ある法則が存在することに気づいた[30]．出現頻度の一番高い単語をランク1 ($r=1$)，その次をランク2 ($r=2$) などとする．実際には，$r=1$ の英単語は「the」で，$r=2$ は「of」，$r=3$ は「and」，$r=4$ は「to」などであった．人間の「最小努力の法則」(動物が行動を起こす可能性は消費エネルギーに反比例するという法則) と結びつけて導いたこの法則は，後にジップの法則と呼ばれるようになった．次数 r の次数分布 $P(r)$ はべき則

1.6 べき則の例

$$P(r) \approx r^{-\alpha} \tag{1.93}$$

にしたがう．これをジフ分布と呼び，べき指数は $\alpha \cong 1$ で，$r_{\text{cutoff}} \approx 1000$ くらいまでの範囲で成り立つ．r_{cutoff} がないと $\sum_{r=1}^{\infty} 1/r$ は発散するので，r が大きいところでの実際の頻度はこの分布より小さい．α が 1 でない場合にも，一般に式 (1.93) が成り立てばジフの法則といっている．また，両辺の対数をとり，横軸を $\log r$，縦軸を $\log P(r)$ として描いたグラフは，傾き $-\alpha$ の直線

$$\log P(r) = 定数 - \alpha \log r \tag{1.94}$$

になるが，これをジフ図という．この法則は広く成り立つことが知られるようになって以来，多くの研究者を魅了し，いろいろな角度から研究されるようになった[31,32]．たとえば，異なる 2 冊の本で，同じ単語のランクの差を横軸にしたジフ図を描くと，著者が同じか異なるかで指数の値に大きな違いを示したという興味深い研究もある[33]．

言語との関係で興味ある話題を取り上げよう．DNA の 4 文字 (アデニン A，チミン T，シトシン C，グアニン G) が A-T と C-G の対として列を形成するので，文字数 n を指定すると異なる列は 2^n できる．したがって，ランクは 1 から 2^n までである．DNA のいろいろな位置で n 文字をサンプルし，ジフ図を作成すると，ジフの法則が成り立つように思われていた．しかし，後の詳しい研究によるとこれは誤りで，指数関数的な分布になっていることが明らかにされた[34]．この例だけではないが，ジフ分布に似た分布がいくつか知られており，違いを詳しく調べる統計的な手段は不可欠である．

膨大な数字が載っている冊子，たとえば会計報告書などにはランダムに数値が並んでいるように思える．先頭の数字がどのような確率で出現するか考えよう．単純に各数字 (1〜9) の出現確率が同じと考えれば，同じ確率 1/9 で現れるはずである．しかし，実際には 1 から始まる数値が圧倒的に多く 30% くらいもあり，逆に 9 から始まる数値では 4.5% 程度まで落ちる．これは，ベンフォードの法則

$$p(n) = \log_{10}\left(\frac{n+1}{n}\right) \tag{1.95}$$

として知られている法則である．図 1.26 に示すように，$p(1) = 0.301$，$p(2) = 0.176, \cdots, p(9) = 0.0458$ などと n が大きくなると $p(n)$ は急激に減少する．いま，N 桁の数字までの累積分布を $P(N)$ とすると，$p(n) = \int_n^{n+1} P(N) dN$ と表される．ベンフォードの法則は，$P(N)$ としてジフ分布 $P(N) \approx N^{-1}$ を仮定するこ

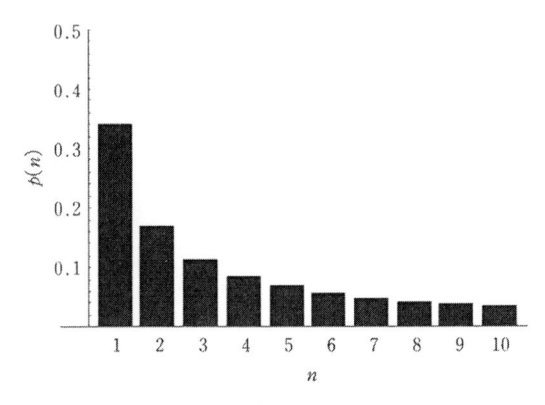

図 1.26 ベンフォードの法則

とで再現できる[35]．実際，$p(n)=\int_n^{n+1} P(N)dN=\log((n+1)/n)$ である．ただし，$P(N)$ の規格化のためには N_{cutoff} の存在を仮定しなければならない．

都市の人口規模に関する次数分布もジップの法則にしたがうと考えられている．図 1.27 (a) に，2000 年に行われた日本の国勢調査による人口統計をもとに，3200 の市町村について人口の次数分布を示した．本図で，東京特別区 (23 区)，横浜市 (18 区)，川崎市 (7 区) など複数の区からなる場合は一つの市として扱い，区までは統計に入れなかった．両対数グラフで直線回帰すると，$2 \leq r \leq 30$ で，$a=0.808$ ($R^2=0.984$)，$100 \leq r \leq 1000$ で，$a=1.045$ ($R^2=0.996$) であった．$r=1$ は東京特別区であるが，異常に大きいため回帰から除いた．後者の区間 (人口では 20 万から 2 万に入る都市) において見事にジップの法則が成り立っている．これは，日本の都市に限らず，米国などにおいても近似的ではあるが成立している．指数 a の値が小さいと，r が大きくなっても分布は緩やかにしか減少しない．つまり，ランクにかかわらず都市が一様に発展するような場合に相当する．このような状況は南アフリカの主要 123 都市で見られ，実際，$a=0.75$ ($R^2=0.98$) と求められている[36]．ジップの法則がなぜ現れるかを探求した研究例はあまりないが，各都市は同じ期待成長率と同じ分散でランダムに発展すると仮定すると，その極限分布がジップ分布に近づくことが示されている例はある[37]．

企業の活動においてもジップの法則が発見されている[38]．図 1.27 (b) は，2002 年における企業所得の次数分布である．$7 \leq r \leq 80$ (所得が 1.4×10^{11} ドルから 4.0

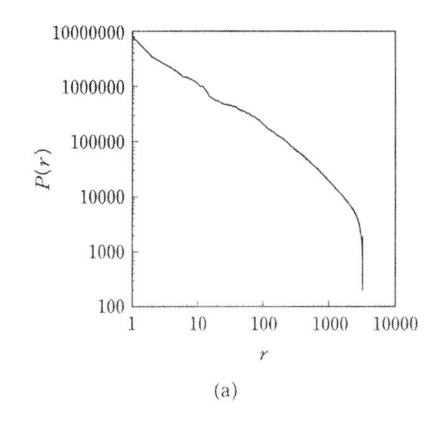

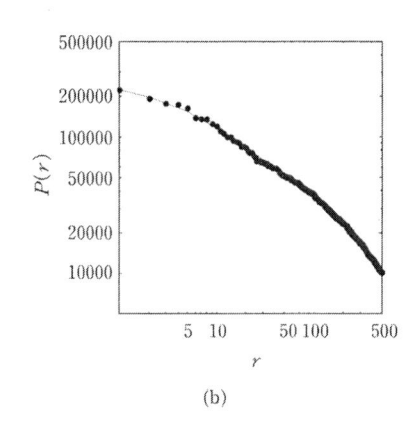

図 1.27　ジップの法則の例
(a) 2000 年に調査された日本の市町村の人口の次数分布（総務省統計局のホームページより引用）
(b) 2002 年のフォーチュンで Global 500 に選定された企業の所得番付の次数分布

$\times 10^{10}$ ドルに入る企業）において $\alpha = 0.825$ ($R^2 = 0.990$) である．G7 の企業に関する最近の調査によっても，景気にかかわらず，売上高などのいくつかの指標に対して，$\alpha \cong 1$ のジップの法則が成立することが確かめられている[39]．ジップの法則は自然現象，社会現象など分野を問わずいろいろなところで現れ，普遍的な法則のように思われる．たとえば，銀河の分布[40]，学術雑誌の引用回数[41,42]，氏名の種類[43]，国別の GDP，新聞の売上高などにもジップの法則が当てはまることが知られている．さらに，国別のインターネットのドメイン数，ページリクエストの分布，つまり，横軸に最初のページが最も人気のあるページ（ホームページ），その次にはリクエスト数が 2 番目に多かったページといった人気度順に並べたページをとると，指数が $\alpha \approx 2$ くらいのジップの法則にしたがうことが見出されている．この結果は，べき則がネットワークの故障，攻撃に対する脆弱性と深くかかわっていることからたいへん興味深い[44,45]．

1.6.2　当てはめの問題

以上見てきたように，多くの現象においてジップの法則が成り立っているように思われる．しかし，ランクの小さいところでは，たとえば，図 1.27 (b) のように，ジップの法則は実際の値よりも過大評価する傾向にある．ジップの法則をマンデルブロが拡張したジップ・マンデルブロの法則

$$P(r)\approx(c+r)^{-\alpha} \tag{1.96}$$

がある．ここで，c は定数で，ランクの小さいところでジップの法則が実際の値よりも大きく見積もることを考慮して補正したものである．実際，図1.27(b)に示すデータで，$r=1\sim200$ に対して式(1.96)を当てはめると，$P(r)=5.182\times10^5/(3.345+r)^{0.5762}$ ($R^2=0.996$) が得られたが，図に示すように非常に当てはめがよい．ただし，200から500までの r も入れると少々当てはめが悪くなるので，この部分は考慮しなかった．さらに，いろいろな分布が提案されているが[46]，分布の発生メカニズムを追及できない限り，ノイズの混入なども考えると，単に当てはめの誤差だけではどの分布が妥当か，判断できない．たとえば，

$$P(r)\approx r^{-\alpha}\exp\left(-\left(\frac{r}{r_0}\right)^2\right) \tag{1.97}$$

なども考えられる．ここで，r_0 は定数である．この分布は，物質の強度，道路での事故死者数，風速などの分布を表すのに利用されてきた．特に，r の大きいところで急速に分布が小さくなる様子をよく表している．

さて，ジップの法則の重要な性質に自己相似性がある．つまり，任意の R に対して，$r\to Rr$ とスケール変換すると，

$$P(Rr)=a^{-\alpha}P(r) \tag{1.98}$$

を満たす．これと式(1.14)を比較すると，べき指数 α はフラクタル次元に相当する量であることが分かる．なお，ジップ・マンデルブロの法則(1.96)は，c を固定すると，正確な自己相似性を満たさない．

1.6.3 その他のべき法則

キリギリスの生態に関する研究によると，キリギリスが出没する頻度 $f(s)$ を場所の広さ s の関数として表すと，

$$f(s)\approx s^{-\alpha} \tag{1.99}$$

となる．米国のアイダホ州やワイオミング州で調べた結果，場所により α は異なるが，平均的には1程度の値になる[47]．アフリカジャッカル（主に，西南アジア，南アフリカに生息する，キツネに似たイヌ科の動物）の摂食行動においても，レヴィフライトでフラクタル的な動きは発見されている[48]．レヴィフライト的な行動をする理由は後章で詳しく述べるが，記憶してある既に移動した場所を避けて効率よく行動するためで，ジップの「最小努力の法則」に基づくものと考

えられている.

　$40 \times 40 \times 25$ cm のかごの中に置かれたラットの行動に関するパワースペクトルが, f を周波数として, いわゆる $1/f$ ノイズ

$$S(f) \approx f^{-1} \tag{1.100}$$

を示すことが確認されている[49]. f が小さいところは大域的な動きを表現しているので, 行動に必要なエネルギーも大きくなる. したがって, エネルギーの大きさの順に並べたジップの法則として捉えることができる. この結果は, 行動のエネルギーの自己相似性を示すと同時に, ジップの法則と同様,「最小努力の法則」に基づくものと考えられている. $1/f$ ノイズに関する研究は古くからあるが, たとえば, 音楽データのパワースペクトルも $S(f) \approx f^{-1}$ となることは, 古くから知られている[50]. 快いと感じる音楽はたいてい $1/f$ ノイズになっているようである[51,52]. さらに, DNAの文字列を系列と見なして時系列処理を施すと, そのパワースペクトルは $1/f$ になる.

　さらに続けよう. ヒトの腕を動かす動作において, 終点における角速度 v は, その終点に至る軌跡の曲率 c の関数として $v \approx c^{2/3}$ と表せる. これは, いわゆる 2/3 法則として知られている. 正確に述べると, 3次元空間の腕の位置を時間 t の関数として, $\boldsymbol{x}(t) = (x(t), y(t), z(t))^T$ とすると, 角速度 v は $v = \|\dot{\boldsymbol{x}}(t)\|$, 曲率 c は $c^2 = (\|\dot{\boldsymbol{x}}(t)\|^2 \|\ddot{\boldsymbol{x}}(t)\|^2 - (\dot{\boldsymbol{x}}(t)^T \cdot \ddot{\boldsymbol{x}}(t))^2) / \|\dot{\boldsymbol{x}}(t)\|^6$ である. ここで, $\dot{\boldsymbol{x}}(t)$ は $\boldsymbol{x}(t)$ の1階の時間微分, $\|\cdot\|$ はノルムを示す. 次数分布では横軸はランクを表す離散値であったが, この場合, 曲率は c なので連続な値である[53~55].

　後章で詳しく述べるが, 乱流で見られるべき則を考えよう. エネルギーを外部から供給される波数帯に比べ十分大きな波数領域では, 慣性力と粘性力が釣り合っている. この状態で, 周波数を k とするとエネルギースペクトル $E(k)$ は, コルモゴロフ則として知られるべき則

$$E(k) \approx k^{-5/3} \tag{1.101}$$

にしたがう[56]. また, 乱流との関係で議論されることがある金融データは, フラクタルとの関係で古くから研究されている[57]. 分布の裾でべき分布を示すことが実証されている[58,59]. 最近, 日本の経済状況を表す日経平均などの株価指標においても, べき則が確認されている[60].

2

複雑さの捉え方

　複雑な現象を解析するために最初になすべきことは，その複雑さを捉えることである[1]．対象のもつ情報はエントロピーとして表され，それは複雑さを定量化するための重要な量である．シャノン・エントロピーだけでなく，べき則で表される現象に有効な各種のエントロピーが提案されている．フラクタル図形のように，自己相似性から導かれる複雑さに対してはフラクタル次元が有効であった．複雑さは，空間的な複雑さ，時間的な複雑さなどに分けることができる．時間的，空間的な変動の複雑さには，相関関数が重要な役割を果たす．たとえば，周期的変動は長く相関が存在することで同じような変動を引き起こすが，乱雑な変動では相関関数が短時間で消滅する．しかし，時間的な複雑さは，相関関数が自己相似的に持続する場合に現れる．複雑さは単純な相関関数以外に，リアプノフ指数などいろいろな量を用いて定量化できる．

2.1 情報とエントロピー

2.1.1 シャノン・エントロピーとガウス型確率密度

　情報理論の復習をしておく[2~4]．事象 A のもつ情報量は確率 $P(A)$ を用いて，$I(A)=-\log P(A)$ と与えられる．生起することが確実な事象 A の確率は $P(A)=1$ なので，$I(A)=0$ である．どのような物事でも，起こることが確実な場合，観測しても得られる結果に新しいことがなく，新たに得られる情報もない．確率の定義から $0 \leq P(A) \leq 1$ で，$I(A) \geq 0$ を満たす．

　事象 A を互いに排反する N 個の事象 $A_i (i=1, 2, \cdots, N)$ に分割し，それを $A=\{A_1, A_2, \cdots, A_N\}$ と表す．その事象の確率を $p_i = P(A_i)$ とおくと，規格化条件

$$\sum_{i=1}^{N} p_i = 1 \tag{2.1}$$

を満たす．事象 A_i に関する不確かさは，$-\log P(A_i) = -\log p_i$ である．事象 A_i は，A の中では確率 p_i で起こるので，$-p_i \log p_i$ の情報量をもつと考えることができる．したがって，事象 A を互いに排反する事象に分割した場合の情報

量は,
$$H(A)=-\sum_{i=1}^{N}p_i\log p_i \tag{2.2}$$
と表せる．これをシャノン・エントロピーと呼ぶ．エントロピーは事象 A の分割の仕方によって異なるので，A を変数とした記号 $H(A)$ で表す．エントロピーは情報量と同じく，実験の実行に先立つ事象 A に関する不確かさで，ひとたび実験が行われ A に関する結果が分かればその不確かさは除かれる．それゆえ，実験は事象のエントロピーに等しい情報を与える．つまり，不確かさはエントロピーに等しく，ともに式 (2.2) で与えられる．

事象が連続な場合，式 (2.2) は
$$H=-\int_{-\infty}^{\infty}P(x)\log P(x)dx \tag{2.3}$$
と表せる．ここでは積分区間を $[-\infty,\infty]$ としたが，問題に応じて変更する．$P(x)$ は確率密度関数で，式 (2.1) に対応した規格化条件は
$$\int_{-\infty}^{\infty}P(x)dx=1 \tag{2.4}$$
となる．

事象 A の任意の分割に関して
$$H(A)\geq 0 \tag{2.5}$$
が成り立つ．なぜなら，$0\leq p_i\leq 1$ から $-\log p_i\geq 0$ となるからである．$H(A)=0$ となるのは，p_i の一つが 1 でその他がすべて 0 の場合だけである．一つの事象のみが起こることが確実な場合，実験をするまでもなくその事象は必ず起こるのだから，実験しても何ら新しい情報も得られない．

$N=2$ として式 (2.2) を調べよう．事象 A と補事象 $\overline{A}$ を考え，それぞれの事象の確率を $P(A)=p,\ P(\overline{A})=1-p$ とする．このとき，$\Omega=\{A,\overline{A}\}$ に関するシャノン・エントロピーは p の関数になるので，$H(\Omega)$ の代わりに $h(p)$ と書くと，
$$h(p)=-p\log p-(1-p)\log(1-p) \tag{2.6}$$
となる．ここで，$h(p)\geq 0,\ h(1)=h(0)=0$ である．これは，$p=1$ では事象 A, $p=0$ では事象 $\overline{A}$ のみが起こることを意味する．実際，$p=1$ を上式に代入すると $h(1)=-1\log 1-0\log 0=0$ となる．$p=0$ の場合も同様である．図 2.1 を参考にすると，$p=1/2$ で最大値 $h(1/2)=\log 2$ をとる．つまり，
$$0\leq h(p)\leq \log 2 \tag{2.7}$$

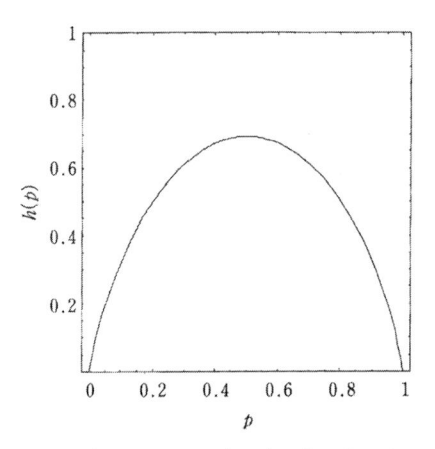

図 2.1 $h(p) = -p\log p - (1-p)\log(1-p)$ のグラフ

となる．エントロピーが最大となるのは，たとえば，硬貨を投げたときに表と裏の出る確率が等しい場合で，投げる前にどちらの面が出るか最も分かりにくいときである．このとき，実験して得られる情報量も最大になる．

以上のことを N 個の事象で分割した $A=\{A_1, A_2, \cdots, A_N\}$ の場合に一般化しよう．等確率，つまり，$p_1 = p_2 = \cdots = p_N = 1/N$ ならば，シャノン・エントロピーは最大になり，その値は $H(A) = -\sum_{i=1}^{N}(1/N)\log(1/N) = \log N$ となる．一般に，

$$0 \leq H(A) \leq \log N \tag{2.8}$$

が成立し，この右辺がエントロピーの最大値である．これは，各事象が現れる可能性が等しく，そのため実験を行ってもどの事象が現れるか予想するのが最も困難な場合に相当する．右辺は，N 個の異なった状態を記憶するために必要な最小限のビット数 $\log_2 N$ を表している．理由はこうである．いま，m 個のスイッチを考えると，これらのスイッチで表せる状態は合計 $N = 2^m$ ある．逆に N 個の異なった状態を記憶するためには，少なくとも $\log_2 N = m$ 個のスイッチを用意すれば十分である．このことを，m ビットの記憶容量をもつという．つまり，エントロピーの最大値＝記憶容量，といえる[5]．

エントロピーを最大にする状態が実現されることは，エントロピー最大化原理として知られている．物理学の教科書[7]に必ず出てくる例を参考に説明する．同じ体積の二つの部屋に同じ粒子がそれぞれ，N_1, N_2 個あったとする．$N = N_1 + N_2$ 個の粒子を分配する仕方は合計 $N!/N_1!N_2!$ 通りあり，それぞれ等確率で

2.1 情報とエントロピー

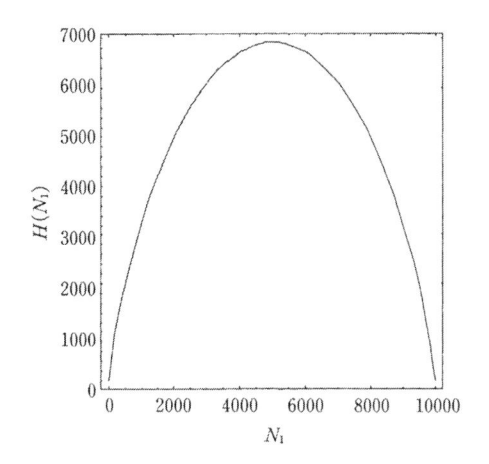

図2.2 ボルツマン・ギブス・エントロピー

出現する．このとき，エントロピーは

$$H(N_1)=\log\frac{N!}{N_1!N_2!} \tag{2.9}$$

と表せる．ボルツマン定数を1とした，ボルツマン・ギブス・エントロピーでもある．問題は，式(2.9)のエントロピーを最大にするようなN_1を求めることである．スターリングの公式を用いて，式(2.9)は$H(N_1)\cong\log((2\pi)^{3/2}(N_1N_2)^{-1/2}\cdot e^{-N-N_1-N_2}N^{N+N_1+N_2+5/2})$と近似できる．これに$N_2=N-N_1$を代入し，$N_1$について微分して$=0$とおくことで$N_1=N/2$を得る．この結果を数値的に確かめるため，$N=10000$として，$N_1$をいろいろ変えて$H$を計算した結果を図2.2に示した．確かに$N_1=N/2$ ($N_1=N_2$)のとき，エントロピーは最大になっている．これは，式(2.8)のように各事象が現れる確率が等しい場合であって，どの事象が現れるかを予想するのが最も困難な場合に相当する．熱力学の第2法則によると，エントロピーは決して減少することはないので，等確率な状態が実現される．なお，平均値として$N_1=N/2$が求まったのであり，$\sqrt{N}$程度の標準偏差は残る．

エントロピー最大化原理に基づく最大エントロピー法は，与えられた拘束条件のもとに，確率空間のさまざまなパラメータを決定するために応用されている．具体的には，拘束条件のもとでエントロピーを最大にするように，分割Aの各事象A_iの確率p_iを定めることである．最大化には，拘束条件を考慮するとラグランジュ未定乗数法を用いることが多い[8]．エントロピーを$H(\{p_j\})$と書き，

拘束条件が複数あるとし，それらが $g_k(\{p_j\})=0\,(k=1,2,\cdots,r)$ と与えられたと仮定しよう．このとき，関数

$$L(\{p_j\}) = H(\{p_j\}) + \sum_{k=1}^{r} \lambda_k g_k(\{p_j\}) \tag{2.10}$$

を考える．λ_k を未定乗数と呼び，$H(\{p_j\})$ の代わりに $L(\{p_j\})$ を最大化する．$L(\{p_j\})$ を p_j に関して微分し $=0$ とおくことにより，p_j が停留条件

$$\frac{dL(p)}{dp_j} = \frac{dH(\{p_j\})}{dp_j} + \sum_{k=1}^{r} \lambda_k \frac{dg_k(\{p_j\})}{dp_j} = 0 \tag{2.11}$$

の解として求まる．

【サイコロ】

サイコロの6つの面が出る確率 $p_i\,(i=1,2,\cdots,6)$ を，$H=-\sum_{i=1}^{6} p_i \log p_i$ が最大になるように決める．拘束条件は $\sum_{i=1}^{6} p_i = 1$ である．未定乗数 λ を導入して，$L(\{p_j\}) = -\sum_{i=1}^{6} p_i \log p_i + \lambda \sum_{i=1}^{6} p_i$ を最大化する．停留条件は $dL(\{p_j\})/dp_j = -\log p_j - 1 + \lambda = 0$ となるので，$p_j = \exp(-1+\lambda)$ を得る．p_j は j によらず一定になるので，拘束条件から $p_j = 1/6$ と求まる．どの面の出る確率にも偏りがない．また，$\lambda = 1 - \log 6$ となる．　□

事象が連続な場合，拘束条件として，たとえば，分散

$$\int_{-\infty}^{\infty} x^2 P(x) dx = \sigma^2 \tag{2.12}$$

が一定になることを要求することがしばしばある．σ^2 がデータの分散として与えられているような状況がそうである．もう一つの拘束条件は，規格化条件(2.4)である．未定乗数 λ_1, λ_2 を導入して，

$$L(P) = -\int_{-\infty}^{\infty} P(x) \log P(x) dx - \lambda_1 \int_{-\infty}^{\infty} P(x) dx - \lambda_2 \frac{\int_{-\infty}^{\infty} x^2 P(x) dx}{\int_{-\infty}^{\infty} P(x) dx} \tag{2.13}$$

の最大化を考える．右辺第3項の分母に $\int_{-\infty}^{\infty} P(x)dx$ があるが，これは拘束条件が満たされれば1になる．さて，式 (2.13) の停留条件は

$$\frac{\delta L(P)}{\delta P(x)} = -\log P(x) - 1 - \lambda_1 - \lambda_2 \frac{x^2}{\int_{-\infty}^{\infty} P(x)dx} + \lambda_2 \frac{\int_{-\infty}^{\infty} x^2 P(x)dx}{\left(\int_{-\infty}^{\infty} P(x)dx\right)^2} = 0 \tag{2.14}$$

となる．これから，

$$P(x) = \exp\left(-1 - \lambda_1 - \lambda_2 \frac{x^2}{\int_{-\infty}^{\infty} P(x)dx} + \lambda_2 \frac{\int_{-\infty}^{\infty} x^2 P(x)dx}{\left(\int_{-\infty}^{\infty} P(x)dx\right)^2}\right) \quad (2.15)$$

を得る．これに二つの拘束条件を代入すると，$P(x) = \exp(-1 - \lambda_1 + \lambda_2 \sigma^2 - \lambda_2 x^2)$ となるので，$c = \exp(-1 - \lambda_1 + \lambda_2 \sigma^2)$ とおけば，

$$P(x) = c \exp(-\lambda_2 x^2) \quad (2.16)$$

と簡単になる．これを拘束条件 (2.12) に代入すると $c \int_{-\infty}^{\infty} x^2 \exp(-\lambda_2 x^2)dx = \sigma^2$ に，また，式 (2.4) に代入すると $c \int_{-\infty}^{\infty} \exp(-\lambda_2 x^2)dx = 1$ になる．これらから，$c\sqrt{\pi}/(2\lambda_2^{2/3}) = \sigma^2$, $c\sqrt{\pi/\lambda_2} = 1$ を得る．未定乗数は $\lambda_2 = 1/(2\sigma^2)$, $c = 1/\sqrt{2\pi\sigma^2}$ と決まる．以上の結果をまとめると，よく知られたガウス型確率密度

$$P(x) = \frac{1}{\sqrt{2\pi\sigma^2}} \exp\left(-\frac{x^2}{2\sigma^2}\right) \quad (2.17)$$

が導かれる．分散一定という拘束条件を課すと，ガウス型確率密度がシャノン・エントロピーを最大にする．

2.1.2 カルバック・ライブラー情報量

　時系列データからそのデータを生成する確率密度分布を推定する問題では，しばしばカルバック・ライブラー情報量が用いられる．予測の効率性など現実的な評価に基づいた方法の重要な点は，時系列データをモデル化する際に，情報量に加えて複雑さが考慮されることである．いま，真の確率密度を $P(x)$ としよう．これは，$\int_{-\infty}^{\infty} P(x)dx = 1$ を満たす．時系列から推定したモデルに基づく確率密度を $Q(x)$ とすると，これも $\int_{-\infty}^{\infty} Q(x)dx = 1$ を満たす．モデルに基づいたという意味は，モデルの形をあらかじめ決めておいて，そこに現れるパラメータをデータから推定することである．確率密度は対象に関するすべての情報をもつので，真の確率密度に近ければ近いほど，推定したモデルがより妥当であると考えることができる．真の確率密度にどの程度近いかを表す指標として，カルバック・ライブラー情報量

$$I(P, Q) = \int_{-\infty}^{\infty} P(x) \log \frac{P(x)}{Q(x)} dx \quad (2.18)$$

を導入する．推定した確率分布が真の確率密度に等しい場合，つまりすべての x に対して $Q(x) = P(x)$ であれば $I(P, P) = 0$ となり，それ以外の場合は $I(P, Q)$

>0 である[4]．このことは，$I(P, Q)$ の最小値を与える Q が真の確率密度になることを意味する．真の確率密度は一つのみで通常，未知である．式(2.18)は

$$I(P, Q) = \int_{-\infty}^{\infty} P(x) \log P(x) dx - \int_{-\infty}^{\infty} P(x) \log Q(x) dx \quad (2.19)$$

と書き直せるが，右辺第1項は真の確率密度に関するもので，定数である．右辺第2項は $\log Q$ の期待値を表し，平均対数尤度と呼ばれる．これから，平均対数尤度が大きいほど，真に確率密度に近いことになる．このことから，問題は，

$$\int_{-\infty}^{\infty} P(x) \log Q(x) dx = E[\log Q(x)] \to 最大化 \quad (2.20)$$

となるような $Q(x)$ を求めることである．エントロピーと符号が違うことに注意しよう．$Q(x)$ は，現象に対する考察から構成したモデルの確率密度である．一般には，モデルを構成する際に $Q(x)$ の形を，たとえばガウス型などと決めると，残る問題はパラメータの選択である．したがって，上記の最大化とは具体的には，パラメータに関する最大化である．

このように，平均対数尤度を最大化することによってモデルを選択する方法を最尤法と呼び，このときのモデルが最尤モデルになる．しかし，直感的に明らかであるが，モデルのパラメータが多いほど，真の確率密度にいくらでも近づけることができる．単にモデルを当てはめるだけならば，パラメータ数を過度に多くとれば十分である．しかし，このようにすると予測誤差が増大し，適切なモデル化が行えない．次章で述べる関数近似でも同様の問題を扱うが，節約の原理が必要になる．最大対数尤度とパラメータ数とのバランスをとった適当なパラメータ数に設定する必要があり，このために導入された量が情報量規準である．その代表がAICで，最大対数尤度とパラメータの数を用いて，

$$-2\,最大対数尤度 + 2\,パラメータ数 \quad (2.21)$$

と定義される[9]．最大対数尤度はモデルに依存するので，パラメータ数の関数でもある．「最大対数尤度」はパラメータ数を大きくとれば減少するので，当てはめのよさを表すが，一方，「パラメータの数」は逆の傾向を示す．AICを最小化することで，両者のバランスをとることができる．パラメータ数を大きくするとモデルの項が増え，モデルが複雑になる．このため，式(2.21)の第2項はモデルの複雑さを表していると考えられる．情報量規準とは結局，当てはめのよさと複雑さの和である．

具体例として，式 (1.84) の AR(p) モデルを取り上げる[10]．モデル係数および分散をまとめて $\theta=(\phi_1, \phi_2, \cdots, \phi_p, \sigma_\varepsilon^2)$ と表し，結合確率密度を $f(\{x_n\}|\theta)$ と書く．ノイズは独立なので $L(\theta)=\prod_j f(x_j|\theta)$ とおくと，その対数をとった $l(\theta)=\sum_j \log f(x_j|\theta)$ が対数尤度になる．最尤法により，$l(\theta)$ を最大にする θ を決定する．いま，データ $(x_{n-1}, x_{n-2}, \cdots, x_{n-p})$ が与えられたとき，x_n の平均値は $\sum_{j=1}^{p} \phi_j x_{n-j}$ で，分散 σ_ε^2 の正規分布にしたがうので，

$$f(\{x_n\}|\theta)=(2\pi\sigma_\varepsilon^2)^{-\frac{1}{2}} \exp\left\{-\frac{1}{2\sigma_\varepsilon^2}\left(x_n - \sum_{j=1}^{p} \phi_j x_{n-j}\right)^2\right\} \tag{2.22}$$

となる．データ数を N とすると，$1 \leq n \leq N$ に対し，$L(\theta)=\prod_{n=1}^{N} f(x_n|\theta)$ となるので，$l(\theta)=-N(2\pi\sigma_\varepsilon^2)/2-\sigma_\varepsilon^{-2}\sum_{n=1}^{N}(x_n-\sum_{j=1}^{p}\phi_j x_{n-j})^2/2$ となる．θ に関して最大化することで最大値 $l_{\max}(\hat{\theta})$ を得る．まず σ_ε^2 について微分し $=0$ とおけば，モデル誤差の分散 σ_ε^2 の推定値として $\hat{\sigma}_\varepsilon^2(\{\phi_j\})=N^{-1}\sum_{n=1}^{N}(x_n-\sum_{j=1}^{p}\phi_j x_{n-j})^2$ を得る．これを式 (2.22) に代入すると，$l(\{\phi_j\}, \hat{\sigma}_\varepsilon^2)=-N(2\pi\hat{\sigma}_\varepsilon^2(\{\phi_j\}))/2-N/2$ と求まる．次に，$\{\phi_j\}$ について最大化しなければならないが，$\{\phi_j\}$ は $\hat{\sigma}_\varepsilon^2(\{\phi_j\})$ のみに現れるので $\hat{\sigma}_\varepsilon^2(\{\phi_j\})$ の最小化に等しい．つまり，$\hat{\sigma}_\varepsilon^2(\{\phi_j\})$ の最小 2 乗推定値を与える $\{\phi_j\}$ が推定値 $\{\hat{\phi}_j\}$ になり，$\hat{\sigma}_\varepsilon^2(\{\hat{\phi}_j\})$ が $l_{\max}(\hat{\theta})$ を与える．モデルには合計 $p+1$ 個のパラメータがあるので，式 (2.21) は $-2l_{\max}(\hat{\theta})+2(p+1)$ となる．定数を省けば，結局，情報量規準は

$$\mathrm{AIC}(p)=N \log \hat{\sigma}_\varepsilon^2(\{\hat{\phi}_j\})+2p \tag{2.23}$$

と表せる．図 2.3(a) に示すように，$\hat{\sigma}_\varepsilon^2(\{\hat{\phi}_j\})$ は一般に p の減少関数であるが，$2p$ があるため，$\mathrm{AIC}(p)$ には最小値が存在し，そのときの $p=p_{\min}$ がモデルの次

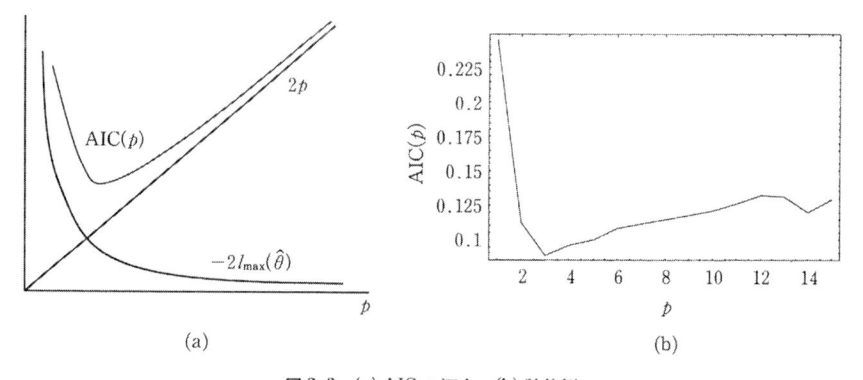

図 2.3 (a) AIC の概念，(b) 計算例

【AR(3)モデルから発生したデータ】

$x_n = 0.7 x_{n-1} - 0.5 x_{n-2} + 0.2 x_{n-3} + \xi_n$ ($\xi_n \sim N(0,1)$) から，$N=300$ 個のデータを発生する．いろいろな p に対してモデル係数を推定し，AIC(p) を求めた．図 2.3(b) に示したように，期待通り $p=3$ で最小になる． □

2.1.3 一般化エントロピーとべき則

第1章で述べたように，本書で主に扱う複雑さの特徴は，自己相似性に起因するべき則である．シャノン・エントロピーの最大化はガウス型確率密度を導くが，決してべき則を導くような原理にはなりえない．最近，べき則が導けるように，シャノン・エントロピーを拡張した一般化エントロピーが提案されている．一般化エントロピーはシャノン・エントロピーと異なる性質を示す．特に加法性が成り立たなくなり，非加法性的な場合に拡張したのが一般化したエントロピーである[11]．まず，レニィ・エントロピーから説明しよう．

レニィ・エントロピーは，離散的な場合，

$$S_q = \frac{1}{1-q} \log \sum_{i=1}^{N} p_i^q \tag{2.24}$$

と定義される．これを，次数 q のレニィ・エントロピーと呼ぶ．$q=0$ とすると，

$$S_0 = \log N \tag{2.25}$$

となり，N の対数に比例して増加する．$q \to 1$ で，シャノン・エントロピー (2.2) になることは容易に確かめられる．実際，$q=1$ の周りでテーラ展開すると，$\log \sum_{i=1}^{N} p_i^q = \log(1 + (q-1) \sum_{i=1}^{N} p_i \log p_i + \cdots) = (q-1) \sum_{i=1}^{N} p_i \log p_i + \cdots$ となる．これを式 (2.24) に代入すると，$\lim_{q \to 1} S_q = \lim_{q \to 1} (1-q)^{-1} (q-1) \sum_{i=1}^{N} p_i \log p_i = -\sum_{i=1}^{N} p_i \log p_i$ が得られる．式 (2.24) から，任意の $q < q'$ に対して，

$$S_{q'} \leq S_q \tag{2.26}$$

になる．これから，$\cdots \leq S_2 \leq \cdots \leq S_1$ となるので，シャノン・エントロピーが上界を与えるとともに，$S_1 \leq \cdots \leq S_0$ となるので下界にもなっている[11]．

特に，$N=2$ とした場合を取り上げよう．事象 A と補事象 $\overline{A}$ を考え，それぞれの事象の確率を $P(A)=p$, $P(\overline{A})=1-p$ とする．このときの $\Omega = \{A, \overline{A}\}$ に関するレニィ・エントロピーは，

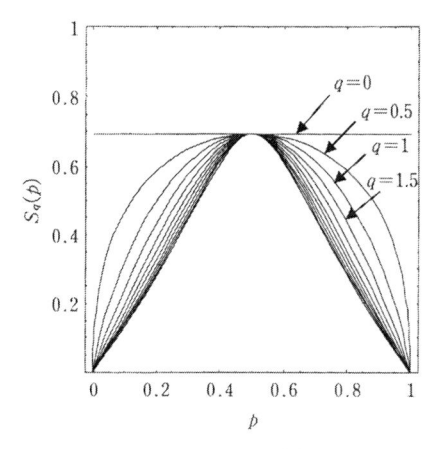

図 2.4 レニィ・エントロピー ($N=2$ の場合)

$$S_q(p)=\frac{1}{1-q}\log(p^q+(1-p)^q) \tag{2.27}$$

と表せる．$q>0$ とすると，$p=1/2$ で最大値 $\log 2$ をとり，次数 q に関係なくシャノン・エントロピーの最大値に一致し，一般に $S_q(p)\leq\log 2$ である．図 2.4 には，いろいろな q に対するレニィ・エントロピーを示した．

事象が連続の場合，式 (2.24) は

$$S_q=\frac{1}{1-q}\log\int_{-\infty}^{\infty}P(x)^q dx \tag{2.28}$$

と表せる．$P(x)$ がガウス型確率密度 $P(x)=(2\pi\sigma^2)^{-1/2}e^{-x^2/2\sigma^2}$ で表せたと仮定しよう．このとき，式 (2.28) は

$$S_q=\frac{1}{1-q}\log\left((2\pi\sigma^2)^{-\frac{q}{2}}\sqrt{\frac{2\pi\sigma^2}{q}}\right)=\frac{1}{2}\log(2\pi\sigma^2)-\frac{1}{2(1-q)}\log q \tag{2.29}$$

となる．ここで，$q\to 1$ とすると，$\lim_{q\to 1}\log q/(q-1)=1$ を考慮すれば，$S_1=\log(2\pi\sigma^2)/2+1/2$ とシャノン・エントロピーに一致する．しかし，以下に示すようにガウス型確率密度はレニィ・エントロピーを最大にしない．

エントロピーを最大にする確率密度 $P(x)$ はどのようなものであろうか[12,13]．以下では，前述したように分散 σ^2 が実データの値に等しくなるような確率密度を推定する問題を取り上げる．拘束条件として，$\int_{-\infty}^{\infty}x^2P(x)dx=\sigma^2$ と $\int_{-\infty}^{\infty}P(x)dx=1$ を課し，ラグランジュの未定乗数法を適用する．未定乗数を λ_1,λ_2 とし，

$$L(p) = \frac{1}{1-q} \log \int_{-\infty}^{\infty} P(x)^q dx - \lambda_1 \int_{-\infty}^{\infty} P(x) dx - \lambda_2 \frac{\int_{-\infty}^{\infty} x^2 P(x) dx}{\int_{-\infty}^{\infty} P(x) dx} \quad (2.30)$$

の最大化を考える．$P(x)$ に関して変分して $=0$ とおくと，停留条件は

$$\frac{\delta L(p)}{\delta P(x)} = \frac{1}{1-q} \frac{qP(x)^{q-1}}{\int_{-\infty}^{\infty} P(x)^q dx} - \lambda_1 - \lambda_2 \frac{x^2}{\int_{-\infty}^{\infty} P(x) dx} + \lambda_2 \frac{\int_{-\infty}^{\infty} x^2 P(x) dx}{\left(\int_{-\infty}^{\infty} P(x) dx\right)^2}$$
$$= 0 \quad (2.31)$$

となる．これより，

$$P(x) = \left(\frac{q-1}{q} \left(-\lambda_1 - \lambda_2 \frac{x^2}{\int_{-\infty}^{\infty} P(x) dx} + \lambda_2 \frac{\int_{-\infty}^{\infty} x^2 P(x) dx}{\left(\int_{-\infty}^{\infty} P(x) dx\right)^2} \right) \int_{-\infty}^{\infty} P(x)^q dx \right)^{\frac{1}{q-1}} \quad (2.32)$$

を得る．これに拘束条件を代入すると，$P(x) = \left((q-1)/q(-\lambda_1 - \lambda_2 x^2 + \lambda_2 \sigma^2)\int_{-\infty}^{\infty} P(x)^q dx\right)^{1/(q-1)}$ となるので，$c = \left(\int_{-\infty}^{\infty} P(x)^q dx\right)^{1/(q-1)}$ とおけば，

$$P(x) = c \left(\frac{q-1}{q} (-\lambda_1 + \lambda_2 \sigma^2 - \lambda_2 x^2) \right)^{\frac{1}{q-1}} \quad (2.33)$$

を得る．ただし，積分 $\int_{-\infty}^{\infty} P(x) dx$，および，$\int_{-\infty}^{\infty} x^2 P(x) dx$ が発散しないためには，$1/3 < q < 1$ でなければならない．上式の重要な点は，指数関数ではなくべき関数になっていることである．特に，x が大きいとき，

$$P(x) \approx |x|^{-\frac{2}{1-q}} \quad (2.34)$$

と表せる．このように，レニィ・エントロピーの最大化からジップの法則に見られるようなべき則が現れるので，複雑さの解析にはレニィ・エントロピーが有効であろうことは想像できる．

一般化エントロピーとしてはレニィ・エントロピー以外に，サリスにより導入されたサリス・エントロピー $H_q(P)$ がある[14]．その定義は，次数 q を用いて，

$$H_q(P) = \frac{1 - \int_{-\infty}^{\infty} (\sigma P(x))^q \frac{dx}{\sigma}}{q-1} \quad (2.35)$$

である．σ は標準偏差ではなく単に定数を表し，以下では簡単のため $\sigma = 1$ とお

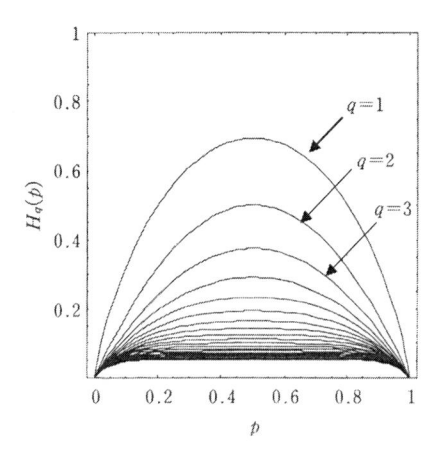

図 2.5 サリス・エントロピー ($N=2$ の場合)

く. $q \to 1$ とすれば, レニィ・エントロピーと同様に, シャノン・エントロピーになることは容易に確かめられる. レニィ・エントロピーとは異なるが, $\varepsilon \ll 1$ とした近似式 $\log(1+\varepsilon) \cong \varepsilon$ を利用すると, $\int_{-\infty}^{\infty} P(x)^q dx \cong 1$ となれば, $H_q(p) = (1-q)^{-1} \left(\int_{-\infty}^{\infty} P(x)^q dx - 1 \right) \cong (1-q)^{-1} \log \int_{-\infty}^{\infty} P(x)^q dx$ と近似できるので, レニィ・エントロピーと大変よく似ている. この近似は $q \cong 1$ の場合に特に有効である.

ここで, $N=2$ とした場合を取り上げよう. 事象 A と補事象 $\overline{A}$ を考え, それぞれの事象の確率を $P(A)=p$, $P(\overline{A})=1-p$ とする. このときの $\Omega=\{A, \overline{A}\}$ に関するサリス・エントロピーは,

$$H_q(p) = \frac{1}{q-1}(1-(p^q+(1-p)^q)) \tag{2.36}$$

となる. 特に, $q>0$ のとき, $p=1/2$ で最大値 $\log 2$ をとり, 次数 q に関係なくシャノン・エントロピーの最大値に一致する. また, 一般に, $H_q(p) \leq \log 2$ である. 図 2.5 には, いろいろな q に対するサリス・エントロピーを示した.

分散が一定であるという拘束条件のもとで, サリス・エントロピーの最大化を行おう. ただし, 拘束条件は通常の分散ではなく, q 分散と呼ばれる

$$E[x^2]_q = \frac{\int_{-\infty}^{\infty} x^2 (P(x))^q dx}{\int_{-\infty}^{\infty} (P(x))^q dx} \equiv \lambda_0 \tag{2.37}$$

である. なお, $q=1$ のときは, 通常の分散 $E[x^2]$ となる. また, λ_0 は定数であ

る．いままでと同様にラグランジュ未定乗数法を適用する．最大化すべき関数は，

$$L(P) = \frac{1 - \int_{-\infty}^{\infty} P(x)^q dx}{q-1} - \lambda_1 \int_{-\infty}^{\infty} P(x) dx - \lambda_2 \frac{\int_{-\infty}^{\infty} x^2 (P(x))^q dx}{\int_{-\infty}^{\infty} (P(x))^q dx} \tag{2.38}$$

である．途中の過程を省略すると，最終的に

$$P(x) = C_q \left(1 + \frac{q-1}{3-q} \frac{x^2}{\lambda_0}\right)^{-\frac{1}{q-1}} \tag{2.39}$$

を得る[15]．ここで，係数 C_q は，規格化条件から

$$C_q = \sqrt{\frac{1-q}{\lambda_0 \pi (q-3)}} \frac{\Gamma\left(\frac{1}{q-1}\right)}{\Gamma\left(-\frac{1}{2} + \frac{1}{q-1}\right)} \tag{2.40}$$

である $(5/3 < q < 3)$．x が大きいときは，式 (2.34) と同様に，

$$P(x) \approx |x|^{-\frac{2}{q-1}} \tag{2.41}$$

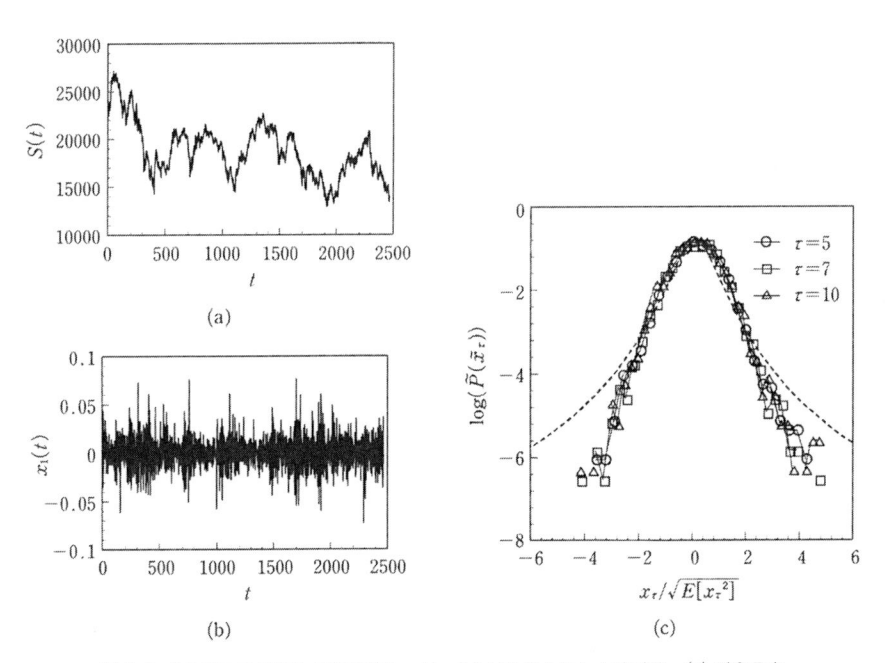

図 2.6 (a) 日次日経平均の時系列 $(\tau=1)$，(b) 対数差分化した時系列，(c) 不変分布

となり，べき関数になる．このようなべき則にしたがう分布をレヴィ分布という．また，x が小さいとき，

$$P(x) \cong C_q \exp\left(-\cfrac{1}{\cfrac{3-q}{2}}\cfrac{x^2}{2\lambda_0}\right) \tag{2.42}$$

とガウス関数になる．ここで，$q=1$ とするとガウス型確率密度関数になり，しかも λ_0 は通常の分散になる．

【金融分野への応用】

サリス・エントロピーに関して，いろいろな応用が知られている．特に，金融分野では，興味ある実例が多い[16]．たとえば，図2.6(a)に示す1991年から2000年までの日次日経平均 $S(t)$ に応用した例を紹介する．図2.6(b)に対数差分化したデータ $x_\tau(t) = \log(S(t+\tau)/S(t))$ を示したが，統計的性質を明らかにするために標準偏差で割り，確率密度関数 $P(x)$ を片対数グラフにしたものを図2.6(c)に示す．いろいろに τ を変えても，同一の分布に重なり，これを不変分布と呼んでいる．不変分布は安定なレヴィ分布とも呼ばれている[17,18]．時系列データから求めた確率密度関数の原点回帰率 $P(0)$ を参考にして，式(2.39)を当てはめると $q \cong 1.80$ であった[19]．　□

2.2　情報生成とエントロピー

これまで述べてきたエントロピーには時間の概念が入っていない．時間とともに変化するような動的過程では，エントロピーの変化も重要な複雑さの指標になる．ここではこのようなエントロピーを考える．

2.2.1　情報生成とリアプノフ指数

初期時刻において観測から得られる情報よりも，最終時刻において観測から得られる情報の方が多いとき，システムに関する情報が生成されたという．つまり，時間とともに，システムに関するエントロピーが増加し，後の観測において，より多くの情報が得られる．観測には装置が必要で，初期時刻では区別できない状態が，時間の経過に伴い区別できるようになり，システムに関する情報が手に入る(図2.7を参照)．カオスは時間発展に伴い情報を生成していると理解できるので，エントロピーは有効な指標と考えられる．

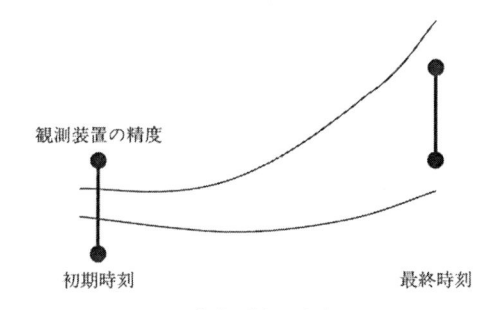

図 2.7 情報の生成

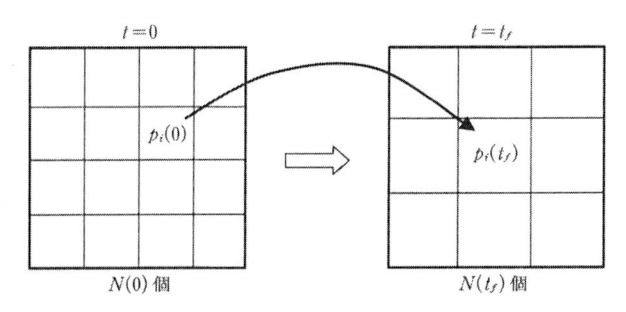

図 2.8 2次元相空間での情報の変化

システムの状態が定義されている相空間を小さなセルに分割する．相空間とはたとえば，1次元システムでは状態が定義されている区間，2次元システムでは2次元空間である．初期時刻でシステムの状態が i 番目のセルの中に入る確率を $p_i(0)$，セルの総数を $N(0)$ とすると，等確率分布を仮定すれば $p_i=1/N(0)$ である．同様に，最終時刻で i 番目のセルに入る確率を $p_i(t_f)$，セルの総数を $N(t_f)$ とすると，等確率分布では $p_i(t_f)=1/N(t_f)$ である（図 2.8 を参照）．相空間の体積はセルの個数に比例するので，情報の変化 ΔI は，

$$\Delta I = \sum_{i=1}^{N(0)} p_i(0)\log p_i(0) - \sum_{i=1}^{N(t_f)} p_i(t_f)\log p_i(t_f) = \log\frac{N(t_f)}{N(0)} = \log\frac{V(t_f)}{V(0)} \quad (2.43)$$

と表せる[20]．ここで，$V(0)$, $V(t_f)$ はそれぞれ初期時刻と最終時刻で，システムの状態が相空間で占める体積である．最終時刻において，相空間の中でどの程度広がったかを表す割合の対数で表されている．連続系では，微分を用いて，

$$\frac{dI}{dt} = \frac{d}{dt}\log V(t) \quad (2.44)$$

2.2 情報生成とエントロピー

と書ける．カオスの場合，$V(t)$ は時間とともに，$V(t)=V(0)e^{\lambda t}$ と指数関数的に増加する．これを式 (2.44) に代入すると，$d\log V(t)/dt=\lambda$ と定数になるが，この値は，これから示すようにリアプノフ指数になっている．

例として，1次元の写像 $x_n=f(x_{n-1})$ を考えよう．時刻 $n-1$ での広がり $\varDelta x_{n-1}$ は，時刻 n では，$\varDelta x_n=f'(x_{n-1})\varDelta x_{n-1}$ となる．$V(0)=\varDelta x_{n-1}$，$V(t_f)=\varDelta x_n$ とすれば，1回の反復当たりの情報の変化は，式 (2.43) を参考にすると，

$$\varDelta I(x)=\log\left|\frac{df(x)}{dx}\right| \tag{2.45}$$

となる．ここで，$\mu(x)$ を写像 $f(x)$ の不変確率密度とすると，式 (2.45) の $\mu(x)$ (定義域を $x_{\min}\leq x\leq x_{\max}$ とする) での平均は，情報の平均変化率 $\varDelta\bar{I}$ となり，

$$\varDelta\bar{I}=\int_{x_{\min}}^{x_{\max}}\left(\log\left|\frac{df(x)}{dx}\right|\right)\mu(x)dx \tag{2.46}$$

と表せる．ここで，$\mu(x)$ は規格化条件，$\int\mu(x)dx=1$ を満たす．これは，リアプノフ指数の定義そのものである．

たとえば，テント写像，ベルヌイシフト写像を考えよう．写像は図 2.9 に示すように，それぞれ，

$$f(x)=\begin{cases}2x & ;\ 0\leq x<\dfrac{1}{2}\\ 2-2x & ;\ \dfrac{1}{2}\leq x\leq 1\end{cases} \tag{2.47}$$

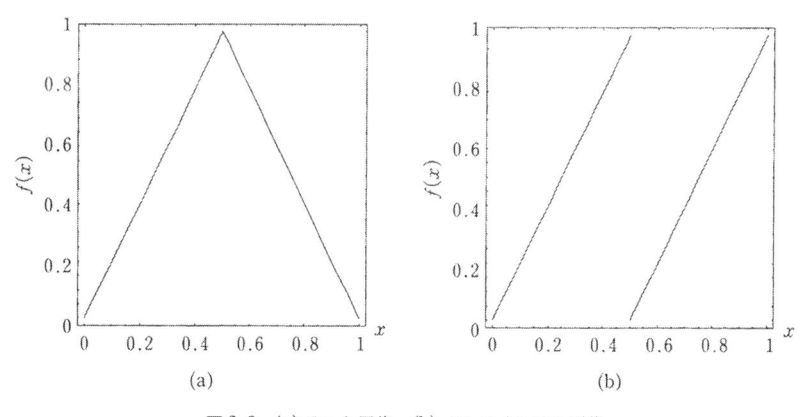

図 2.9 (a) テント写像，(b) ベルヌイシフト写像

$$f(x) = \begin{cases} 2x & ; 0 \leq x < \dfrac{1}{2} \\ 2x-1 & ; \dfrac{1}{2} \leq x \leq 1 \end{cases} \quad (2.48)$$

と与えられる．いずれの写像においても，$f(x)$ の傾きの絶対値は常に $|df(x)/dx|=2$ となるので，式 (2.46) より，$\varDelta \overline{I} = \log|df(x)/dx| \int_0^1 \mu(x) dx = \log 2$ となる．この値は，まさにテント写像，ベルヌイシフト写像に共通するリアプノフ指数である．なお，不変確率密度は $\mu(x)=1$ である．

もう一つの例として，図 2.10 に示す，傾いたテント写像を考える．写像は

$$f(x) = \begin{cases} \dfrac{x}{a} & ; 0 \leq x < a \\ \dfrac{1-x}{1-a} & ; a \leq x \leq 1 \end{cases} \quad (2.49)$$

である．$a=1/2$ とすれば，通常のテント写像 (2.47) になる．不変確率密度は $\mu(x)=1$ となるので，各領域での確率はそれぞれ，$\mu(0 \leq x < a)=a$，$\mu(a \leq x \leq 1)=1-a$ である．式 (2.46) より，情報の平均変化率は

$$\varDelta \overline{I} = \int_0^a \log\left(\dfrac{1}{a}\right) dx + \int_a^1 \log\left(\dfrac{1}{1-a}\right) dx = -a \log a - (1-a) \log(1-a) \quad (2.50)$$

となる．これは，まさにシャノン・エントロピーそのものである．

式 (2.46) の右辺は，不変確率密度を用いたリアプノフ指数の定義そのものであった．したがって，情報の平均変化率はリアプノフ指数 λ に等しく

$$\varDelta \overline{I} = \lambda \quad (2.51)$$

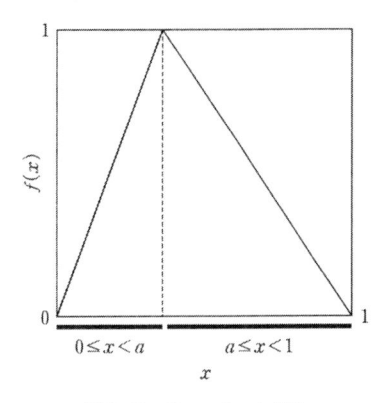

図 2.10 傾いたテント写像

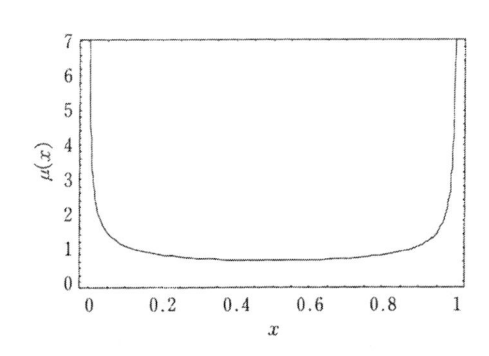

図 2.11 ロジスティック写像の不変確率密度

と表せる．これから，カオスでは $\lambda>0$ で情報が生成され，逆に $\lambda \leq 0$ ならば情報は生成されることはない．不変確率密度を用いて解析的に計算できたのは，不変確率密度が滑らかな関数に限られる．なぜならば，不変確率密度は一般にいたるところ微分不可能な関数になるからである．

区間 $[0,1]$ で定義されるロジスティック写像

$$x_n = 4x_{n-1}(1-x_{n-1}) \tag{2.52}$$

の場合，$f(x)=4x(1-x)$ で，不変確率密度は，

$$\mu(x) = \frac{1}{\pi\sqrt{x(1-x)}} \tag{2.53}$$

となることが知られている（図 2.11 を参照）．この関数は $x=0,1$ で無限になるが，積分した値は 1 で，規格化条件を満たしている．軌道が $1/2$ を中心に $3/8 \leq x \leq 5/8$ の範囲に集まれば，$\log|f'(x)| = \log|4(1-2x)| \leq 0$ となり，λ は負になる．カオスであるからには引き伸ばしが起こり，必然的に $1/2$ から離れた 0 と 1 に軌道が集まらなければならず，このため $x=0,1$ で無限になる．式 (2.53) の不変確率密度は滑らかな関数である．このとき，

$$\Delta \bar{I} = \int_0^1 \log|4(1-2x)| \frac{1}{\pi\sqrt{x(1-x)}}dx = \log 2 \tag{2.54}$$

となる．上記の積分は，$x=\sin^2(2\theta)$ で θ に変数変換すると容易に実行できる．実際，$\log 4 + 4\pi^{-1}\int_0^{4/\pi} \log(\cos(2\theta))dx = \log 2$ である．この値もまた，ロジスティック写像のリアプノフ指数である．

2.2.2 位相的エントロピーと測度論的エントロピー

1 次元相空間でのシステムを考える．テント写像を例に，位相的エントロピー $h(f,A)$ の定義を与えよう．いま，区間 A を $A=[0,1]$ と定義する．1 回の写像で A になる区間を $A_1=f^{-1}A$ とすると，写像 (2.47) と図 2.12 から，

$$A_1 = f^{-1}A = \left[0, \frac{1}{2}\right] \cup \left[\frac{1}{2}, 1\right] \tag{2.55}$$

である．なぜならば，$f([0,1/2])=[0,1]$，$f([1/2,1])=[0,1]$ となるからである．それぞれの区間に対して同様に考えると，

$$A_2 = f^{-2}A = \left[0, \frac{1}{4}\right] \cup \left[\frac{1}{4}, \frac{1}{2}\right] \cup \left[\frac{1}{2}, \frac{3}{4}\right] \cup \left[\frac{3}{4}, 1\right] \tag{2.56}$$

になる．はじめの 1 区間は，1 時刻前には 2 区間，その前は 4 区間である．区間

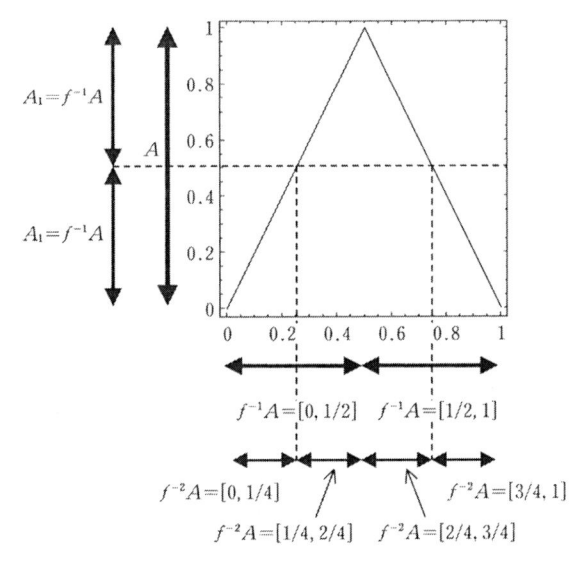

図2.12 テント写像の分割

A の分割数を $N(A)$ で表すと，$N(A)=1$, $N(A_1)=2$, $N(A_2)=2^2$ などとなる．

さて，位相的エントロピーは，この分割数を用いて

$$h(f,A)=\lim_{n\to\infty}\frac{1}{n}\log N(A\cap A_1\cap\cdots\cap A_{n-1})=\lim_{n\to\infty}\frac{1}{n}\log N\left(\bigcap_{k=0}^{n-1}f^{-k}A\right) \quad (2.57)$$

と定義する．直感的には，情報の平均変化率と同様に，相空間にどの程度広がったかを表す割合である．ここで，分割が細分化される場合を考えよう．つまり，式 (2.56) のように，A_1 は A を 2 分割してできた区間，A_2 は A_1 を 2 分割してできた区間といった具合に，ある時刻の分割が 1 時刻前の区間を分割してできた場合を考える．図 2.12 に示すテント写像では実際にそうなっている．このとき，$A\cap A_1=A_1$, $A\cap A_1\cap A_2=A_2$ などが成り立つ．一般に，$\bigcap_{k=0}^{n-1}f^{-k}A=f^{-(n-1)}A$ が成り立つので，式 (2.57) は簡単になり，

$$h(f,A)=\lim_{n\to\infty}\frac{1}{n}\log N(f^{-(n-1)}A) \quad (2.58)$$

と表せる．$n\to\infty$ の極限をとらないで，$n=3$ で近似すると，$N(A\cap A_1\cap A_2)=N(A_2)=2^2$ から，$h(f,A)=\log 2^2/3$ となる．

テント写像の場合，$N(f^{-(n-1)}A)=2^{n-1}$ なので，

$$h(f,A) = \lim_{n\to\infty} \frac{1}{n} \log 2^{n-1} = \log 2 \tag{2.59}$$

となる．したがって，位相的エントロピーは情報の平均変化率に等しく

$$h(f,A) = \Delta \overline{I} \tag{2.60}$$

である．

【傾いたテント写像の位相的エントロピー】

$A_1 = [0, a] \cup [a, 1]$, $A_2 = [0, a^2] \cup [a^2, 1/2] \cup [1/2, 1-a+a^2] \cup [1-a+a^2, 1]$ などとなる．分割自体が異なるが，テント写像同様に細分化され，分割数は同じ $N(f^{-(n-1)}A) = 2^{n-1}$ である．したがって，テント写像と同じ $h(f, A) = \log 2$ である． □

さて，傾いたテント写像の情報の平均変化率は，式(2.50)で与えられた．したがって，$\Delta \overline{I} \leq \log 2$ ($a=1/2$ で，$\Delta \overline{I}$ は最大値 $\log 2$ をとる) で，位相的エントロピーと情報の平均変化率の関係は，不等式

$$h(f, A) \geq \Delta \overline{I} \tag{2.61}$$

で与えられる．つまり，位相的エントロピーは情報の平均変化率の最大値を与えることになる．等号が成り立つのは $a=1/2$ で，この場合が式(2.60)のテント写像に対応する．

以上の議論を，n 次元相空間でシステムが定義されている場合に拡張しよう．体積を保つ $n \times n$ 行列で表される写像 f を考えよう．このとき，行列の実固有値であるリアプノフ指数 $\lambda_1, \lambda_2, \cdots, \lambda_n$ と，n 個の線形独立な固有ベクトルを有し，

$$h(f, A) = \sum_{\lambda_j > 0} \lambda_j \tag{2.62}$$

と表せることが知られている[21]．つまり，正のリアプノフ指数を足し合わせたものが位相的エントロピーを与える．カオスでなければ，すべてのリアプノフ指数は負または 0 になるので，

$$h(f, A) = 0 \tag{2.63}$$

である．これから分かるように，位相的エントロピーは，カオスとしての複雑さを表す一つの指標になっている．

【テント写像】

テント写像では $n=1$, $\lambda = \log 2$ で，$h(f, A) = \log 2$ となる．後章で述べるエノン写像では $n=2$, $\lambda_1 > 0$, $\lambda_2 < 0$ で，$h(f, A) = \lambda_1$ となる． □

位相的エントロピーとよく似たものに，測度論的エントロピー $h_\mu(f, A)$ があ

る．コルモゴロフ・シナイ・エントロピーとも呼ばれている．いま，区間 A が互いに排他である領域 a_i ($A=\bigcup_{i=1}^{N}a_i$) に分割されたとする．つまり，$i \neq j$ に対して，$\mu(a_i \cap a_j)=0$ である．この分割に関するエントロピーは

$$H_\mu(A) = -\sum_{i=1}^{N} \mu(a_i) \log \mu(a_i) \tag{2.64}$$

である．位相的エントロピーと同様に，分割が細分化される場合を考えると，上式を用いて，測度論的エントロピーは

$$h_\mu(f, A) = \lim_{n \to \infty} \frac{1}{n} \log H_\mu\left(\bigcap_{k=0}^{n-1} f^{-k} A\right) = \lim_{n \to \infty} H_\mu(f^{-(n-1)}A) \tag{2.65}$$

と表せる．位相的エントロピーとの違いは，式 (2.57) から分かるように，分割数ではなくエントロピーを用いている点にある．したがって，測度論的エントロピーは位相的エントロピーより多くの情報を含んでいる．傾いたテント写像の場合，$N=2$ で，$\mu(a_1)=a$, $\mu(a_2)=1-a$ であったので，

$$h_\mu(f, A) = -a \log a - (1-a) \log(1-a) \tag{2.66}$$

となり，式 (2.50) の情報の平均変化率 $\Delta \overline{I}$ に等しい．

以上の結果をまとめると，

$$h(f, A) \geq h_\mu(f, A) = \Delta \overline{I} \tag{2.67}$$

となる．測度論的エントロピーは，テント写像のような簡単な場合を除けば，具体的に計算するのが困難である．

2.3 空間的な複雑さ

自己相似性は単位を意識しない意味で次元解析と異なるが，同じ次元の物理量を同じ割合で拡大縮小して解析することでは，次元解析と同じような手法である．自己相似性では，相似的に拡大縮小した後にもとの対象と比べることで，対象に関する何らかの関係を導くことができる．まず，第1章で述べたフラクタル次元を拡張する．

2.3.1 一般化フラクタル次元

フラクタルを拡張した次元に，一般化フラクタル次元がある．カオスなどで利用する種々のフラクタル次元は，この一般化フラクタル次元である．図形あるいはアトラクタ(カオスのことを念頭においている)を大きさ r ($r<1$) の箱で覆い

2.3 空間的な複雑さ

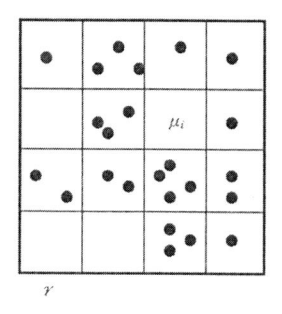

図 2.13 相空間の分割

尽くすことができたとする．このとき，容量次元は

$$D_0 = \lim_{r \to 0} \frac{\log N(r)}{\log \frac{1}{r}} \tag{2.68}$$

であった．フラクタル次元はこれだけではない．

エントロピーにかかわる次元として，情報次元 D_1 を導入しよう．図 2.13 に示すように，相空間を大きさ r の格子に分解する．いま，第 i 格子に軌道が通過する割合，つまり，確率を $\mu_i (1 \leq i \leq N(r))$ とすると，情報次元は

$$D_1 = \lim_{r \to 0} \frac{-\sum_{i=1}^{N(r)} \mu_i \log \mu_i}{\log \frac{1}{r}} \tag{2.69}$$

で定義される．ここで，極限 $r \to 0$ をとっているが，実際にはボックスカウント次元の場合と同様にスケーリング領域で計算する．確率の定義から，規格化条件

$$\sum_{i=1}^{N(r)} \mu_i = 1 \tag{2.70}$$

を満たす．式(2.69)の分子はシャノン・エントロピーを表しているため，D_1 を情報次元と呼んでいる．特に，$\mu_i = 1/N(\varepsilon)$ と一様な場合は，分子は $\sum_{i=1}^{N(r)}(1/N(r))\log N(r) = \log N(r)$ となるので，$D_1 = D_0$ となり容量次元に一致する．一般に，$D_1 \leq D_0$ である．この次元はその意味からも直感的に重要な量である．

【$D_1 \leq D_0$ の理由】

式(2.8)に示したように，エントロピーは等確率のとき最大になる．実際，$-\sum_{i=1}^{N(r)} \mu_i \log \mu_i \leq \log N(r)$ である．これから，$D_1 \leq D_0$ となる． □

上記の次元を包含する一般的なフラクタル次元を導入する．q を実数（$-\infty <$

$q<\infty$) として, 次数 q の一般化フラクタル次元は

$$D_q = \frac{1}{1-q} \lim_{r \to 0} \frac{\log I(q, r)}{\log \frac{1}{r}} \tag{2.71}$$

と定義される. ここで,

$$I(q, r) = \sum_{i=1}^{N(r)} \mu_i^q \tag{2.72}$$

である. これからいくつかの性質が導ける. たとえば, $q>1$ とすると $I(q,r)<1$, また, $q<1$ とすると $I(q,r)>1$ となるので,

$$D_q \geq 0 \tag{2.73}$$

である. さらに, $q<q'$ とすると,

$$D_{q'} \leq D_q \tag{2.74}$$

が成り立ち, q について非増加関数である. 理由は, $0 \leq \mu_i \leq 1$ より $\mu_i^{q'} \leq \mu_i^q$ となるからである. このことから, 大きな q に設定すると大きな値をもつ μ_i からの寄与が強調され, 確率密度の高い部分のフラクタル性を表すことになる. 逆に, 小さな q (負の値) は小さな値をもつ μ_i の部分のフラクタル性を引き出す.

一般化フラクタル次元は容量次元, 情報次元を包括する一般的な次元である. 式 (2.72) の定義から, $q=0$ とすれば $I(0,r)=\sum_{i=1}^{N(r)} \mu_i^0 = \sum_{i=1}^{N(r)} 1 = N(r)$ となるので,

$$D_0 = \lim_{r \to 0} \frac{\log I(0, r)}{\log \frac{1}{r}} = \lim_{r \to 0} \frac{\log N(r)}{\log \frac{1}{r}} \tag{2.75}$$

と容量次元に一致する. 次に, $q=1$ とする. $I(q, \varepsilon)$ を $q=1$ の周りにテーラ展開し, $I(1, \varepsilon)=1$ に注意すれば,

$$\log I(q,r) = \log I(1,r) + \frac{d \log I(q,r)}{dq}\bigg|_{q=1}(q-1) = \frac{1}{I(q,r)} \frac{dI(q,r)}{dq}\bigg|_{q=1}(q-1)$$

$$= \sum_{i=1}^{N(r)} \mu_i^q \log \mu_i \bigg|_{q=1} (q-1) = (q-1) \sum_{i=1}^{N(r)} \mu_i \log \mu_i \tag{2.76}$$

となる. これを式 (2.71) に代入すると, 情報次元を与える式 (2.69) が導ける.

【一様な場合の情報次元】

$\mu_i = 1/N(r)$ とおくと, $I(q,r) = \sum_{i=1}^{N(r)}(1/N(r))^q = N(r)^{-q+1}$ である. 式 (2.71) の分子は $(1-q)\log N(r)$ となるので, すべての q に対して一般化フラクタル次元は同じ値を示し, $D_q = D_0$ となる. □

一様な場合は，任意のスケールで自己相似になっている．自己相似なフラクタルでは $D_q = D_0$ になるが，一般にカオスでは一様でなく，この関係式は成り立たない．ただし，実用的にしばしば用いられる次元は，D_0 と D_2 くらいである．

$q=2$ とおいたフラクタル次元

$$D_2 = \lim_{r \to 0} \frac{\log I(2, r)}{\log \frac{1}{r}} \qquad (2.77)$$

は相関次元と呼ばれている．相関次元の実際的な計算方法を以下に示す．式 (2.77) の分子を，式 (2.72) で $q=2$ とおいて評価すると，

$$I(2, r) = \sum_{i=1}^{N(r)} \mu_i \mu_i = E[\mu_i] = \frac{1}{N(r)} \sum_{i=1}^{N(r)} \mu_i \qquad (2.78)$$

と書くことができ，確率 μ_i に関する μ_i の期待値になっている．いま，システムの状態が相空間で，ベクトル $\boldsymbol{x}_i$ ($1 \leq i \leq N_S$) で表せたとしよう．たとえば，2次元の場合は，$\boldsymbol{x}_i = (x_i, y_i)^T$ のように表す．ベクトル間の距離を $\|\boldsymbol{x}_i - \boldsymbol{x}_k\|$ と表せば，ある格子に点 $\boldsymbol{x}_i$ があったとすると，$\boldsymbol{x}_i$ の近傍にある点を数えることで確率 μ_i が算出できる．つまり，$\|\boldsymbol{x}_i - \boldsymbol{x}_k\| < r$ の範囲にある $\boldsymbol{x}_k$ を数え，それを $N(r)-1$ で割ればよい．関数 $\Theta(z)$ を

$$\Theta(z) = \begin{cases} 1 \ ; \ z > 0 \\ 0 \ ; \ z \leq 0 \end{cases} \qquad (2.79)$$

と定義すると，

$$\mu_i = \frac{1}{N(r)-1} \sum_{k=1}^{N(r)} \Theta(\varepsilon - \|\boldsymbol{x}_i - \boldsymbol{x}_k\|) \qquad (2.80)$$

となるから，相関次元は

$$D_2 = \lim_{r \to 0} \frac{\log \left(\frac{1}{N(r)(N(r)-1)} \sum_{i \neq k=1}^{N(r)} \Theta(r - \|\boldsymbol{x}_i - \boldsymbol{x}_k\|) \right)}{\log \frac{1}{r}} \qquad (2.81)$$

と表せる．二つの軌道の差が r 以内に収まるような点の数を数えれば求められる．相関次元はリアプノフ指数とともにカオスの判定に利用される重要な次元である．

2.3.2 マルチフラクタル

一様に分布している場合は，すべての一般化フラクタル次元は同じ値になり，

$D_q = D_0$ であった．画像にたとえると，等確率 $\mu_i = 1/N(r)$ は白黒画像，$\mu_i \neq 1/N(r)$ は濃淡のある画像である．位置によって濃度が異なる場合，マルチフラクタルが必要になる[21]．マルチフラクタルは，乱流などのカオス変動，音声，脳波などの信号処理へ応用されている．一様な場合，i に関係なく，

$$\mu_i \sim r^{D_0} \tag{2.82}$$

と書ける．また，$N(r) \approx r^{-D_0}$ である．これらを，式 (2.72) に代入すると，

$$I(q, r) = \sum_{i=1}^{N(r)} r^{D_0 q} = N(r) r^{D_0 q} = r^{(q-1)D_0} \tag{2.83}$$

になる[22]．このとき，式 (2.71) は単に $D_q = D_0$ を与えるだけである．

以上のことを一様でない場合に拡張しよう．D_q ではなく新たな指数 α を用いて，式 (2.82) を

$$\mu_j \sim r^\alpha \tag{2.84}$$

と表そう．α が密度関数 $\rho(\alpha)$ にしたがって分布すると，式 (2.72) の和は

$$\rho(\alpha) r^{-f(\alpha)} d\alpha \tag{2.85}$$

で置き換えることができる．ここで，新たに導入した指数 $f(\alpha)$ は，α に依存する一種のフラクタル次元で，特異スペクトラムと呼んでいる[11]．以上の準備で，式 (2.72) を

$$I(q, r) = \int_{-\infty}^{\infty} \rho(\alpha) r^{-f(\alpha) + q\alpha} d\alpha \tag{2.86}$$

と表す．積分は単純には実行できないが，$r \to 0$ の極限においては，指数関数の指数 $-f(\alpha) + q\alpha$ が最小になるところの寄与が大きいので，$-f'(\alpha) + q = 0$ となるところで評価する．この方法を鞍点法という[8]．この値を $\alpha(q)$ とおくと，

$$q = f'(\alpha)|_{\alpha = \alpha(q)} \tag{2.87}$$

である．$-f(\alpha) + q\alpha$ を $\alpha(q)$ の周りで展開すると，1 次の項は消え，

$$-f(\alpha) + q\alpha = -f(\alpha(q)) + q\alpha(q) - \frac{1}{2}(\alpha - \alpha(q))^2 f''(\alpha)|_{\alpha = \alpha(q)} + \cdots \tag{2.88}$$

となる．このとき，式 (2.86) の積分は単に定数を与えるだけなので，

$$I(q, r) = r^{-f(\alpha(q)) + q\alpha(q)} \rho(\alpha(q)) \int_{-\infty}^{\infty} r^{-\frac{1}{2}(\alpha - \alpha(q))^2 f''(\alpha)|_{\alpha = \alpha(q)}} d\alpha \approx r^{-f(\alpha(q)) + q\alpha(q)} \tag{2.89}$$

と近似できる．これを式 (2.71) に代入すると，

$$(q-1)D_q = -f(\alpha(q)) + q\alpha(q) \tag{2.90}$$

となり，$f(\alpha)$ が一般化フラクタル次元を用いて表せる．いま，$\tau(q) = (q-1)D_q$

とおくと，上式は $\tau(q) = -f(\alpha(q)) + q\alpha(q)$ と書ける．両辺を q で微分すると，

$$\frac{d\tau(q)}{dq} = \frac{\partial \tau(q)}{\partial q} + \frac{\partial \tau(q)}{\partial \alpha}\frac{d\alpha(q)}{dq} = \alpha(q) + \left(q - \frac{df(\alpha(q))}{d\alpha}\right)\frac{d\alpha(q)}{dq} \quad (2.91)$$

となる．これに式 (2.87) を代入すると，第 2 式の第 2 項が消え，式 (2.84) で導入した α は $\tau(q)$ の微分から

$$\alpha(q) = \frac{d\tau(q)}{dq} \quad (2.92)$$

と定まる．

ここで，$f(\alpha)$ の一般的な性質を述べておこう．$f(\alpha)$ は上に凸な関数である．$\alpha(q)$ は $q=0$ で最大値になり，$f(\alpha(0))=D_0$ である．$q \to -\infty$ とすると $f(\alpha)$ の定義域の最小値 $\alpha_{\min}$ を，$q \to \infty$ とすると $f(\alpha)$ の定義域の最大値 $\alpha_{\max}$ を与える．また，$f(\alpha_{\min})=f(\alpha_{\max})=0$ である．原点から $f(\alpha)$ に接線を引くとその傾きは 1 で，接点は D_1 を与える．以上から，α は $\alpha_{\min} \leq \alpha \leq \alpha_{\max}$ の範囲に入る不均一なフラクタル次元である．

ここで，簡単な例を考えよう．長さ 1 の直線を考える．ステップ 1 で，その直線を $r=1/2$ で分割し，各部分に確率 p, $1-p$ を割り当てる．ステップ 2 で $r=1/2^2$ としてできた 4 つの部分に，確率 p^2, $p(1-p)$, $(1-p)p$, $(1-p)^2$ を割り当てる．このようなステップを n 回続ける．こうしてできた微小部分の大きさは $r=1/2^n$ で，各微小部分に確率 $p^k(1-p)^{n-k}$ を与える．図 2.14 は，$n=8$, $p=0.3$ とした場合の確率の大きさを縦軸にとった図である．こうすると，式 (2.72) は 2 項定理を用いて

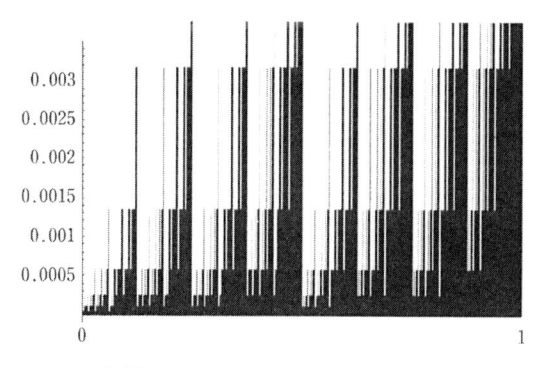

図 2.14 マルチフラクタルの例 ($n=8$, $p=0.3$)

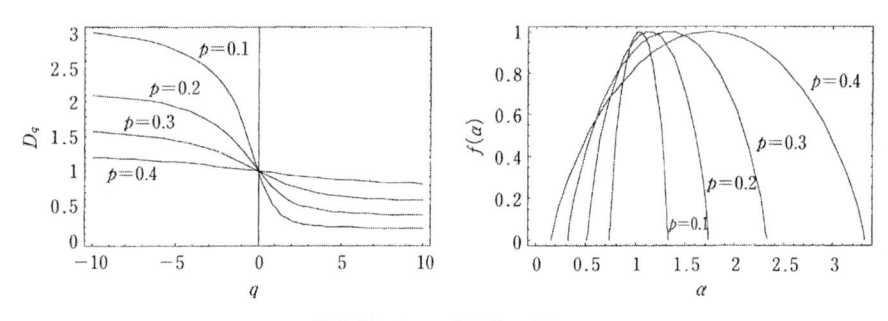

図 2.15 D_q と $f(\alpha(q))$ のグラフ

$$I(q,r) = \sum_{k=1}^{n} \binom{n}{k} (p^k(1-p)^{n-k})^q = (p^q + (1-p)^q)^n \tag{2.93}$$

と表せる.ここで, $\tau(q) = (q-1)D_q$ を用いると,

$$\tau(q) = \frac{\log(p^q+(1-p)^q)^n}{\log\frac{1}{2^n}} = \frac{\log(p^q+(1-p)^q)}{\log\frac{1}{2}} \tag{2.94}$$

となる.式 (2.92) より,

$$\alpha(q) = \frac{p^q \log p + (1-p)^q \log(1-p)}{(p^q+(1-p)^q)\log\frac{1}{2}} \tag{2.95}$$

を得る.これを $f(\alpha(q)) = -\tau(q) + q\alpha(q)$ に代入すると,

$$f(\alpha(q)) = -\frac{\log(p^q+(1-p)^q)}{\log\frac{1}{2}} + q\frac{p^q\log p + (1-p)^q\log(1-p)}{(p^q+(1-p)^q)\log\frac{1}{2}} \tag{2.96}$$

を得る.もう少し見やすくすると,

$$f(\alpha(q)) = \frac{\beta\log\beta + (1-\beta)\log(1-\beta)}{\log\frac{1}{2}} \tag{2.97}$$

と書き直せる.ここで, $\beta = p^q/(p^q+(1-p)^q)$ $(0 \leq \beta \leq 1)$ である.これから, $\alpha_{\min} = \log(1-p)/\log(1/2)$, $\alpha_{\max} = \log p/\log(1/2)$ となる. $q=1$ とすると,情報次元として, $D_1 = \alpha(1) = f(1) = (p\log p + (1-p)\log(1-p))/\log(1/2)$ を得る.図 2.15 にはいろいろな p に対する, D_q と $f(\alpha(q))$ を図示した.

【簡単な例】

例として, $r_1=0.5$, $r_2=0.25$, $\mu_1=\mu_2=1/2$ とする. $N=2$ とした式 (2.71) と式

(2.72) は, $(1/0.5)^{(1-q)D_q}+(1/0.25)^{(1-q)D_q}=2^q$ を与える. これより, $D_q=\log(2^{-1-q}(1+\sqrt{1+2^{2+q}}))/((1-q)\log 2)$ となり, $D_{-\infty}=1, D_{-1}=0.7250, D_0=0.6430, D_\infty=0.5$ などを得る. □

2.4 時間的な複雑さ

2.4.1 自己相関関数

時間的に変動する現象では,相関関数が複雑さを表す基本的な指標である. N 個のデータを $\{x_n\}\equiv\{x_1, x_2, \cdots, x_N\}$ としよう. 結合確率密度関数 $P(x_1, x_2, \cdots, x_N)$ が与えられれば,そのモーメントからすべての統計量が定まる. 変数のとりうる範囲についての和を $\sum_{x_1, x_2, \cdots, x_N}$ と表すと,規格化条件

$$\sum_{x_1, x_2, \cdots, x_N} P(x_1, x_2, \cdots, x_N)=1 \tag{2.98}$$

を満たす. 連続値の場合,和を積分 $\int_{x_1}\cdots\int_{x_N}\cdots dx_1\cdots dx_N$ で置き換えればよい. 特に, $P(x_1, x_2, \cdots, x_N)=P(x_1)P(x_2)\cdots P(x_N)$ と表せるとき,各確率変数は独立である. 実際には,結合確率関数が与えられることはなく,実用的には基本的な統計量として1次と2次のモーメントで十分な場合が多い. 時刻 n における平均値を $\mu_n=E[x_n]$, 分散を $\sigma_x^2=E[(x_n-\mu_n)^2]$ と表す. 自己共分散

$$\text{cov}(x_n, x_{n+k})=E[(x_n-\mu_n)(x_{n+k}-\mu_{n+k})] \quad (1\leq n\leq N-k) \tag{2.99}$$

が複雑さを調べる上で重要である. ここで, k はラグで, $k=0$ とすると自己共分散は分散に一致し, $\sigma_x^2=\gamma(0)$ となる. これらの統計量は一般には時間の関数で, 時刻 n で異なる多数の観測値 x_n が必要になる. そこで, 定常性条件を課して, 少ない観測値から統計量が推定できるようにする. 定常性を満たす時系列のことを定常時系列といい, 平均値, 分散は一定となる. 自己共分散は, $\text{cov}(x_n, x_{n+k})=\gamma(k)$ のようにラグ k のみに依存する. 自己共分散を $\sigma_x^2=\gamma(0)$ で正規化した値は自己相関関数と呼ばれ,

$$\rho(k)=\frac{\gamma(k)}{\sigma_x^2} \tag{2.100}$$

である. 重要な性質として, $\rho(-k)=\rho(k), |\rho(k)|\leq 1$ がある. $k\neq 0$ の相関の大きさは,常に同時刻の相関 $\rho(0)=1$ よりも小さい. 自己相関関数の重要性は,データがどの程度先までその影響を及ぼすかを具体的に示すことである[4].

2.4.2 自己相似性とハースト数

時系列データのフラクタル次元を考えよう．次元を求めるためにはフラクタル図形と同様に，横軸が n，縦軸が x_n のグラフを覆う箱を数えればよい．いま，一辺の長さが τ ($\tau \ll 1$) の正方形の箱を準備し，横軸を τ 間隔で分割する．縦軸は，x_n と $x_{n+\tau}$ との距離を $|x_{n+\tau}-x_n|$ とすると，横の長さが τ の面積は $|x_{n+\tau}-x_n|\tau$ になる（図 2.16 でハッチングした部分．フラクタル的な時系列データの変動は激しいが，図では簡単のため直線的に描いた）．一辺が τ の正方形の箱の面積は τ^2 なので，ハッチングした部分を覆う箱の数は $(|x_{n+\tau}-x_n|\tau)/\tau^2=|x_{n+\tau}-x_n|/\tau$ となる．データ x_n と x_{n+1} の間のことを考えると，時刻差は $n+1-n=1$ であるが，この時刻差を τ で区切ると，$1/\tau$ 区間に分割される．したがって，定常な増分を仮定すると（第 6 章を参照），x_n と x_{n+1} の間にある箱の個数は $|x_{n+\tau}-x_n|/\tau \times (1/\tau)$ 個，つまり，

$$N(\tau)=\frac{|x_{n+\tau}-x_n|}{\tau^2} \tag{2.101}$$

となる．容量次元の定義 $N(\tau)=\tau^{-D}$ によると，

$$D=\frac{\log\left(\frac{|x_{n+\tau}-x_n|}{\tau^2}\right)}{\log\frac{1}{\tau}} \tag{2.102}$$

を得る．このように，時系列データのグラフから次元を算出しているので，上式

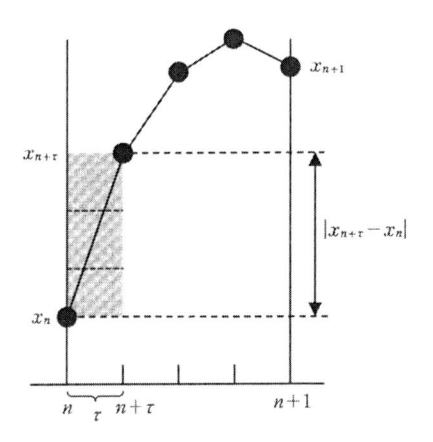

図 2.16　時系列データのグラフ次元

で定義する次元を特に,グラフ次元と呼ぶ.

グラフ次元を具体的に求めるためには,$|x_{n+\tau}-x_n|$ を τ の関数として表さなければならない.時系列モデルとしてしばしば利用される自己回帰モデルのような線形モデル,あるいはランダムウォークでは,$E[x_n^2] \approx n$ と n に比例して大きくなるので,$|x_{n+\tau}-x_n| \approx \tau^{1/2}$ と表せる.これを式 (2.102) に代入すると,

$$D = \frac{\log \frac{\tau^{\frac{1}{2}}}{\tau^2}}{\log \frac{1}{\tau}} = \frac{3}{2} \tag{2.103}$$

になる.非整数ブラウン運動では $E[x_n^2] \approx n^{2H}$ と表せたので,$|x_{n+\tau}-x_n| \approx \tau^H$ である.これを式 (2.102) に代入すると,

$$D = \frac{\log \frac{\tau^H}{\tau^2}}{\log \frac{1}{\tau}} = 2 - H \tag{2.104}$$

である.特別な場合として,$H=1/2$ は式 (2.103) を与える.ここで,H はハースト数で,既に式 (1.52) で定義した.このように,グラフ次元はハースト数を用いて表せる.特別な場合として,$H=0$ では $D=2$ となり,面を覆い尽くすような乱雑な変動を示す.ハースト数は時系列解析で重要な役割を果たす指数で,予測などに応用されている[23,24].

現象が自己相似性を示すならば,自己相関関数も自己相似性を示す.式 (2.104) を用いて同様の手順で進めると,$\log(\tau^{2H}/\tau^2)/\log(1/\tau) = 2-2H$ から,

$$\rho(k) \approx k^{2H-2} \tag{2.105}$$

を得る.これから,任意のスケール変換 a に対して不変な形に書き直すと,

$$\rho(ak) = a^{2H-2} \rho(k) \tag{2.106}$$

となる.

3

関数近似と計算論的複雑さ

　偏微分方程式などによって記述される対象が複雑な挙動を示すとき，コンピュータによる直接的な数値計算よりも，簡単な関数をいくつか組み合わせて近似した方が対象の理解をより深めることがある．複雑な挙動を複雑なまま眺めるよりも，近似することで隠された真の姿を引き出すことができれば，直接的な計算よりも意義深い．近似方法として，直交関数展開，重みつき残差法，特異摂動法などがよく用いられている．本章では，微分方程式あるいはデータが与えられている一般的な場合を前提に，まず関数近似の一般的な方法である重みつき残差法について説明する．複雑な現象をより簡単な関数で近似すると，複雑さが増すほど，近似に必要な関数が多くなる．この考え方を一般化したのが計算論的複雑さで，近似の仕方によって最悪の場合と平均的な場合に分けて議論することが多い．応用例として，対流，ニューラルネットワークの記憶容量，視覚系におけるモデル構成などを取り上げる．抽象的な計算論的複雑さが議論できたとしても，応用を考えれば，対象に適合する具体的な近似関数を見出すことが重要である．複雑な現象を扱う第一歩は，その複雑さに適合した近似関数を構成することである．できれば簡単な関数が望ましい．

3.1 関数の近似

3.1.1 近似関数

　スカラー変数 x の関数 $f(x)$ があり，関数値が測定される位置は離散的で M 個あり，それらを $x=x_1, x_2, \cdots, x_M$ とする．通常の状況では，すべての x に対する関数値 $f(x)$ が与えられているのではなく，関数値として与えられるのは測定位置での有限なサンプル $f(x_m)$ $(m=1, 2, \cdots, M)$ である．関数 $f(x)$ の近似とは，このようなサンプルをもとに，すべての x に対して $f(x)$ に近い近似関数 $\hat{f}^N(x)$ を見出すことである．グラフとしては，横軸を x，縦軸を $f(x)$ とした座標で，$(x_1, f(x_1)), (x_2, f(x_2)), (x_3, f(x_3))$ などを次々に直線でつないだ区分線形関数，滑らかにつなげたスプライン関数もよく用いられる．しかし，このような方法の実

際の場における重要な欠点は，観測に伴う誤差あるいはノイズを考慮していない点にある．つまり，測定される値は $f(x_m)$ ではなく，誤差 ξ_m が付加された値 $y_m = f(x_m) + \xi_m$ であることを考えなければならない．したがって，(x_m, y_m) をつないだ上記のような近似関数は誤差を含めた近似になっているので，近似精度が損なわれる．一般には，測定値は近似の評価として用い，近似関数の構成は対象の特性，構成のしやすさ，使用方法などに基づいて行われる．

近似は，近似関数 $\hat{f}^N(x)$ の具体的な関数形を指定することから始める．

$$\hat{f}^N(x) = \sum_{i=1}^{N} a_i f_i(x) \tag{3.1}$$

ここで，$a_i\,(i=1,2,\cdots,N)$ はパラメータ，$f_i(x)\,(i=1,2,\cdots,N)$ はあらかじめ定められた関数，次数 N は近似精度と関係する．$f_i(x)$ のとり方によってさまざまな近似関数の構成が可能になるが，結局のところ，パラメータ a_i と次数 N を推定することに帰着される．

最も基本的な近似に，$f_i(x) = x^i$ とした多項式近似

$$\hat{f}^N(x) = \sum_{i=0}^{N} a_i x^i \tag{3.2}$$

がある．式 (3.1) と比べ，和の定義が少々異なることに注意されたい．多項式近似の一つの欠点は，たとえば，$f(x) = 1/(1-x)$ の近似を考えたときに現れる．$x = 0$ 近傍で $1/(1-x) = 1 + x + x^2 + \cdots$ と展開すると，小さい次数でも高精度で近似できる．しかし，$x = 1$ 近傍では，多項式の次数を大きくとらないと十分な精度が得られない．このことは，測定点が $x = 0$ 近傍に集中しているようなデータで近似関数を構成すると，その近似関数は観測点から遠く離れた点では使えないことを意味する．このような場合の処方箋としてパーデ近似がある．式 (3.2) を拡張して，分母分子を多項式で表した近似関数を

$$\hat{f}^{N_1,N_2}(x) = \frac{\sum_{i=0}^{N_1} a_i x^i}{1 + \sum_{j=1}^{N_2} b_j x^j} \tag{3.3}$$

とする．パラメータは $a_i\,(i=0,1,\cdots,N_1)$ のほかに $b_j\,(j=1,2,\cdots,N_2)$ も必要になる．パーデ近似の難点は，近似の中心点から離れた場所では異常に近似が悪くなることである．たとえば，$f(x) = 1 + x + x^2 + x^3$ を $x = 0.1$ 近傍で，$N_1 = 0$, $N_2 = 2$ として近似すると，$\hat{f}^{0,2}(x) = 1/(1 - 1.006x + 0.05001x^2)$ となるが，$x = 0.9$ での誤

差 $|f(0.9)-\hat{f}^{0,2}(0.9)|$ は 2.587 と大きくなる.

より一般的な近似方法では,直交関数系 $\{f_i(x)\}$ を用いて式 (3.1) のように展開する.たとえば,直交関数として三角関数を用いるフーリエ級数展開がよく知られているが,ベッセル関数,ルジャンドル関数のような特殊関数もしばしば用いられる.いま,関数の定義域を $[x_a, x_b]$ とすると,直交関数は,

$$\int_{x_a}^{x_b} f_i(x) f_j(x) dx = \delta_{ij} \tag{3.4}$$

を満たす.ここで,クロネッカのデルタ関数 δ_{ij} は, $\delta_{ij}=1\,(i=j)$, $=0\,(i\neq j)$ と定義される. $i \neq j$ では $\delta_{ij}=0$ で,このとき $f_i(x)$ と $f_j(x)$ は直交するという.特に,

$$\int_{x_a}^{x_b} f_i(x)^2 dx = 1 \tag{3.5}$$

を満たす場合,正規直交系という[1].式 (3.1) の両辺に $f_j(x)$ を掛けて区間 $[x_a, x_b]$ で積分すると,式 (3.4) の直交条件から展開係数が, $a_j = \int_{x_a}^{x_b} f(x) f_j(x) dx$ と表せる.直交しない任意の関数系 $\{\varphi_i(x)\}$ であっても,完備な場合はグラム・シュミット法を用いて正規直交系を作ることができる.まず, $f_1(x) = \varphi_1(x) / \int_{x_a}^{x_b} \varphi_1(x)^2 dx$ と正規化する.これを用いて, $f_2'(x) = \varphi_2(x) - f_1(x) \int_{x_a}^{x_b} f_1(x) \varphi_2(x) dx$ とおくと, $\int_{x_a}^{x_b} f_2'(x) f_1(x) dx = 0$ と直交する.さらに, $f_2(x) = f_2'(x) / \int_{x_a}^{x_b} f_2'(x)^2 dx$ として正規化する.次に, $f_3'(x) = \varphi_3(x) - f_1(x) \int_{x_a}^{x_b} f_1(x) \varphi_3(x) dx - f_2(x) \int_{x_a}^{x_b} f_2(x) \varphi_3(x) dx$ として同様の手続きを繰り返す.一般に,

$$f_j'(x) = \varphi_j(x) - \sum_{k=1}^{j-1} f_k(x) \int_{x_a}^{x_b} f_k(x) \varphi_j(x) dx \quad (j=1,2,3,\cdots) \tag{3.6}$$

を $f_j(x) = f_j'(x) / \int_{x_a}^{x_b} f_j'(x)^2 dx$ と正規化することで, $\{\varphi_i(x)\}$ から正規直交系 $\{f_i(x)\}$ を作成できる[1,2].

以上の方法では推定すべきパラメータが線形的に現れる意味において,線形近似である.唯一の関数を用いてパラメータの値 c_i によって作り出される関数系を, $\{g(x, c_i)\}$ としよう.このとき,式 (3.1) に代わり,

$$\hat{f}^N(x) = \sum_{i=1}^{N} a_i g(x, c_i) \tag{3.7}$$

のような非線形近似式になる.よく用いられる例に動径基底関数がある.これはガウス型関数 $g(x, c_i) = (2\pi\sigma^2)^{-1/2} \exp(-(x-c_i)^2/2\sigma^2)$ を利用するもので, c_i は

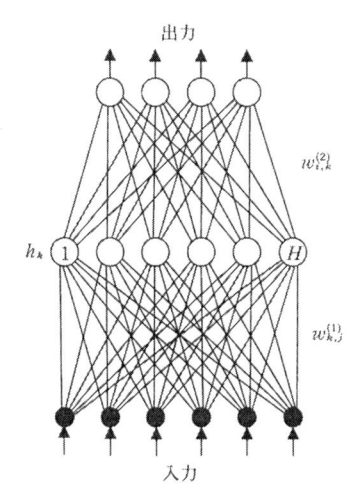

図 3.1 階層型ニューラルネットワークの一般的な構造

関数の中心を表すが，分散 σ^2 も推定すべきパラメータに含めればパラメータ数はさらに増える．この関数を用いると，各関数 $g(x, c_i)$ が意味をもつ区間が $|x-c_i|<\sigma$ に限られるので，中心 $x=c_i$ より遠くでは，ほぼ 0 になる．このことから各パラメータは近似的に独立に推定でき，推定のための計算時間が少なくてすむ．非線形近似式としては，動径基底関数以外にもさまざまな関数が用いられている．

もう一つよく使われている例に，階層型のニューラルネットワークがある．ニューラルネットワークはパラメータとしての重みを変えることによってどのような非線形関数も近似でき，実際の場においてたいへん役立つ[3,4]．重要なことは，図 3.1 に示すように中間的な変数が介在することで，係数が冗長に存在することである．ニューラルネットワークを構成する一般的なニューロンは多入力 1 出力の素子である．関数近似で用いるニューラルネットワークの場合，入力ニューロンが 1 個で，出力ニューロンも 1 個である．中間層ニューロンは 1 個の入力 x を受け，データ $h_k(k=1, 2, \cdots, H)$ を出力する．その入出力関係はシグモイド関数のような飽和関数 g を用いて，

$$h_k = g(w_k^{(1)} x - \theta_k) \tag{3.8}$$

と書ける．ここで，k は入力ニューロンが結合する中間層ニューロンの番号，θ_k はしきい値，$\{w_k^{(1)}\}$ は入力ニューロンから中間層ニューロン k への影響の大き

さを表し，シナプス重みという．出力は

$$f(x)=g\Bigl(\sum_{k=1}^{H}w_k^{(2)}h_k-\theta\Bigr) \tag{3.9}$$

となる．ここで，$\{w_k^{(1)}\}$ と同様に $\{w_k^{(2)}\}$ もシナプス重み，θ はしきい値である．飽和関数を用いているため，ニューラルネットワークは非線形モデルとして非常に広いクラスをカバーする．中間層のニューロン数 H は対象に依存して設定する．パラメータとしてのシナプス重みとしきい値は，$x_m\,(m=1,2,\cdots,M)$ を入力して，出力が $f(x_j)$ となるように各種の学習アルゴリズムを用いて推定する．学習後は，任意の x を入力すれば，出力として $f(x)$ が得られる．なお，近似関数は，式(3.8)と式(3.9)から，$f(x)=g(\sum_{k=1}^{H}w_k^{(2)}g(w_k^{(1)}x-\theta_k)-\theta)$ である．

3.1.2 近似と複雑さ

　近似関数はパラメータを推定してはじめて使える．近似関数を構成した後は，その近似関数がどの程度の近似精度を有しているか調べる必要がある．関数の値が分かっているのは，$f(x_m)\,(m=1,2,\cdots,M)$ だけであった．複雑に見える対象であっても簡単な関数で近似できれば，対象の挙動などを調べるには好都合である．また，複雑さが，たとえば不必要なノイズによってもたらされたものであれば，それを取り除いた真の姿を見出すことができる．

　そこで，真の関数値 $f(x_m)$ はノイズ $\xi_m \sim N(0,\sigma_\xi^2)$ が付加された値として測定されたと仮定しよう．パラメータをまとめて $\{a_i\}$ とし，近似関数を $\hat{f}(x,\{a_i\})$ と表すと，測定データは

$$y_m=\hat{f}(x_m,\{a_i\})+\xi_m \tag{3.10}$$

となる．y_m は平均値が $\hat{f}(x_m,\{a_i\})$ で分散 σ_ξ^2 の正規分布にしたがうので，式(2.22)と同様に，その確率密度関数は

$$f(y_m|\{a_i\})=\frac{1}{\sqrt{2\pi\sigma_\xi^2}}\exp\Bigl\{-\frac{1}{2\sigma_\xi^2}(y_m-\hat{f}(x_m,\{a_i\}))^2\Bigr\} \tag{3.11}$$

となる．各データは独立と仮定すると，$L(\theta)=\prod_{m=1}^{N}f(x_m|\{a_i\})$ の確率密度関数は式(3.11)の積をとることで表せる．さらに，$L(\theta)$ の対数をとれば対数尤度が

$$l(\theta)=\log(2\pi\sigma_\xi^2)^{\frac{1}{2}}-(2\sigma_\xi^2)^{-\frac{1}{2}}\sum_{m=1}^{M}(y_m-\hat{f}(x_m,\{a_i\}))^2 \tag{3.12}$$

となる．この値を最大化するのが最尤法であった．最小化に関係ない定数を除けば，$\{a_i\}$ に関して

$$\sum_{m=1}^{M}(y_m-\hat{f}(x_m,\{a_i\}))^2 \tag{3.13}$$

を最小化する問題になる.結局,最尤法は最小2乗法にほかならない.このようにして推定した $\{a_i\}$ を $\{\hat{a}_i\}$ と表そう.

近似関数 (3.1) の場合,最小化すべきは $\sum_{m=1}^{M}(y_m-\sum_{i=1}^{N}a_if_i(x_m))^2$ である.これを $a_i(1\leq i\leq N)$ について微分し $=0$ とおけば,$\sum_{i=1}^{N}\sum_{m=1}^{M}f_j(x_m)f_i(x_m)a_i=\sum_{m=1}^{M}f_j(x_m)y_m (1\leq j\leq N)$ となるが,これを行列で表示すれば,

$$\begin{bmatrix} \sum_{m=1}^{M}f_1(x_m)f_1(x_m) & \cdots & \sum_{m=1}^{M}f_1(x_m)f_N(x_m) \\ \sum_{m=1}^{M}f_2(x_m)f_1(x_m) & \cdots & \sum_{m=1}^{M}f_2(x_m)f_N(x_m) \\ \vdots & \vdots & \vdots \\ \sum_{m=1}^{M}f_N(x_m)f_1(x_m) & \cdots & \sum_{m=1}^{M}f_N(x_m)f_N(x_m) \end{bmatrix} \begin{bmatrix} a_1 \\ a_2 \\ \vdots \\ a_N \end{bmatrix} = \begin{bmatrix} \sum_{m=1}^{M}f_1(x_m)y_m \\ \sum_{m=1}^{M}f_2(x_m)y_m \\ \vdots \\ \sum_{m=1}^{M}f_N(x_m)y_m \end{bmatrix}$$
$$\tag{3.14}$$

となる.この行列方程式を解いて,$\{a_i\}$ を求めればよい.なお,左辺の $N\times N$ 正方行列の各要素は,$f_i(x_m)$ の相関で構成されている.

最尤法によると,近似のよさは測定位置での平均2乗誤差

$$\varepsilon(N)=\frac{1}{M}\sum_{m=1}^{M}(y_m-\hat{f}(x_m,\{a_i\}))^2 \tag{3.15}$$

で定義していることになる.この誤差を測定誤差という.したがって問題は,N が与えられた場合,$\varepsilon(N)$ を最小化するパラメータ $\{a_i\}$ を推定することである.

例として,図 3.2 (a) に示す $f(x)=\sin(2\pi x)(0\leq x\leq 0.5)$ の近似を考える.測定位置は $M=26$ 個で,0.02 おきに $x_0=0, x_1=0.02, x_1=0.04, \cdots, x_{25}=0.5$ とする(図では横軸は分かりやすくするため,0.02 おきに付した整数値で表示した).また,測定ノイズの分散を $\sigma_{\hat{\varepsilon}}^2=0.2$ とする.近似関数として式 (3.2) の N 次多項式

$$\hat{f}^N(x)=\sum_{i=0}^{N}a_ix^i \tag{3.16}$$

を採用する.ここで,係数 $a_0, a_1, \cdots, a_N$ は上記に示した最尤法で推定する.測定誤差は式 (3.15) より,

$$\varepsilon(N)=\frac{1}{26}\sum_{m=0}^{25}(y_m-\hat{f}^N(x_m))^2 \tag{3.17}$$

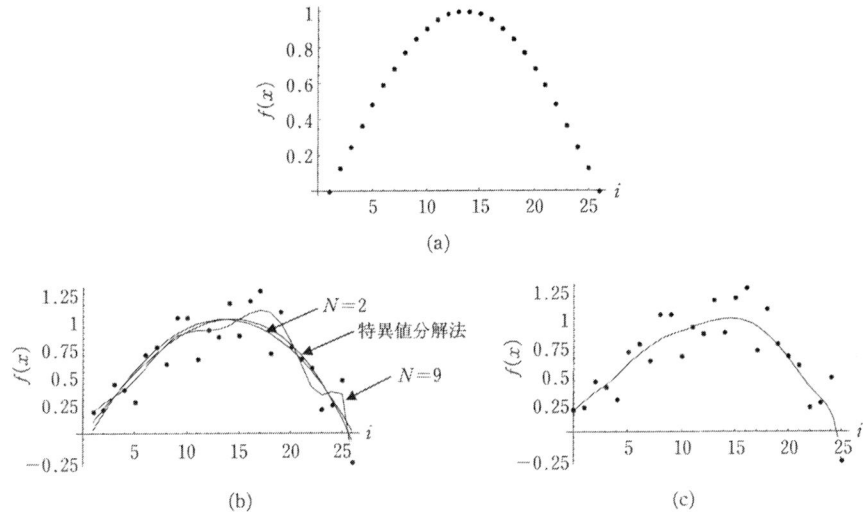

図 3.2 (a) 観測値，(b) もとの関数と近似関数，(c) スプライン近似

で見積もった．$\varepsilon(N)$ より，$\sqrt{\varepsilon(N)}$ の方が真の値との差が直感的によく分かる．たとえば，$N=2$ とすると $\sqrt{\varepsilon(2)}=0.18029$ で，$N=9$ とすると $\sqrt{\varepsilon(9)}=0.144443$ である．この測定点での誤差を見る限り，$N=9$ の方が近似がよさそうである．

真の値をどの程度近似しているかは，式 (3.17) ではなく，

$$\varepsilon_G(N)=\frac{1}{26}\sum_{m=0}^{25}(f(x_m)-\hat{f}^N(x_m))^2 \tag{3.18}$$

を用いるべきである．真の関数が分かっていると仮定し，この誤差を汎化誤差と呼ぼう．先と同じ N で計算すると，$\sqrt{\varepsilon_G(2)}=0.053207$，$\sqrt{\varepsilon_G(9)}=0.118785$ である．図 3.2(b) からも分かるように，明らかに $N=2$ の近似が優れている．このように，誤差の定義によって結果が異なるが，明らかに，近似のよさを評価するには式 (3.18) を用いるべきである．ちなみに，近似関数は

$$\hat{f}^2(x)=-0.132851+0.170827x-0.00634516x^2 \tag{3.19}$$

であった．ノイズが付加された $y(x)=f(x)+\xi(x)$ が，このようなスムーズな多項式関数で表せたことになる．別な言い方をすると，不規則なノイズを平滑化して，重要な関数部を取り出している．

測定位置でしかデータが観測されないので，式 (3.19) が妥当である．しかし

もし真の関数が分かっているとすると,真の誤差は測定点以外での誤差を含め,

$$\varepsilon_T(N) = \int_0^{0.5} (f(x) - \hat{f}^N(x))^2 dx \tag{3.20}$$

とすべきであろう.しかし,この誤差は現実的ではなく,実際に用いることもできないが,汎化誤差とほとんど同じ傾向を示す.実際,$\sqrt{\varepsilon_T(2)} = 0.0530857$,$\sqrt{\varepsilon_T(9)} = 0.107606$ であった.$N=9$ では観測誤差が小さくなるが,真の誤差を調べると逆に増加する.これをオーバーフィッティングという.以上の結果をまとめると,N はむしろ小さくとったスムーズな近似関数の方が当てはめがよい.なお,比較のため,スプライン関数で近似した場合を図 3.2 (c) に載せた.

このような近似で暗に仮定していることは,測定値がノイズを含み,真の姿を覆い隠していると考えていることである.もし,測定値が真の値とするならば,むしろ,$\hat{f}^9(x)$ がよい近似式になっている.なぜなら,次数 N が大きいほど,激しい変動に追従できるからである.近似に関する従来の考え方は,複雑さをノイズのような好ましくない状態として捉え,覆い隠されたスムーズな関数を推定することである.このため,近似のよさを表す測定誤差 $\varepsilon(N)$ は N の減少関数であるが,逆に,N を大きくすると近似関数の変動が激しくなり,複雑さが増して好ましくない.つまり,図 3.3 (a) に示すようなトレードオフ的な関係にある.図 3.3 (b) に,N をいろいろ変えたときの,観測誤差 $\sqrt{\varepsilon(N)}$,汎化誤差 $\sqrt{\varepsilon_G(N)}$,真の誤差 $\sqrt{\varepsilon_T(N)}$ を図示した.

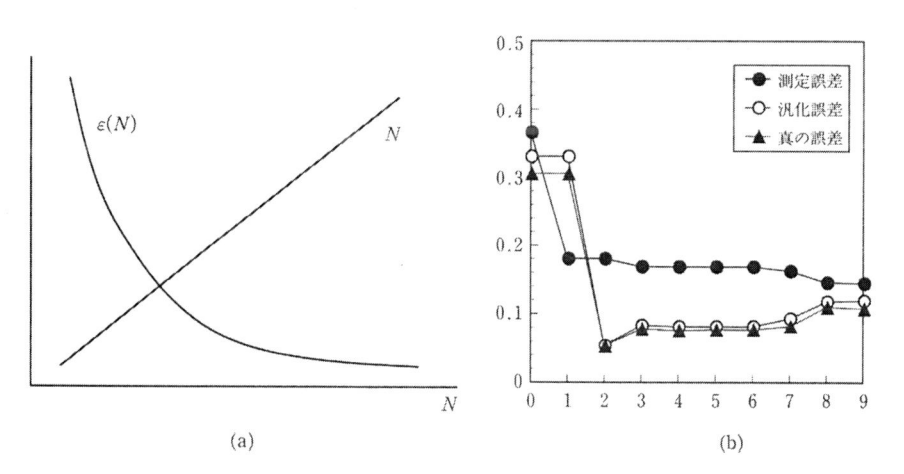

図 3.3 (a) 近似のよさと関数の複雑さ,(b) 観測誤差 $\sqrt{\varepsilon(N)}$,汎化誤差 $\sqrt{\varepsilon_G(N)}$,真の誤差 $\sqrt{\varepsilon_T(N)}$

ニューラルネットワークではどうであろうか．1入力1出力の階層型ニューラルネットワークで近似する．中間層は $H=4$ に設定した．重みを決める学習アルゴリズムとして逆伝播法を用い，初期値は乱数で与えた[3,4]．汎化誤差は，多項式近似の $\sqrt{\varepsilon_G(2)}=0.053207$ よりも小さい 0.000740143 であった．真の誤差も 0.000712468 できわめて近似が優れている．得られた近似関数を多項式に展開すると，$\hat{f}(x)=0.0000367682+0.130292x-0.00742903x^2$ であった．ところが，中間層を大きくして $H=8$ にすると，汎化誤差は 0.0000581228 であったが，真の誤差が 0.00123297 と近似が悪くなる．中間層を大きくとったため，学習に用いたデータはよく再現できるが，新しいデータに対する汎化能力の低さを露呈している．これは，多項式近似と同様に，重みが増え複雑さを増したためである．

3.1.3 特異値分解法

いま，$1\leq m \leq M$ に対して，$\sum_{i=1}^{N}a_i f_i(x_m)=y_m$ とすれば測定誤差は正確に0になる．行列の形で書くと，

$$\begin{bmatrix} f_1(x_1) & \cdots & f_N(x_1) \\ f_1(x_2) & \cdots & f_N(x_2) \\ \vdots & \vdots & \vdots \\ f_1(x_M) & \cdots & f_N(x_M) \end{bmatrix} \begin{bmatrix} a_1 \\ \vdots \\ a_N \end{bmatrix} = \begin{bmatrix} y_1 \\ y_2 \\ \vdots \\ y_M \end{bmatrix} \quad (3.21)$$

である．左辺の $M\times N$ 行列(測定値が多いとして，$N<M$ と仮定する)を $\boldsymbol{C}$ とし，式(3.21)を $\boldsymbol{C}\cdot\boldsymbol{a}=\boldsymbol{y}$ と表す．$\boldsymbol{C}$ は正方行列ではないため逆行列が定義できないので，このままでは解 $\{a_i\}$ は求められない．このような場合の処方箋として特異値分解法がある．ある直交行列 $\boldsymbol{U},\boldsymbol{V}$ を用いて，

$$\boldsymbol{C}=\boldsymbol{U}\cdot\boldsymbol{W}\cdot\boldsymbol{V}^T \quad (3.22)$$

と分解する．ここで，$\boldsymbol{W}$ は対角要素を $\{w_1,w_2,\cdots,w_N\}$ とする $N\times N$ 対角行列，$\boldsymbol{U}\cdot\boldsymbol{U}^T=\boldsymbol{V}\cdot\boldsymbol{V}^T=\boldsymbol{I}$ ($\boldsymbol{I}$ は $M\times M$ の単位行列)である．$\boldsymbol{W}$ の N 個の対角要素を特異値と呼ぶ．特異値分解法の重要性は，0でない各特異値に対応する列ベクトルが直交基底をなすことである．式(3.22)を用いると，式(3.21)の解は

$$\boldsymbol{a}=\boldsymbol{V}\cdot\boldsymbol{W}^{-1}\cdot\boldsymbol{U}^T\cdot\boldsymbol{y} \quad (3.23)$$

と表せる．ただし，特異値があるしきい値(ユーザが設定)よりも小さければ0にし，対応する逆行列 $\boldsymbol{W}^{-1}$ の要素を0とおく．この操作は，$\boldsymbol{C}$ の固有値の大き

い方から必要な個数を残すことに相当する.

特異値分解法には, はじめ N を適当に大きくとっておけば, 大きさを気にしないで, オーバーフィッティング問題をある程度自動的に解消できる利点がある. しかし, これはしきい値の設定によって決まるので, 問題にもよるが, やはり試行錯誤が必要である. いま, $w_k = 0 \, (1 \leq k \leq N)$ に設定したゼロ空間ベクトルを $\boldsymbol{a}'$ とすると, $\boldsymbol{C} \cdot \boldsymbol{a}' = \boldsymbol{0}$ である. このとき, $\boldsymbol{y}' = \boldsymbol{C} \cdot \boldsymbol{a}'$ とおき, 誤差 $|\boldsymbol{C} \cdot (\boldsymbol{a} + \boldsymbol{a}') - \boldsymbol{y}|$ を評価する. 変形していくと,

$$\begin{aligned}
|\boldsymbol{C} \cdot (\boldsymbol{a} + \boldsymbol{a}') - \boldsymbol{y}| &= |\boldsymbol{U} \cdot \boldsymbol{W} \cdot \boldsymbol{V}^T \cdot \boldsymbol{V} \cdot \boldsymbol{W}^{-1} \cdot \boldsymbol{U}^T \cdot \boldsymbol{y} + \boldsymbol{y}' - \boldsymbol{y}| \\
&= |(\boldsymbol{U} \cdot \boldsymbol{W} \cdot \boldsymbol{W}^{-1} \cdot \boldsymbol{U}^T - \boldsymbol{I}) \cdot \boldsymbol{y} + \boldsymbol{y}'| \\
&= |\boldsymbol{U} \cdot \{(\boldsymbol{W} \cdot \boldsymbol{W}^{-1} - \boldsymbol{I}) \cdot \boldsymbol{U}^T \cdot \boldsymbol{y} + \boldsymbol{U}^T \cdot \boldsymbol{y}'\}| \\
&= |(\boldsymbol{W} \cdot \boldsymbol{W}^{-1} - \boldsymbol{I}) \cdot \boldsymbol{U}^T \cdot \boldsymbol{y} + \boldsymbol{U}^T \cdot \boldsymbol{y}'| \quad (3.24)
\end{aligned}$$

となる. 最終式第2項は, $\boldsymbol{y}' = \boldsymbol{C} \cdot \boldsymbol{a}'$ を用いると, $\boldsymbol{W} \cdot \boldsymbol{V}^T \cdot \boldsymbol{a}'$ と書き直せる. 最終式第1項は, $\boldsymbol{W} \cdot \boldsymbol{W}^{-1} - \boldsymbol{I}$ から $w_k = 0$ の場合に限り 0 でない (しきい値より小さいとき, $\boldsymbol{W}^{-1}$ の要素を 0 にした) が, 第2項は $w_k \neq 0$ の場合に限り 0 でないので直交する. これから, 誤差の大きさは特異値分解法で最小化できることが分かる[2].

さて, 図3.2に示したデータを例に, 特異値分解法を近似式(3.16)に対して適用しよう. いま, $N = 9$ として, 特異値に対するしきい値を最大特異値の 0.01 倍の値に設定して, これより小さな特異値は 0 におく. $\boldsymbol{W}$ の 0 でない特異値は, 5.28177, 0.850107, 0.122099 になった. 近似関数の係数は $\boldsymbol{a} = \boldsymbol{V} \cdot \boldsymbol{W}^{-1} \cdot \boldsymbol{U}^T \cdot \boldsymbol{y}$ より決まる. 汎化誤差は $\sqrt{\varepsilon_G(2)} = 0.053207$ よりも若干大きい 0.0652172 であった. グラフとしても, 式(3.19)の近似関数とほとんど変わらなかった.

もう一つの方法を述べておこう. 図3.2から読み取れるように, 真の関数が分からない限り, 近似関数としてスムーズな関数を用いることが優れた近似と考えることは自然であろう. そこで, 誤差に微分で表したスムーズさをつけ加えた評価関数

$$\varepsilon(M) = \frac{1}{M} \sum_{m=1}^{M} (y_m - \hat{f}(x_m, \{a_i\}))^2 + \frac{\beta}{M} \sum_{m=1}^{M} \left(\left. \frac{d\hat{f}(x, \{a_i\})}{dx} \right|_{x=x_m} \right)^2 \quad (3.25)$$

を最小にするように, 近似関数を定める問題として定式化する. ここで, β は正の定数である. 右辺第2項は, 近似関数をなるべく滑らかにするように導入したペナルティーを表す. このような近似を正則化という.

3.2 重みつき残差法

　流体方程式など偏微分方程式で記述される現象は，ノイズのような不規則性がなくても時空間で複雑な挙動を示す．さらに，方程式には数々のパラメータがあり，それらの値を変えるとさまざまな挙動が見られる．このような複雑な挙動を時空間で扱うための最初のステップは，たとえば，空間に関する挙動をいままで述べた方法で近似することで，時間的な変動の問題に置き換えることである．つまり，偏微分方程式を常微分方程式により近似することで変数を減らす．重みつき残差法はその代表的な方法で，近似の仕方によって，選点法，モーメント法，ガラーキン法がある[5]．コンピュータの発展とともに有限要素法などさまざまな方法として発展している[6]．

3.2.1 簡単な例

　時間に依存しない簡単な例から始めよう．1次元の空間座標を x' $(0 \leq x' \leq d)$ とし，熱伝導方程式

$$\frac{d}{dx'}\left(k(T)\frac{dT(x')}{dx'}\right)=0 \tag{3.26}$$

を考える．境界条件は $T(0)=T_0$, $T(d)=T_1$ とする．$k(T)$ は温度 T に依存する熱伝導率で，ここでは $k(T)=k_0+a(T-T_0)$ と仮定する．k_0, a は定数である．いま，$x=x'/d$, $\theta(x)=(T(x)-T_0)/(T_1-T)$ と変数変換すると，式(3.26)は無次元量を用いて，

$$\frac{d}{dx}\left((1+a\theta(x))\frac{d\theta(x)}{dx}\right)=0 \tag{3.27}$$

と書ける．ここで，$a=a(T_1-T_0)/k_0$ である．境界条件は $\theta(0)=0$, $\theta(1)=1$ となる．方程式(3.27)は非線形だが簡単に解ける．実際，$a=1$ とするとその解は

$$\theta(x)=-1+(1+3x)^{\frac{1}{2}}=\frac{3}{2}x-\frac{9}{8}x^2+\frac{27}{16}x^3-\cdots \tag{3.28}$$

である．

　重みつき残差法を用いて方程式(3.27)の解を求めよう．重みつき残差法の第1ステップは近似関数の構成である．ここでは一般的な近似式(3.1)にしたがい，

$$\theta^N(x)=\sum_{j=0}^{N}a_j\theta_j(x) \tag{3.29}$$

とする．重みつき残差法では，$\theta_j(x)$ のことを試行関数という．試行関数の選び方は，境界条件の一部あるいはすべてを満たすようにするのが常套手段である．ここでは簡単のため，式 (3.2) と同様に多項式 $\theta_j(x)=x^j$ とするが，三角関数，ベッセル関数などの特殊関数もよく用いられる．境界条件から，$a_0=0$，$\sum_{j=0}^{N} a_j = 1$ である．これらを式 (3.29) に代入すると，

$$\theta^N(x) = x + \sum_{j=1}^{N} a_j (x^{j+1} - x) \tag{3.30}$$

となる．この形での試行関数は x^j ではなく，むしろ $x^{j+1}-x$ と考えるべきである．式 (3.30) を方程式 (3.27) に代入すると，0 となるべき残差は

$$R(x, \theta^N) = \frac{d}{dx}\left((1+a\theta^N(x))\frac{d\theta^N(x)}{dx}\right) \tag{3.31}$$

と表せる．つまり，$\theta^N(x)$ が正確な $\theta(x)$ に近いほど，残差は 0 に近づく．残差は関数近似の場合と同じで，誤差である．すべての x に関して式 (3.31) が成立することを要求するのは厳しすぎる．これは，すべての測定点で厳密の誤差 0 を要求するのと同じことで，オーバーフィッティング問題が生じる．そこで，重みつき残差法では，残差 $R(x, \theta^N)$ に N 個の重み $w_k(x) (k=1, 2, \cdots, N)$ を掛けて

$$\int_0^1 w_k(x) R(x, \theta^N) dx = 0 \tag{3.32}$$

を課す．N 個の条件が必要な理由は，推定すべきパラメータが N 個あるからである．重みのとり方によっていくつかの方法に分類される．

まず，選点法について説明する．近似関数を $N=1$ として $\theta^1(x) = x + a_1(x^2 - x)$ とする．選点法では，重みはある特定の位置（測定位置と考えればよい）での値をもつデルタ関数を用いる．つまり，$w_1(x) = \delta(x - x_1)$ として，x_1 はたとえば区間 $[0, 1]$ の中央の点 $x_1 = 0.5$ とする．このとき，式 (3.32) は $\int_0^1 \delta(x-x_1) \cdot R(x, \theta^1) dx = R(1/2, \theta^1) = 0$ となるので，$\theta^1(x)$ を式 (3.31) に代入すれば直ちに，$(1+(1-a_1/2)/2)2a_1 + 1 = 0$ を得る．これから，$a_1 = -0.317$ と定まる．したがって，$N=1$ として選点法を用いた近似関数は

$$\theta^1(x) = x - 0.317(x^2 - x) = 1.317x - 0.317x^2 \tag{3.33}$$

となる．厳密解 (3.28) と比較されたい．

モーメント法では，重みを $w_k(x) = x^{k-1}$ とする．近似関数を $N=1$ とすると，$w_1(x) = 1$ で選点法と同じ結果を与えるだけなので，$N=2$ とした近似関数 $\theta^N(x)$

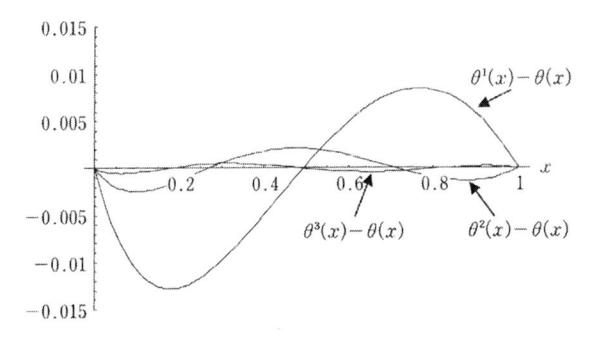

図 3.4 次数 N の異なるガラーキン法の比較

$=x+a_0(x^2-x)+a_1(x^3-x)$ を構成しよう．式 (3.32) は，$\int_0^1 R(x,\theta^2)dx=0$ と $\int_0^1 xR(x,\theta^2)dx=0$ である．途中を省略して結果だけを記すと

$$\theta^2(x)=\frac{3}{2}x-\frac{3}{4}x^2+\frac{1}{4}x^3 \tag{3.34}$$

となる．厳密解 (3.28) にかなり近くなる．

重みつき残差法の中では，これから述べるガラーキン法が最もよく用いられる．重みは試行関数と同一関数にとり，$w_k(x)=\theta_k(x)=x^{k+1}-x$ とする．$N=1$ の場合，$w_1(x)=x^2-x$ として，残差 $\int_0^1(x^2-x)R(x,\theta^1)dx=0$ から係数 a_1 を決める．一般的には，$\int_0^1(x^{k+1}-x)R(x,\theta^k)dx=0$ $(k=1,2,\cdots,N)$ から係数を求める．$N=1,2,3$ の場合は，

$$\begin{aligned}\theta^1(x)&=x-0.326238(x^2-x)\\\theta^2(x)&=x-0.65577(x^2-x)+0.215178(x^2-x)\\\theta^2(x)&=x-0.879957(x^2-x)+0.578325(x^3-x)+0.178247(x^4-x)\end{aligned} \tag{3.35}$$

となった．図 3.4 に，厳密解との差 $\theta^N(x)-\theta(x)$ を図示した．

重みつき残差法では通常，試行関数が境界条件を満足するように選んでいる．そのため，近似関数の構成に関しては境界条件のことを考えず，与えられた方程式を満足することだけを考えればよい．しかし，後の例に見るように境界付近で急激な変動をする場合は，このような構成方法では適切に近似できない．

3.2.2 流体の対流とローレンツモデル

これまで時間の依存性を考えなかったので，流体方程式を用いて時間依存性を

もつ対象に重みつき残差法を応用する．ここではカオスとして有名なローレンツモデルを，流体方程式と熱伝導方程式に重みつき残差法を適用して導出する．ローレンツモデルはカオスの先駆的研究として有名なローレンツ[7]に因んで名づけられ，カオス研究の連続モデル(微分方程式で記述される系)としてよく知られている[8~10]．後章でカオスの複雑さを考察するので，ここではそのモデルを導き，その挙動を調べておく．ローレンツモデルは，対流の時間発展を支配する流体方程式と熱伝導方程式から導かれる．

高さ d，半径 W の円柱形の容器を考え，そこに流体が満たされているとする．重力加速度の働く鉛直方向 e_z を容器の高さ方向にとると，円柱のアスペクト比 d/W が十分小さい場合，きわめて薄い容器内の流体を考えていることになり，円柱の水平方向 (y 方向とする) の変動は無視できる．このような場合の基礎方程式の近似を考える．密度 ρ の流体の位置を $\boldsymbol{x}=(x,y,z)^T$ とし，時刻 t における流速ベクトルを $\boldsymbol{v}(\boldsymbol{x},t)$，温度を $T(\boldsymbol{x},t)$，圧力を $P(\boldsymbol{x},t)$ とすると，基礎方程式は

$$\nabla \cdot \boldsymbol{v} = 0$$

$$\frac{\partial}{\partial t}\boldsymbol{v} + \boldsymbol{v}\cdot\nabla\boldsymbol{v} = -\rho^{-1}\nabla P + \gamma\nabla^2\boldsymbol{v} + \boldsymbol{q} \tag{3.36}$$

$$\frac{\partial}{\partial t}T + \boldsymbol{v}\cdot\nabla T = \kappa\nabla^2 T$$

と表せる[11,12]．ここで，γ は動粘性率，κ は熱拡散率，$\boldsymbol{q}$ は単位質量当たりの外力である．第1式は非圧縮性条件，第2式はナビエ・ストークス方程式，第3式は熱伝導方程式である．各変数は時間 t と空間 $\boldsymbol{x}$ の関数である．たとえば，温度は単に T と記したが，独立変数をすべて書けば，$T=T(t,x,y,z)$ である．流体は膨張するので浮力が生じ，$\boldsymbol{q}=-(1-\alpha(T-T_0))\boldsymbol{e}_z$ の力が働く．ここで，T_0 は円柱底面の温度，α は膨張率を表す．底面を加熱すると $T>T_0$ となり，$1-\alpha(T-T_0)<1$ から単位質量はより軽くなり，鉛直とは逆向きの浮力が生じる．静止状態では，容器の温度勾配 $\beta=(T_1-T_0)/d$ ($T_1>T_0$) は一定に保たれ，したがって，静止状態を基準にとった温度は，$\theta\equiv T-(T_0-\beta z)$ と表される．このとき，圧力は $\pi\equiv P-(P_0-g\rho_0 z(1+\alpha\beta z/2))$ となる．ここで，ρ_0 は一定の密度，P_0 は一定の圧力である．これらの変数を用いて式(3.36)を書き改めよう．y 方向への一様性を考慮して，$\boldsymbol{v}=(u,0,w)^T$ とすると，

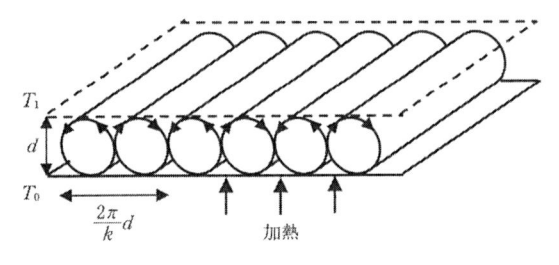

図 3.5 対流

$$\nabla \cdot \boldsymbol{v} = 0$$
$$\frac{\partial}{\partial t}\boldsymbol{v} + \boldsymbol{v} \cdot \nabla \boldsymbol{v} = \sigma(-\nabla \pi + \nabla^2 \boldsymbol{v} + \theta \boldsymbol{e}_z) \tag{3.37}$$
$$\frac{\partial}{\partial t}\theta + \boldsymbol{v} \cdot \nabla \theta = R(\boldsymbol{v} \cdot \boldsymbol{e}_z) + \kappa \nabla^2 \theta$$

となる．ここで，長さ，時間，温度，圧力は無次元になるようにそれぞれ，d，d^2/κ, $\gamma\kappa/agd^3$, $\rho_0\kappa^2/d^2$ で変換した．たとえば，$\theta/(\gamma\kappa/agd^3)$ を新たに θ としている．このように無次元化すると，z 方向の区間は $[0, 1]$ になる．上式には重要な無次元パラメータが 2 個現れる．プラントル数 $\sigma = \gamma/\kappa$ と，レーリー数 $R = gad^3(T_1 - T_0)/\gamma\kappa$ である．プラントル数は流体に固有な定数であるが，レーリー数はその定義から分かるように，容器上面と底面の温度差に比例するパラメータで，人為的に変化させることができる．R の値が小さい場合は，図 3.5 に示すようなロール状の対流が生じるので，y 方向への変動は一様と考えることができる．したがって，$\boldsymbol{v}$ としては x, z 方向の成分 u, w のみを考えればよい．レーリー数の大きさによっていろいろな挙動が現れる．

2 次元平面 (x, z) に限られることを考慮し，流れ関数 $\varphi(x, z)$ を導入して，流速を

$$u = -\frac{\partial \varphi}{\partial z}, \qquad w = \frac{\partial \varphi}{\partial x} \tag{3.38}$$

と表そう．境界条件は，$\partial \varphi(x, 0)/\partial z = \partial \varphi(x, 1)/\partial z = 0$ である．これらを式 (3.37) に代入する．試行関数は，ロール状の対流になることを考慮して，フーリエ級数

$$\varphi(x, z, t) = \sum_{i=0}\sum_{n=1} a_{in}(t)\cos(i\pi z)\sin(nkx)$$
$$\theta(x, z, t) = \sum_{i=0}\sum_{n=1} b_{in}(t)\cos(i\pi z)\sin(nkx) \tag{3.39}$$

で表そう．ここで，$a_{in}(t), b_{in}(t)$ は時間に依存する係数である．対流が生じていることを考慮し，x 方向の基本モードを，波数 k の $\sin(kx)$ とする級数展開を用いている．k の大きさは対流の大きさに関係する（図 3.5 を参照）．z 方向の試行関数は境界条件を満足するように選んである．係数の時間発展式は，ガラーキン近似を用いて残差を 0 にすることで得られる．最低次の近似として，x 方向は対流の形状であるフーリエ級数の最低次のモード $\cos(\pi z)\sin(kx)$ を残す．非線形性を考慮し，次のモード $\cos(2\pi z)$ は必要であるが，高次のモードは省略する．このような考察からフーリエ級数として 2 次の項まで残し，係数を改めると，

$$\varphi(x,z,t) = Ax(t)\cos(\pi z)\sin(kx)$$
$$\theta(x,z,t) = B\sqrt{2}y(t)\cos(\pi z)\sin(kx) - Bz(t)\cos(2\pi z) \tag{3.40}$$

となる．ただし，$A = \sqrt{2}(k^2+\pi^2)/(\pi k)$, $B = 1/(\pi k)$ である．式 (3.40) を式 (3.38) とともに式 (3.37) に代入して，安定性を調べることで，対流は $R(k) = (k^2+\pi^2)^3/k^2$ で生じることが分かる[5]．

【レーリー数の最小値】

$R(k) = (k^2+\pi^2)^3/k^2$ を k で微分し $=0$ とおくと，$k_c = \pi/\sqrt{2}$ となる．このときのレーリー数は $R_c = 27\pi^4/4$ である． □

以下では，$k_c = \pi/\sqrt{2}, R_c = 27\pi^4/4$ とする．式 (3.40) を式 (3.37)，式 (3.38) に代入すると，最終的に，

$$\frac{dx(t)}{dt} = -\sigma x + \sigma y$$
$$\frac{dy(t)}{dt} = rx - y - xz \tag{3.41}$$
$$\frac{dz(t)}{dt} = xy - bz$$

が導かれる．ここで，$r = R/R_c$, $b = 4/(1+(k_c/2)^2)$ である．r の値によって，定常状態からカオスまでいろいろな状態が現れる．$z(t)$ に対する式で，非線形項 xy が現れるのは，$\cos(\pi z)\sin(kx)\cos(\pi z)\sin(kx) = (1+\cos(2\pi z))(1-\cos(2kz))/4$ となるので，$z(t)$ のモードに反映されるからである．

この常微分方程式が示す挙動について考察しておこう．r が 1 より小さいときは，$x(t) = y(t) = z(t) = 0$ が解で，静止状態が唯一の安定状態である．r の値をしだいに大きくしていくと，静止状態は $r = 1$ ($R = R_c$) でピッチフォーク分岐

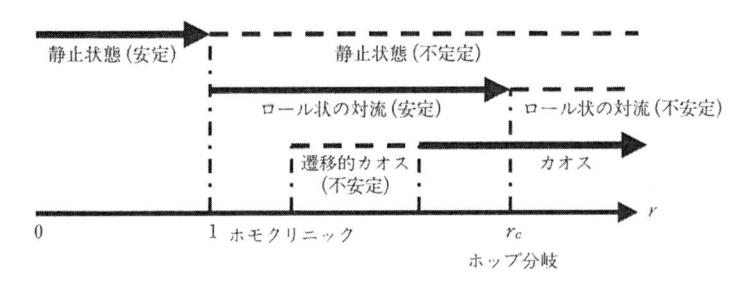

図3.6 ローレンツモデルの分岐

を起こし，不安定になる．静止状態が不安定になると，代わって定常な対流

$$\begin{pmatrix} x_{\rm st} \\ y_{\rm st} \\ z_{\rm st} \end{pmatrix} = \begin{pmatrix} \pm\sqrt{b(r-1)} \\ \pm\sqrt{b(r-1)} \\ r-1 \end{pmatrix} \tag{3.42}$$

が現れる．符号は対流の向き（左回り，右回り）に対応する．図3.6に示すように，さらに r の値を大きくすると，対流は不安定になる．対流の安定性を調べるため，式 (3.42) に微小な攪乱 $\delta x, \delta y, \delta z$ を与え，

$$\begin{pmatrix} x(t) \\ y(t) \\ z(t) \end{pmatrix} = \begin{pmatrix} x_{\rm st} \\ y_{\rm st} \\ z_{\rm st} \end{pmatrix} + \begin{pmatrix} \delta x \\ \delta y \\ \delta z \end{pmatrix} e^{\lambda t} \tag{3.43}$$

とおき，式 (3.41) に代入すると，k の特性方程式として，

$$\lambda^3 + (\sigma+b+1)\lambda^2 + (r+\sigma)b\lambda + 2b\sigma(r-1) = 0 \tag{3.44}$$

を得る．$r>1$ のとき，負の実根と二つの複素根をもつ．λ^2 と λ の係数の積を定数項に等しくおくことで，対流は

$$r_c = \frac{\sigma(\sigma+b+3)}{\sigma-b-1} \tag{3.45}$$

でホップ分岐を起こし，不安定になることが分かる．そして，図3.6に示すようにカオスという複雑な挙動が現れる．

【3次方程式の解の性質】

ホップ分岐は複素根の実数部が0のときに起こる．α, β を実数とすると，式 (3.44) は $(\lambda-\alpha)(\lambda+\beta i)(\lambda-\beta i)=0$ と書ける．括弧をはずすと $\lambda^3-\alpha\lambda^2+\beta^2\lambda-\alpha\beta^2=0$ となるので，r_c では λ^2 と λ の係数の積は定数項に等しい． □

パラメータを $\sigma=10, b=8/3$ として，図3.7にいくつかの r に対する挙動を

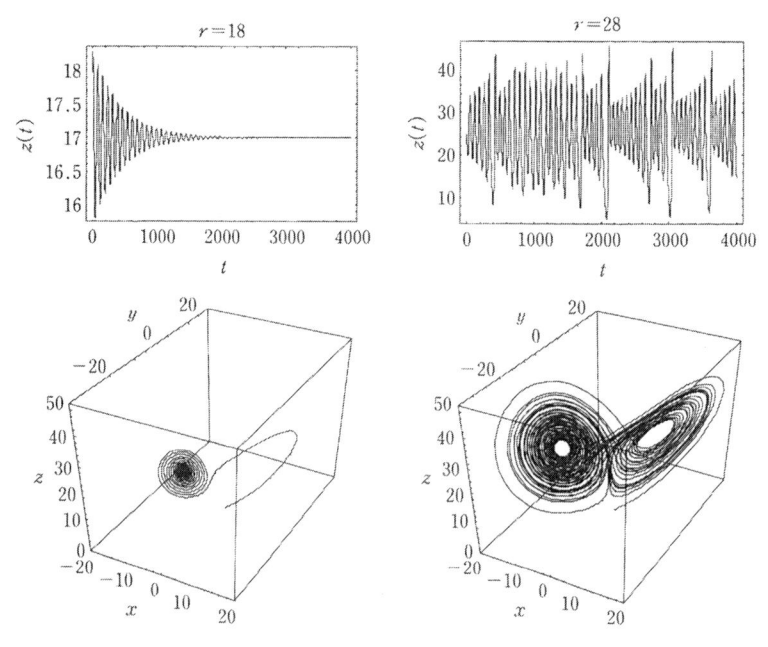

図3.7 ローレンツモデルの挙動

示した.式(3.45)より $r_c=24.73$ でホップ分岐を起こし,カオスになる.$r<r_c$ ($r=18$ の場合)では定常な対流で,3次元空間 $(x(t),y(t),z(t))$ での軌道は式(3.42)で表す1点に近づく.次に,$r>r_c$ ($r=28$ の場合)を考えよう.3次元空間に軌道を描くと,2枚のリーフ状の構造が見られる.各リーフの真ん中辺りの点は $(\pm x_{\mathrm{st}}, \pm y_{\mathrm{st}}, z_{\mathrm{st}})$ で,左右に回る定常な対流に相当する.たとえば右に回っていた対流に対応する軌道は,その点を避けるようにその周りを何度か回って,その後,左の不安定な点の周りに移行する.実は,リーフは面的であり体積は 0 である.どのような広がりをもった空間もしだいに押し潰され,面的なアトラクタ(ローレンツアトラクタと呼ばれている)に吸収されるからである.なぜそうなるのかは,流体力学の知識を借りて数学的に表現すると簡単に分かる.流速の発散は式(3.41)から

$$\frac{\partial \dot{x}}{\partial x}+\frac{\partial \dot{y}}{\partial y}+\frac{\partial \dot{z}}{\partial z}=-\sigma-b-1<0 \tag{3.46}$$

となるので,初期に体積的に広がったどのような空間も,$e^{-(\sigma+b+1)t}$ に比例して

急速に 0 に近づくので,アトラクタは面的である.しかし,面的といっても単なる面ではなく,複雑な構造になっている.どのような解像度でアトラクタを図示しても面にしか見えないが,実は,1枚の面ではなく,面が何枚も重なり合ったパイのような構造で,面と面との間は無限に狭く,カントール集合になっている.これは,ローレンツモデルに限らず,多くのカオスがもつ特徴的なフラクタル構造である.実際,フラクタル次元はパラメータにより異なるが,2次元より若干大きい.

3.3 通常の近似では扱えない場合

ある特殊な状態について,しかもそのような特殊な状態がしばしば興味の対象になるが,簡単な式で現象を捉えることができる場合がある.この特殊な状況とは,スケール変換に対する不変性が成り立つ状況である.重みつき残差法では式(3.1)のように展開して近似するが,$f_i(x)$ の具体的な関数形を決めなければ問題を解けない.フーリエ級数展開のような一般的によく用いられる直交関数展開が適用できない場合も多い.特に,非線形な問題ではその問題の特徴を考慮した近似法が要求される.場合によっては,時間あるいは空間をいくつかの部分に分割して,各領域で異なる近似をすることもある[13,14].たとえば,解の挙動に応じて領域を分割して,各領域での変動に即した近似をする.よく知られた例に壁の近くを流れる流体に対する境界層理論がある[15].壁では流体の速度は 0 で,壁から遠ざかるにつれて急激に変化し,遠く離れたところでは穏やかな変動をする.このため,壁近辺での複雑な挙動と壁から遠くはなれた緩やかな挙動を分け,各領域でそれぞれの挙動の特徴を活かした適切な近似をする.これを実行するのが自己相似変換である.

3.3.1 特異摂動法

境界層に限らず一般的な問題においても同様な状況にしばしば出会う.いま,全領域を異なる領域 A, B に分ける.領域 A での挙動は穏やかで通常の関数で近似できたとしても,領域 B では激しく変化する挙動であれば,領域 A と同様な関数では近似できないだろう.一般的な処方箋は,領域 B を人為的に拡大して見かけ上の変化を緩やかにすることで,通常の関数でも近似できるようにする.一般に,特異摂動法と呼ばれている方法で,自己相似変換を微分方程式に応用し

3.3 通常の近似では扱えない場合

た方法である[16].

特異摂動法の威力は特に非線形方程式で発揮されるが，ここではその方法の概要を説明するため，簡単な2階線形微分方程式

$$\varepsilon \frac{d^2 f(x)}{dx^2} + \frac{df(x)}{dx} + f(x) = 0 \qquad (0 \leq x \leq 1) \tag{3.47}$$

を考える．ここで，ε は1より十分小さなパラメータとし，$f(x)$ は境界条件 $f(0)=0$, $f(1)=1$ を満たすものとする．最高階の微分に小さいパラメータがあると，$x=0$ 近傍で境界層と同様な振る舞いを示し，通常の近似法は使えない．理由は簡単である．通常の近似では ε^0 のオーダの解は，式(3.47)で $\varepsilon=0$ とおいた1階の微分方程式 $df/dx + f = 0$ の解である．したがって1階の微分方程式では，片方の境界条件しか満足できない．以上のことを，数式を使って述べておこう．通常の近似では，

$$f(x) = \sum_{i=0}^{N} \varepsilon^i f_i(x) \tag{3.48}$$

と展開する．たとえば，$N=1$ として式(3.47)に代入し ε の各オーダで整理すれば，

$$\varepsilon^0 : \frac{df_0}{dx} + f_0 = 0 \tag{3.49}$$

$$\varepsilon : \frac{d^2 f_0}{dx^2} + \frac{df_1}{dx} + f_1 = 0 \tag{3.50}$$

を得る．境界条件には ε が現れないので，ε^0 次のオーダの解 f_0 が境界条件を満たすことが要求される．$f(1)=1$ を満足するような解は，式(3.49)からは，$f_0 = e^{1-x}$ ($f_0(1)=1$)，式(3.50)からは，$f_1 = \varepsilon e^{1-x}(1-x)$ ($f_1(1)=0$) となるので，ε^1 次のオーダまでの近似解は，

$$f(x) = e^{1-x} + \varepsilon e^{1-x}(1-x) \tag{3.51}$$

となる．この解は，当然 $f(1)=1$ は満たすが，一方の境界条件は $f(0) = e + \varepsilon e \neq 0$ となるので満たされない．この不都合は，いくら N を大きくしても解消できない．つまり，次々と項を増やし近似精度を上げても正確な解に近づくことはない．

ところで，式(3.47)は線形微分方程式なので，正確な解 f_{exact} は簡単に求まる．しかも，$\varepsilon \to 0$ とすると，

$$f_{\text{exact}}(\varepsilon, x) = e^{1-x} - e^{1-\frac{x}{\varepsilon}+x} \tag{3.52}$$

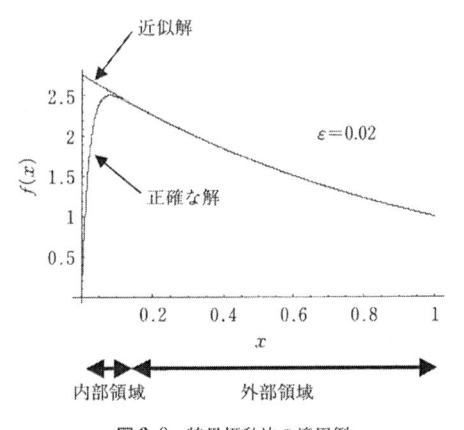

図3.8 特異摂動法の適用例

と表すことができる．境界条件は，$f_{exact}(\varepsilon, 0) = e - e = 0$，および $\lim_{\varepsilon \to 0} f_{exact}(\varepsilon, 1) = \lim_{\varepsilon \to 0}(1 - e^{1-(1/\varepsilon)+1}) = 1$ となるので，確かに満たされている．図3.8に，$\varepsilon = 0.02$ とした場合の f_{exact} を示した．

この問題の難しさは，$x=0$ 近傍とそれ以外の領域では，異なる近似が必要なことからくる．$x=0$ から離れた領域では，$x \neq 0$ で，$\varepsilon \to 0$ とすると $e^{1-(x/\varepsilon)+x} \cong 0$ となるので，$f_{exact}(\varepsilon, x) \cong e^{1-x}$ である．$f(x)$ は $f_{exact}(\varepsilon, x)$ を近似している．しかし，$x=0$ 近傍ではもはや $f(x)$ は使えない．なぜならば，ε も x も小さいので，$e^{1-(x/\varepsilon)+x} \cong \varepsilon^{1-(x/\varepsilon)}$ の大きさは評価できず，$f_{exact}(\varepsilon, x) \cong e - e^{1-x/\varepsilon}$ である．近似解 $f(x) \cong e^{1-x} \cong e$ は $f_{exact}(\varepsilon, x)$ を近似できない．つまり，通常の近似解は $x=0$ 近傍では近似解にならない．以上の考察は，原点近傍でいかに近似解を構成すればよいかのヒントを与える．解が急激に変化することを考慮して，原点付近の座標を拡大して，変化を緩やかにする．ここでは，スケール変換

$$x' = \varepsilon^{-1} x \tag{3.53}$$

を用いる．$\varepsilon \to 0$ とすると，$x=0$ 近傍（x は ε と同じオーダと考える）は1のオーダの x' に変換される．式(3.53)を式(3.47)に代入し，$f_{inner}(x') = f(\varepsilon x')$ とすると，

$$\frac{d^2 f_{inner}(x')}{dx'^2} + \frac{df_{inner}(x')}{dx'} + \varepsilon f_{inner}(x') = 0 \tag{3.54}$$

を得る．この解を内部解と呼ぶ．$x=0$ 近傍を考えているので，x' はもはや ε に

よらない 1 のオーダの変数である．境界条件 $f(0)=0$ を満たす必要があるが，$f(1)=1$ は満たす必要性はない．新しい変数を x' 使って，

$$f_{\text{inner}}(x')=\sum_{i=0}^{N}\varepsilon^{i}g_{i}(x') \tag{3.55}$$

と近似する．$N=1$ として，ε の各オーダで整理すると，

$$\varepsilon^{0}: \frac{d^{2}g_{0}}{dx'^{2}}+\frac{dg_{0}}{dx'}=0 \tag{3.56}$$

$$\varepsilon : \frac{d^{2}g_{1}}{dx'^{2}}+\frac{dg_{1}}{dx'}+g_{0}=0 \tag{3.57}$$

となる．式 (3.56) から，$g_0(0)=0$ を満足する解は，定数 A を用いて，$g_0(x')=A-Ae^{-x'}$ と表せる．あるいは，式 (3.53) を用いて，記号を改めると，

$$f_{\text{inner}}(x')=A-Ae^{-\frac{x}{\varepsilon}} \tag{3.58}$$

となる．境界条件からは定数 A が決まらないのは，原点から遠い場所での解のことを考えていないからである．そこで，$f(1)=1$ を満たす ε^0 のオーダの通常の近似解 (3.51)，$f_{\text{outer}}(x)=e^{1-x}$ を利用しよう．以下ではこの解のことを外部解と呼ぶ．原点近傍の内部領域での内部解 $f_{\text{inner}}(x')$ と原点以外の外部領域での外部解 $f_{\text{outer}}(x)$ が，滑らかにつながるようにすればよい．

$$\lim_{x'\to\infty}f_{\text{inner}}(x')=\lim_{x\to 0}f_{\text{outer}}(x) \tag{3.59}$$

これを，マッチング条件と呼ぶ．これから，$A=e$ を得る．つなげた解は，つないだ場所で 2 重になっているので，その値を差し引けば，

$$f(x)=f_{\text{inner}}(x)+f_{\text{outer}}(x)-e=e^{1-x}-e^{1-\frac{x}{\varepsilon}} \tag{3.60}$$

となる．これを正確な解 (3.52) と比べると，右辺第 2 項が $e^{1-(x/\varepsilon)+x}$ ではなく，$e^{1-(x/\varepsilon)}$ となっているが，本項は原点でのみ重要になるので両者に違いはない．

以上のように，変動の激しさによって領域を分割し，異なる領域でそれぞれ別の近似解を構成するのが特異摂動法の考え方である．特異摂動法にはさまざまな手法があるが，その本質は以上に述べた構成である．

3.3.2 スケール変換不変な解

特異摂動法はスケール変換不変性から見てどのような解を引き出そうとしているのか調べよう．もとの方程式には ε のさまざまなオーダの変動が混在している．まず，内部解を取り出す方法を考えよう．スケール変換を

$$x' = Ax$$
$$f_{\text{inner}}(x') = Lf(A^{-1}x') \tag{3.61}$$

とする．線形方程式では L は定まらないので $L=1$ とする．この変換を式(3.47)に代入すると，

$$\varepsilon A^2 \frac{d^2 f_{\text{inner}}(x')}{dx'^2} + A \frac{df_{\text{inner}}(x')}{dx'} + f_{\text{inner}}(x') = 0 \tag{3.62}$$

と変換される．ここで，$\varepsilon A^2 = A$ とすると，$A = \varepsilon^{-1}$ で，式(3.62)は

$$\frac{d^2 f_{\text{inner}}(x')}{dx'^2} + \frac{df_{\text{inner}}(x')}{dx'} + \varepsilon f_{\text{inner}}(x') = 0 \tag{3.63}$$

となる．ε が現れているので，このままではスケール変換に対して不変になることはない．不変性を要求することは式(3.63)の最後の項を無視することになるが，これはまさに $f_{\text{inner}}(x') = f(\varepsilon x')$ を ε で展開したときの ε^0 次のオーダを引き出したことになる．つまり，$\varepsilon \to 0$ とすると，$f_{\text{inner}}(x')$ がスケール変換不変な方程式

$$\frac{d^2 f'_{\text{inner}}(x')}{dx'^2} + \frac{df'_{\text{inner}}(x')}{dx'} = 0 \tag{3.64}$$

の解として自然と導かれる．これは，g_0 が満たす方程式(3.56)にほかならず，原点近傍での境界条件 $f(0)=0$ を満たす．内部解は，方程式に含まれるさまざまな変動の中から，急激な変化として，スケール変換(3.61)が不変になるような挙動として取り出された解である．

一方，$x=1$ 近傍では，変換(3.61)で $A=1$, $f_{\text{outer}}(x') = f(x')$ とする．このとき，

$$\varepsilon \frac{d^2 f_{\text{outer}}(x')}{dx'^2} + \frac{df_{\text{outer}}(x')}{dx'} + f_{\text{outer}}(x') = 0 \tag{3.65}$$

となるので，$\varepsilon \to 0$ として不変になるためには，$f_{\text{outer}}(x')$ が

$$\frac{df_{\text{outer}}(x')}{dx'} + f_{\text{outer}}(x') = 0 \tag{3.66}$$

を満たすことになる．これは，f_0 が満たす ε^0 次のオーダの方程式(3.49)で，$x=1$ 近傍での境界条件 $f(1)=1$ を満たしている．

3.3.3 多スケール逓減法

いままで述べたように領域を分割し，各領域で妥当な変換をして近似する方法

3.3 通常の近似では扱えない場合

は，ある程度対象の特徴から自然と決まる場合には適用できるが，一般的には分割方法に統一的な方法がなく，使用しにくい．より使いやすく一般化した多スケール逓減法と呼ばれる方法が役に立つ[17,18]．通常，どの程度の複雑さが存在するのか事前には分からないので，

$$x_m = \varepsilon^m x \tag{3.67}$$

なるスケール変換を考える．$x_0=x$ はもとの座標であるが，$\varepsilon \ll 1$ なので，$x_1=\varepsilon^1 x$ は x_0 に比べて緩やかに変化するスケールを表し，$x_2=\varepsilon^2 x$ 以降に関しても同じである．逆に，変化が激しいスケールは式 (3.53) のように，負の m を用いればよい．そして，あたかも各 x_m を独立変数のように考え，$f(x)=f(x_0, x_1, x_2, \cdots)$ と表す．したがって，$f(x)$ を x に関して微分する場合，$m=0,1,2,\cdots$ ならば

$$\frac{df(x)}{dx} = \frac{df(x_0,x_1,x_2,\cdots)}{dx_0} + \frac{df(x_0,x_1,x_2,\cdots)}{dx_1}\frac{dx_1}{dx} + \frac{df(x_0,x_1,x_2,\cdots)}{dx_2}\frac{dx_2}{dx} + \cdots \tag{3.68}$$

となるので，1階の微分演算子を

$$\frac{d}{dx} = \frac{d}{dx_0} + \varepsilon \frac{d}{dx_1} + \varepsilon^2 \frac{d}{dx_2} + \cdots \tag{3.69}$$

と形式的に定義する．

さて，式 (3.47) に返って，多スケール逓減法を適用して解を求めよう．いま，$f(x)=f(x_{-1},x_0)$ として，

$$f(x_{-1},x_0) = \varepsilon^{-1} f_{-1}(x_{-1},x_0) + f_0(x_{-1},x_0) + \cdots \tag{3.70}$$

と展開する．原点で急激な変化をしているので，$x_{-1}=\varepsilon^{-1}x$ を導入して微分演算子を式 (3.69) にしたがって，

$$\frac{d}{dx} = \varepsilon^{-1}\frac{d}{dx_{-1}} + \frac{d}{dx_0} + \cdots \tag{3.71}$$

と展開する．同様に，2階微分は，

$$\frac{d^2}{dx_0^2} = \varepsilon^{-2}\frac{d^2}{dx_{-1}^2} + 2\varepsilon\frac{d}{dx_0}\frac{d}{dx_{-1}} + \frac{d^2}{dx_0^2} \tag{3.72}$$

となるので，これらを式 (3.47) に代入して，ε の各オーダで整理すると，

$$\varepsilon^{-1} : \frac{d^2 f_{-1}}{dx_{-1}^2} + \frac{df_{-1}}{dx_{-1}} = 0 \tag{3.73}$$

$$\varepsilon : \frac{d^2 f_0}{dx_{-1}^2} + \frac{df_0}{dx_{-1}} = -2\frac{df_{-1}}{dx dx_{-1}} - \frac{df_{-1}}{dx} - f_{-1} \tag{3.74}$$

となる．ただし，$x=x_0$ とおいた．式 (3.73) を x_{-1} に関して解くと，

$$f_{-1}(x) = A(x)e^{-x_{-1}} + B(x) \tag{3.75}$$

となる．$A(x), B(x)$ は x の未知関数である．これを式(3.74)の右辺に代入すると，

$$\frac{d^2 f_0}{dx_{-1}^2} + \frac{df_0}{dx_{-1}} = A'(x)e^{-x_{-1}} - B'(x) - A(x)e^{-x_{-1}} - B(x) \tag{3.76}$$

となる．ここで，右辺に $e^{-x_{-1}}$ に比例する項および定数があると，$x_{-1}e^{-x_{-1}}$ および $x_{-1} \times$ 定数のような形の解が現れ，x_{-1} に比例して発散するので，解として意味をなさない．このような項を永年項と呼ぶ．永年項を取り除くためには，

$$\begin{aligned} A'(x) - A(x) &= 0 \\ B'(x) + B(x) &= 0 \end{aligned} \tag{3.77}$$

でなければならない．これから，未知関数 $A(x), B(x)$ は

$$\begin{aligned} A(x) &= ae^x \\ B(x) &= be^{-x} \end{aligned} \tag{3.78}$$

と決まる．ただし，a, b は積分定数である．以上の結果をまとめると，

$$f_{-1}(x) = ae^{x-x_{-1}} + be^{-x} = ae^{x-\frac{x}{\varepsilon}} + be^{-x} \tag{3.79}$$

と表せる．これは両境界条件を満足する．実際，$f_{-1}(0) = a + b = 0$, $\lim_{\varepsilon \to 0} f_{-1}(1) = be^{-1} = \varepsilon$ から，$a = -e\varepsilon$, $b = e\varepsilon$ となるので，結局，

$$f(x) = e^{1-x} - e^{1+x-\frac{x}{\varepsilon}} \tag{3.80}$$

と近似解が決まる．

複雑な現象を扱う方法はコンピュータの発展とともに変化してきたが，従来から工夫されてきた一つの流れに，現象の大まかな挙動に着目し，その変動を捉えようとするものがある．ここでは，時間変動する現象に限定して，たとえば，変数 x が時間 t の関数として

$$\frac{d^2}{dt^2}x(t) + \omega^2 x(t) = F(x(t))\frac{d}{dt}x(t) \tag{3.81}$$

と表せたとしよう．上記の方程式は振動系であるが，さしあたり，ω は正の定数であることだけに注意すれば十分で，方程式の物理的意味まではここでは必要ない．具体例に，ファンデルポール方程式

$$\frac{d^2 x}{dt^2} - \varepsilon(1-x^2)\frac{dx}{dt} + x = 0 \tag{3.82}$$

がある[19]．この方程式の複雑さは，非線形項 $x^2 \dot{x}$ からくる．この項がなければ，

$\ddot{x} - \varepsilon \dot{x} + x = 0$ となるので，その解は $t \to \infty$ で発散する．通常の近似だと，最初のオーダで解くべき方程式は $\ddot{x} + x = 0$ となるので，$a, \psi = 1$ を定数として，$x = a \cos \psi t$ になる．$\varepsilon(1-x^2)\dot{x}$ の効果を，a を時変数 $a(t)$，ψ も時変数 $\psi(t)$ として取り入れることができる．結果的には，

$$x(t) = a(t)\cos\psi(t) + \varepsilon\sum_{n=2}^{\infty}\frac{nF^*(a)}{n^2-1}\sin n\psi \tag{3.83}$$

と展開すると，$a(t), \psi(t)$ の時間変化は，

$$\frac{da}{dt} = \frac{1}{2}\varepsilon a\left(1 - \frac{a^2}{4}\right), \qquad \frac{d\psi}{dt} = 1 \tag{3.84}$$

にしたがう．つまり，非線形な効果を，振幅と位相の変動に組み込んだ形になっている．これから，低次の近似解として

$$x(t) = \pm \frac{2}{\sqrt{1 + (-1 + a_0^{-2})e^{-\varepsilon t}}}\cos(t + t_0) \tag{3.85}$$

を得る．ここで，$a_0 = a(0)$，t_0 は定数である．

3.3.4 対流臨界点近傍での挙動

再び対流を取り上げる．静止状態から対流が生じるレーリー数を臨界点と呼んだが，臨界点近傍では少数のモードが支配する．これらのモードの振幅は，以下に示すように多スケール逓減法を適用すると，ある種の不変な方程式と考えられるランダウ方程式にしたがうことが分かる[20,21]．その簡単な形は既に式 (3.84) で現れていた．

基礎方程式は

$$\begin{aligned}
&\nabla \cdot \boldsymbol{v} = 0 \\
&\frac{\partial}{\partial t}\boldsymbol{v} + \boldsymbol{v}\cdot\nabla\boldsymbol{v} = -\nabla P + \nabla^2 \boldsymbol{v} + \sqrt{R}\,\theta \boldsymbol{e}_z + \nabla \xi \\
&\sigma\left(\frac{\partial}{\partial t}\theta + \boldsymbol{v}\cdot\nabla\theta\right) = \nabla^2 \theta + \sqrt{R}\,v_z - \nabla\cdot\boldsymbol{q}
\end{aligned} \tag{3.86}$$

である．式 (3.37) と少々異なるのは，密度が $\rho = \rho_0(1 + z(\alpha\Delta T/d - \chi\rho_0 g))$ と変化していることを考慮していることによる．α は膨張率，χ は等温圧縮率である．また，圧力は，$P = P_0 - \rho_0 gz(1 + z(\alpha\Delta T/d - \chi\rho_0 g)/2)$ とする．長さ，時間，温度はそれぞれ，d，$\rho d^2/\gamma$，$(\Delta T \gamma^3/\rho_0^2 g\alpha\kappa d^3)^{1/2}$ で無次元化した．無次元パラメータは，プラントル数 $\sigma = \gamma/\kappa$ と，レーリー数 $R = g\alpha d^3(T_1 - T_0)/\gamma\kappa$ である．

右辺に現れる ξ と q は熱雑音であり，流体の変動を駆動する外的要因で，独立なガウス分布にしたがうと仮定する．境界条件は $z=0,1$ で $v_z=\theta=0, \partial v_x/\partial z = \partial v_y/\partial z = 0$ である．

ξ, q をまとめて n と，また v, θ, π をまとめて u と書くと，基礎方程式は

$$L(u)=n \tag{3.87}$$

と省略して表せる．対流の臨界点は $R_c=27\pi^4/4$ であった．さて，多スケール漸減法では ε を小さなパラメータとして，基礎方程式や変数などを ε で展開する．しかし，基礎方程式(3.87)にはパラメータがない．いま，不安定点近傍での挙動を考えているので，ε の大きさを

$$\varepsilon \approx (R-R_c)^{\frac{1}{2}} \tag{3.88}$$

程度と考え，u, L を $\varepsilon^{1/2}$ のべきとして

$$\begin{aligned} u &= \varepsilon u_0 + \varepsilon^{\frac{1}{2}} u_{\frac{1}{2}} + \varepsilon u_1 + \varepsilon^{\frac{3}{2}} u_{\frac{3}{2}} + \cdots \\ L &= L_0 + \varepsilon^{\frac{1}{2}} L_{\frac{1}{2}} + \varepsilon L_1 + \varepsilon^{\frac{3}{2}} L_{\frac{3}{2}} + \cdots \end{aligned} \tag{3.89}$$

で展開する．ε ではなく $\varepsilon^{1/2}$ のべきとして展開するのは，ある程度結果論的に設定していることによる．また，時間と空間微分に関して，式(3.69)を参考に，

$$\begin{aligned} \frac{\partial}{\partial t} &= \frac{\partial}{\partial t} + \varepsilon^2 \frac{\partial}{\partial T} \\ \frac{\partial}{\partial x} &= \frac{\partial}{\partial x} + \varepsilon \frac{\partial}{\partial X} \\ \frac{\partial}{\partial y} &= \frac{\partial}{\partial y} + \varepsilon^{\frac{1}{2}} \frac{\partial}{\partial Y} \end{aligned} \tag{3.90}$$

と展開する．基本モードは，ε の最低次のオーダとして

$$u = \varepsilon A(X, Y, Z) \Psi_0(x, z) + \text{c.c.} \tag{3.91}$$

で与えられる．ここで，c.c. は複素共役，振幅 $A(X, Y, Z)$ は対流の強さを表す．また，$\Psi_0(x, z)$ はもとの変数で記述されるロール状の対流

$$\Psi_0(x,z) = e^{ikcz}(i\sqrt{2}\cos\pi z, 0, \sin\pi z, \sqrt{3}\sin\pi z, -3\pi\cos\pi z)^T \tag{3.92}$$

を表す．詳細は文献[22]に譲り（計算はかなりややこしいが，5×5 行列の計算が主である），結果だけを記すと，ε^3 において得られる式

$$L_0(u^2) + L_{\frac{1}{2}}(u^{\frac{3}{2}}) + L_1(u^1) + L_{\frac{3}{2}}(u^{\frac{1}{2}}) + L_2(u^0) = n \tag{3.93}$$

の両辺に Ψ_0^* を掛けて，$(x, 0, z)$ について積分する．この操作は，実は永年項を

消去することに対応している．すると，振幅 $A(X, Y, Z)$ に関する方程式

$$(1+\sigma)\frac{\partial A(X, Y, Z)}{\partial T} = \left(\frac{3}{2}\pi^2\frac{R-R_c}{R_c} - \frac{1}{2}\sigma^2|A|^2\right)A + 4\left(\frac{\partial}{\partial X} - \frac{i}{\sqrt{2}\pi}\frac{\partial^2}{\partial Y^2}\right)^2 A$$
$$+ \frac{2}{3}(\boldsymbol{\Psi}_0{}^*, \boldsymbol{n}) \qquad (3.94)$$

が得られる．このような形の方程式をランダウ方程式と呼んでいる．熱雑音項があるのでランジュバン方程式[23]になっているが，簡単のため，Y 方向に一様とし，右辺の最後にある熱雑音項を無視すると，

$$\frac{\partial}{\partial T}A = \frac{1}{1+\sigma}\left(\frac{3}{2}\pi^2\frac{R-R_c}{R_c} - \frac{1}{2}\sigma^2 A^2\right)A + \frac{4}{1+\sigma}\frac{\partial^2 A}{\partial X^2} \qquad (3.95)$$

と書ける．X 方向に一様な定常状態は

$$A^* = \pm\sqrt{\frac{3\pi^2}{R_c\sigma^2}(R-R_c)} \approx \pm\varepsilon \qquad (3.96)$$

と表せる．これが，式 (3.89) で $\boldsymbol{u}$ を ε のべきで展開する理由である．特に，定常近傍の臨界点 $R=R_c$ では，

$$\frac{\partial}{\partial T}A = \frac{4}{1+\sigma}\frac{\partial^2 A}{\partial X^2} \qquad (3.97)$$

となり，拡散方程式になる．したがって，$E[X^2] \cong T$ である．

式 (3.94) をスケール変換不変性から見直そう．$\varepsilon \approx (R-R_c)^{1/2}$ を考慮し，$A = \varepsilon A'$，$T = \varepsilon^{-2}t$，$X = \varepsilon^{-1}x$，$Y = \varepsilon^{-1/2}y$ とスケール変換すると，

$$(1+\sigma)\frac{\partial A'(x, y)}{\partial t} = \left(\frac{3}{2}\pi^2\frac{R-R_c}{R_c\varepsilon^2} - \frac{1}{2}\sigma^2|A'|^2\right)A' + 4\left(\frac{\partial}{\partial x} - \frac{i}{\sqrt{2}\pi}\frac{\partial^2}{\partial y^2}\right)^2 A'$$
$$(3.98)$$

となるが，式 (3.88) を考慮すると ε によらない．任意の ε（あるいは R）に対して不変な形になっている．このことは，結局，$\boldsymbol{u}' = \varepsilon^{-1}\boldsymbol{u}$，$X = \varepsilon x$ の変換のもとで不変な解を探索していることにほかならない．ただ，その振幅は式 (3.93) に示すように，ε^3 にまで進めなければ決まらない．ε が小さい，つまり臨界点近傍で導いた式 (3.98) が，実験によると臨界点からかなり離れても成り立っているのは，この不変性によるのだろう．

3.4 問題の計算量

3.4.1 計算論的複雑さとは

計算論的複雑さと呼ばれる複雑さは，簡単にいえば与えられた問題を近似する

のに要する手間である．手間とは，その近似計算に必要なコスト（コンピュータの計算時間と考えれば十分である）である．手間をかければかけるほど，よりよい近似が得られるだろう．問題にしているのは，近似の程度を与えて，その範囲の中で手間をなるべく削減するにはどのようにすべきかである．

計算論的な意味での複雑さを理解するために，近似法として重みつき残差法を用いる．いま，関数 $f(x)$ が方程式

$$Q(f(x))=0 \tag{3.99}$$

を満たすものとする．ここで，演算子 Q は，$Q=d^2/dx^2$ のような微分演算子を表すものとする．いま，試行関数 $f_j(x)$ $(j=0,1,2,\cdots,N)$ を用いて，

$$f(x)=f_0(x)+\sum_{j=1}^{N}c_jf_j(x) \tag{3.100}$$

と展開しよう．ただし，各 $f_j(x)$ は境界条件を満たすものとする．残差

$$R(x)=Q\Big(f_0(x)+\sum_{j=1}^{N}c_jf_j(x)\Big) \tag{3.101}$$

と重み関数 $w_j(x)$ $(j=1,2,\cdots,N)$ との内積が，区間 $[x_a,x_b]$ で

$$\int_{x_a}^{x_b}w_j(x)R(x)dx=0 \tag{3.102}$$

となるように係数 c_j $(j=1,2,\cdots,N)$ を決める．ここでは，重みを $w_j(x)=f_j(x)$ にとったガラーキン法を用いる．N は以下のように決める．許容誤差を ε として，式 (3.102) を $j=1$ から N まで足し合わせた値が，

$$\sum_{j=1}^{N}\int_{x_a}^{x_b}f_j(x)R(x)dx\leq\varepsilon \tag{3.103}$$

を満たす最小の N に決める．N を大きくとればとるほど，誤差も小さくなるだろう．関数 $f(x)$ を許容誤差 ε のもとでこのように近似するのに，試行関数が N 個必要だったとする．このとき，この N の値を計算論的複雑さという[24,25]．計算論的複雑さを導入することの重要さは，関数近似で許容誤差を考えたことにある．

情報に基づく複雑さの定義を与えよう．いま，関数 $f(x)$ を用いて，$S(f)$ を計算する．$S(f)$ はたとえば，$S(f)=\int_0^1 f(x)dx$ のような演算である．このとき，関数 $f(x)$ の $x_1,x_2,\cdots,x_n$ での n 箇所における測定値について，観測情報

$$N(f)=[f(x_1),f(x_2),\cdots,f(x_n)] \tag{3.104}$$

が与えられているとする．問題は，$S(f)$ を $N(f)$ を用いて近似することである．

よく知られた近似に台形公式，シンプソンの公式がある[26]．$f(x)$ に関する断片的な情報しか与えられていないので，$S(f)$ を正確に計算する手続き，つまりアルゴリズムは存在しない．近似的に計算するアルゴリズム ϕ を用いると，$S(f)$ の近似値として $U(f)=\phi(N(f))$ が求まる．したがって，近似誤差は，

$$e(U,f)=\|S(f)-U(f)\| \tag{3.105}$$

と定義できる．近似誤差は n の関数だが，$n\to\infty$ とすれば，$e\to 0$ となる．

さて，近似値 $U(f)$ を求めるためのコストを考えよう．まず，$N(f)$ にかかる情報演算コストを $\mathrm{cost}(N,f)$ とする．各 $f(x_j)$ を計算あるいは測定するコストが必要なので，それを c とすると，$\mathrm{cost}(N,f)=cn(f)$ と表せる．ここで，測定点数を $n=n(f)$ と記したのは，$f(x)$ に依存することを陽に表すためである．さらに，近似値 $U(f)$ を計算するのに必要なコスト $\mathrm{cost}(\phi,N(f))$ を考慮しなければならない．これは四則演算などが主な計算で，1回の演算を実行するのに，1のコストがかかるものと仮定しよう．両者のコストを合わせた組み合わせコストを

$$\mathrm{cost}(U,f)=\mathrm{cost}(N,f)+\mathrm{cost}(\phi,N(f)) \tag{3.106}$$

と書く．さて，近似誤差 $e(U,f)$ を用いて

$$e(U)=\sup_{f\in F} e(U,f) \tag{3.107}$$

と定義する．これは，$f\in F$ (F は，f を要素にもつ汎関数) をいろいろ変えたときの近似誤差 $e(U,f)$ の上限値を $e(U)$ としていると考えればよい．さらに，

$$\mathrm{cost}(U)=\sup_{f\in F}\mathrm{cost}(U,f) \tag{3.108}$$

も定義する．$\mathrm{cost}(U)$ は，$f\in F$ をいろいろ変えたときのコスト $\mathrm{cost}(U,f)$ の上限値である．式 (3.107) と式 (3.108) を用いて，計算論的複雑さを

$$\mathrm{comp}(\varepsilon)=\inf\{\mathrm{cost}(U):e(U)\leq\varepsilon\text{ を満たす }U\} \tag{3.109}$$

と定義する．近似誤差の上限値 $e(U)$ が許容誤差 ε 内に収まるような近似値 $U(f)$ の中で，組み合わせコストの最大値 $\mathrm{cost}(U)$ の下限値で計算論的複雑さを定義している．

観測情報を $y=N(f)$ とおけば，任意の $f\in F$ に対して，

$$N^{-1}(y)=\{\bar{f}\in F:N(\bar{f})=y\} \tag{3.110}$$

は，図 3.9 に示すように，f と同じ観測情報を与えるので，観測情報からは区別できない関数の集合である．つまり，$N(\bar{f})=y$ を満たすどのような関数 $\bar{f}\in F$ も，f と同じ測定情報 $N(f)$ をもつ．同様に，$\bar{f}$ を用いて構成した

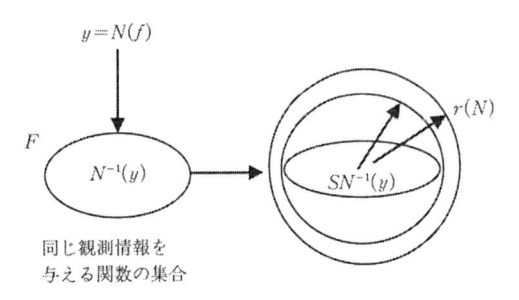

図 3.9 $SN^{-1}(y)$ の概念

$$SN^{-1}(y)=\{S(\bar{f}):N(\bar{f})=y\} \tag{3.111}$$

は，同じ観測情報を与える f の集合のうち，同じ積分 $S(\bar{f})$ を与える部分集合である．この集合は，正確な積分 $S(f)$ に等しくなるような $\bar{f}$ で構成した解の集合である．したがって，図 3.9 に示すように，$SN^{-1}(y)$ は正確な積分 $S(f)$ を含む関数の集合である．

式 (3.111) で定義した集合 $SN^{-1}(y)$ の半径を，radius$(SN^{-1}(y))$ とする．集合の半径とは，その集合を含む最小球の半径である．情報半径を

$$r(N)=\sup_{y\in N(F)}\mathrm{radius}(SN^{-1}(y)) \tag{3.112}$$

と定義する．つまり，いろいろな観測情報 $y\in N(F)$ に対する解の情報半径 radius$(SN^{-1}(y))$ の上限値である．$e(\phi,N)\equiv e(U)$ を用いて表現すると，

$$r(N)=\inf_{\phi}e(\phi,N) \tag{3.113}$$

と表せる (証明は文献[25] を参照)．左辺は，観測情報 N に対するいろいろな解の集合の情報半径の上限値で，右辺は情報 N を共有するいろいろな近似解 $U(f)$ を用いた近似誤差の下限値である．

N を構成する関数の数を card(N) と表し，濃度と呼ぶ．濃度を用いて濃度数

$$m(\varepsilon)=\inf\{\mathrm{card}(N):r(N)\leq\varepsilon\text{ を満たす情報 }N\} \tag{3.114}$$

を導入する．これは，最大値 $e(U)$ が許容誤差 ε 内に収まるような近似関数の数の下限値を表す．これから，任意のアルゴリズムは少なくとも $m(\varepsilon)$ 回評価しなければならない．いま，1 回の評価コストを c とすると，許容誤差に入る近似関数は少なくとも $m(\varepsilon)$ 個あるので，計算論的複雑さは，

$$\mathrm{comp}(\varepsilon)\geq cm(\varepsilon) \tag{3.115}$$

となる．

　情報半径 $r(N)$ は式 (3.112) で上限値として定義しているので，どのような近似関数も含めている．このことは，最悪のケースを考えていることに等しい．つまり，近似関数の中で極端に異常なものがあっても，それをも考慮していることになる．このことを明示するときは，$\mathrm{comp}(\varepsilon)$ の代わりに $\mathrm{comp}^{\mathrm{worst}}(\varepsilon)$ と書こう．ニューラルネットワークの例で見るように，このような最悪のケースを考えるよりも，平均的なケースを考える方がより現実的である．このことから，$\mathrm{comp}^{\mathrm{average}}(\varepsilon) \leq \mathrm{comp}^{\mathrm{worst}}(\varepsilon)$ となるのは明らかであろう．

3.4.2 積分への応用

　積分 $S(t) = \int_0^1 f(x)dx$ を例に，以上に示した計算論的複雑さの具体的な例を説明する[27]．F を，リプシッツ定数が $L\,(L>0)$ であるような連続関数とする．つまり，任意の $a, b\,(a, b \in [0,1])$ に対して，$|f(a)-f(b)| \leq L|a-b|$ を満たす．観測情報は，式 (3.104) に示したように $N(f) = [f(x_1), f(x_2), \cdots, f(x_n)]$ である．ここでは，$0 = x_1 < x_2 < \cdots < x_n = 1$ とする．積分の近似として，実は修正台形則がすべてのアルゴリズムの中で最小の誤差を与えることが分かっている．理由を以下に示す．$N(\bar{f}) = y$ となるすべての被積分関数 $\bar{f}$ の包結線が，傾き $\pm L$ の区分線形関数により与えられることは図 3.10 からも分かる．f_u, f_l をそれぞれ包結線を囲む上界の関数と下界の関数とすると，$f_{\mathrm{mid}} = (f_u + f_l)/2$ はその包結線の中で，任意の関数からの最大距離が最小になる関数である．つまり，$S_{\mathrm{mid}}(f) =$

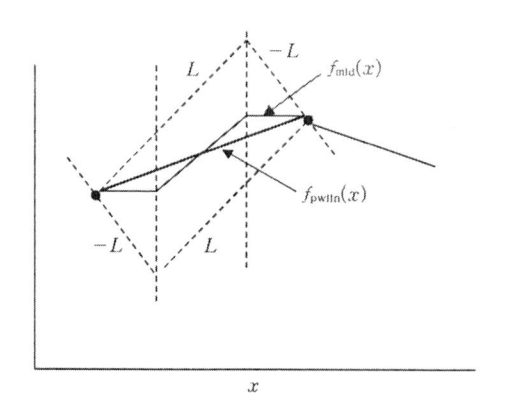

図 3.10 関数 $f_{\mathrm{mid}}(x)$ と区分線形化関数 $f_{\mathrm{pwlin}}(x)$

$\int_0^1 f_{\text{mid}}(x)dx$ は $e(U)$ の最小値を与える．

$S_{\text{mid}}(f)$ の具体的な形はどうか．結論は単純で，観測点を通る区分線形化関数 $f_{\text{pwlin}}(x)$ を用いればよい．たとえば，区間 $[x_k, x_{k+1}]$ を考えよう．図3.10から分かるように，x_k と x_{k+1} を直線で結ぶ関数が $f_{\text{pwlin}}(x)$ である．実際，図から，

$$\int_0^1 f_{\text{mid}}(x)dx = \int_0^1 f_{\text{pwlin}}(x)dx = L\frac{1}{2}\sum_{i=1}^{n-1}(f(x_{i+1})+f(x_i))(x_{i+1}-x_i) \quad (3.116)$$

になることが分かる．$L=1$ とすると，これは修正台形則にほかならない．以上のことから，修正台形則は，リプシッツ定数を $L=1$ とした関数のクラスに対する最適な積分アルゴリズムである．

【ゼロ関数の場合】

常に0となるゼロ関数 $f(x)=0$ を考える．$f(x_1)=\cdots=f(x_n)=0$ である．$f_{\text{pwlin}}(x)$ が最小誤差を与えるので，$r^{\text{worst}}(N)=\inf_\phi e^{\text{worst}}(\phi, N)=e^{\text{worst}}(f_{\text{pwlin}}, N)$ である．ゼロ関数は最悪のケースで，

$$r^{\text{worst}}(N) = \sup_{\substack{\tilde{f} \in F \\ \tilde{f}(x_1)=\cdots=\tilde{f}(x_n)=0}} \int_0^1 \tilde{f}(x)dx = L\frac{1}{4}\sum_{i=1}^{n-1}(x_{i+1}-x_i)^2 \quad (3.117)$$

となる．ここで簡単な積分

$$\int_{x_k}^{\frac{x_{k+1}+x_k}{2}} (x-x_k)dx + \int_{\frac{x_{k+1}+x_k}{2}}^{x_{k+1}} (-x+x_{k+1})dx = \frac{1}{4}(x_{k+1}-x_k)^2 \quad (3.118)$$

を用いた．ゼロ関数の積分は0であるが，測定点で0だけを要求すると，リプシッツの条件で決まる誤差が残る． □

いま，測定点を等間隔にとって，

$$x_j^* = \frac{j-1}{n-1} \quad (j=1, 2, \cdots, n) \quad (3.119)$$

としよう．このとき，$r^{\text{worst}}(N)$ の最小値 $r^{\text{worst}}(n)$ は式(3.117)から

$$r^{\text{worst}}(n) = \frac{L}{4(n-1)} \quad (3.120)$$

である．また観測情報 $r^{\text{worst}}(N_n)=[f(x_1^*), f(x_2^*), \cdots, f(x_n^*)]$ は最小半径をもつ濃度数 n で，$\text{card}(N)$ は n である．このとき，

$$U_n(f) = \phi^*(N(f)) = \int_0^1 f_{\text{pwlin}}(x)dx = \frac{1}{n-1}\sum_{i=1}^{n-1} f(x_i^*) \quad (3.121)$$

である．組み合わせコスト $\text{cost}(\phi, N(f))$ は，$n-2$ 回の和 ($\sum_{i=1}^{n-1} f(x_i^*)$ から) と1回の割り算からなるので $n-1$ である．したがって，$\text{cost}(N, f)=cn$ と合わせ

て，高々，$cn+(n-1)=(c+1)n-1$ のコストで近似解 $U_n(f)$ が計算できる．

許容誤差 ε を許す任意のアルゴリズムは式(3.114)から，$L/4(n-1)<\varepsilon$ に $n=m(\varepsilon)$ を代入した $L/4(m(\varepsilon)-1)<\varepsilon$ より，$m^{\text{worst}}(\varepsilon)=[L/4\varepsilon]-1$ となる．ここで，$[z]$ は z を超えない最大の整数を表す．この積分問題の複雑さは

$$\text{comp}^{\text{worst}}(\varepsilon) \geq c\left[\frac{L}{4\varepsilon}\right] \tag{3.122}$$

を満たす．$\text{cost}(U)=\sup_{f\in F}\text{cost}(U,f)$ から

$$\text{cost}^{\text{worst}}(U) \leq (c+1)\left[\frac{L}{4\varepsilon}\right] \tag{3.123}$$

が得られる．

3.5 ニューラルネットワーク

3.5.1 連想記憶と記憶容量

生体にとって記憶が重要なことはいうに及ばない．人工的なニューラルネットワークの計算論的複雑さも調べられているが[28]，ここでは記憶という観点から複雑さを調べる．連想記憶型ネットワークでは，情報伝達効率を表すシナプス重みがヘブ則を用いて，記憶したいパターンから具体的に与えられる．なお，本節は松葉・須鎗(1999)[29]から必要な事項を抜粋して再構成したものである．ニューロンの状態変数を $x_j(j=1,2,\cdots,N)$ とすると，ネットワークの動作は，符号関数を用いて，

$$x_i=\text{sgn}\left(\sum_{j=1}^{N}w_{ij}x_j-\theta\right) \tag{3.124}$$

で記述され，重み $w_{ij}(i,j=1,2,\cdots,N)$ はヘブ則にしたがって，p 個の記憶パターン $\{\xi_j^{(n)}\}(j=1,2,\cdots,N\,;\,n=1,2,\cdots,p)$ を用いて

$$w_{ij}=\frac{1}{N}\sum_{n=1}^{p}\xi_i^{(n)}\xi_j^{(n)} \tag{3.125}$$

と与えられる．N はニューロン数で，θ はしきい値である．いま，x_j が $\{-1,1\}$ の2値をとるとする．記憶可能な最大のパターン数 p_C は N の関数である．記憶できるとは，記憶に近いパターンを入力として与えるとその記憶が想起できることをいう．状態の異なる可能な組み合わせ数は 2^n であるが，これだけ多くは記憶できない．なぜならば，図3.11に示すように，すべてのパターンを安定な状態として記憶できないからである．

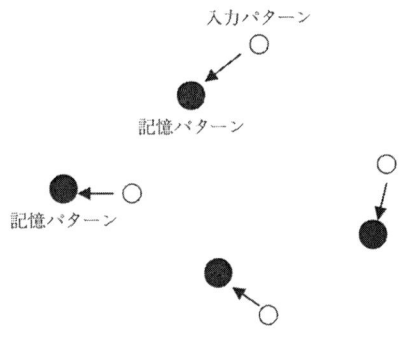

図 3.11 パターンの記憶

$\xi_j^{(n)} \in \{-1, 1\}$ がランダムな場合,連想時の誤差を 1% 以下とすると,大きな N に対して $p_C = \alpha_{AC} N$ で,その係数が $\alpha_{AC} \cong 0.145$ となることが知られている.この結果を得るためのアプローチはこれまでいくつか考案されているが,中でも統計物理でよく用いられているレプリカ法というものがある[30].具体的な記憶容量の算出を可能ならしめた主な理由に,ネットワークの単純な構造がある.実際の場で普及しているネットワークは層状の形をした構造で,下の層から入力データが入り,上の層から出力データが得られる.層内ではニューロン間の結合がないのが普通である.これは,一般に階層型ニューラルネットワークと呼ばれているが,その構造の複雑さにもかかわらず,産業にいち早く浸透した[4].いまでは制御,認識,信号音声処理,時系列データ処理など実用に具する技術として,工学のみならずいろいろな分野で着実に利用されている.

3.5.2 パーセプトロン

記憶容量を定量的に表す定数として,VC (Vapnik-Chervonenkis) 容量がある.統計の分野で古くから知られているこの概念が,ニューラルネットワークの記憶容量を推定するためにも役立つ[31].図 3.12 (a) に示すパーセプトロンの VC 容量は具体的に求まっている.パーセプトロンは入力パターンを線形に分離する機能しかもたず,実際的な応用に適さない.しかし,その簡単な構造のため,記憶容量など重要な特徴が具体的に計算できる例としてしばしば引用される.以下では,VC 容量を具体的に導出する.

パーセプトロンは,1 個の出力ニューロンと N 個の入力ニューロンで構成さ

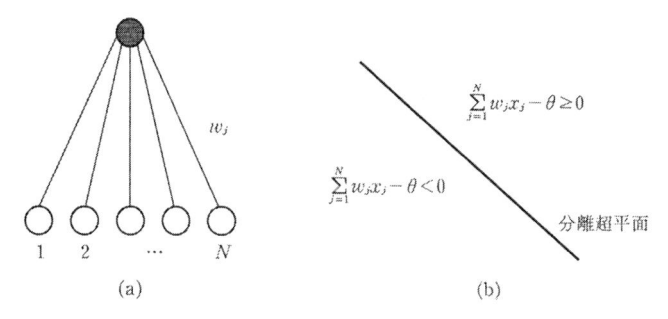

図 3.12 (a) パーセプトロンの構造, (b) 線形分離

れる. 入力パターンを $x=\{x_1, x_2, \cdots, x_N\}$, 出力を o として, それぞれ 2 値 $\{0, 1\}$ で表されるものとしよう. 入出力関係は, 重み $\{w_j\}$ ($j=1, 2, \cdots, N$) を用いて

$$o = f_T\left(\sum_{j=1}^{N} w_j x_j - \theta\right) \tag{3.126}$$

と書ける. f_T は, $\sum_{j=1}^{N} w_j x_j - \theta > 0$ のときに 1, $\sum_{j=1}^{N} w_j x_j - \theta \leq 0$ のときに 0 となるしきい値関数である. 重みが実数値をとる場合, 新たに $w_{N+1} = -\theta$, $x_{N+1} = 1$ を導入し, $N \to N+1$ と変更することで $o = f_T(\sum_{j=1}^{N+1} w_j x_j)$ と変形できるので, しきい値を陽に考えなくてすむ. 式 (3.126) は, 図 3.12 (b) に示すように, 重みは入力パターンを出力値にしたがって分割するような N 次元空間内の超平面を定める. つまり, この超平面はその両側でパーセプトロンの出力が 0 あるいは 1 であるように, 入力パターンを 2 種類に分割する. これを線形分離可能という.

3.5.3 VC 容量: 最悪のケース

p 個の入力パターンからなる集合 S をその出力に応じて 2 種類に分割する可能な組み合わせ数を $\Delta(S)$ としよう. どのようなパターンの集合でもこのような分割ができれば, $\Delta(S) = 2^p$ である. この等式は, p が小さいときは成り立つであろうが, p が大きくなると必ずしも成り立つとは限らない. いま,

$$\Delta(p) = \max_{|S|=p} \Delta(S) \tag{3.127}$$

を導入する. これは p を固定して集合 S をいろいろ変えて $\Delta(S)$ を調べ, その中で最大値を与える $\Delta(S)$ のことで, 成長関数と呼ばれている. VC 容量を決めるための基本的な量である. このことから, VC 容量は計算論的複雑さから見れば最悪のケースを考えていることになる. このとき, VC 次元 d_{VC} を, $\Delta(p) = 2^p$ を

満たす最大のパターン数 p で与える。つまり,

$$d_{VC} = \max\{p \in N | \Delta(p) = 2^p\} \qquad (3.128)$$

である。ここで、N は整数の集合を示す。さらに、N が大きい場合、d_{VC} を N で割った値

$$a_{VC} = \lim_{N \to \infty} \frac{d_{VC}}{N} \qquad (3.129)$$

を VC 容量という。これらの値は重みの値のとり方によって異なるので、まず、実数値をとる場合について述べる[32,33]。

すべての入力パターンが、N 次元空間内で一般位置にあったとする。つまり、図 3.13 (a) に示すように、どの入力パターンもほかのパターンの線形結合で表されないものとする。$p \leq N$ の場合、明らかにこの条件が満足される。N 次元空間内で重みで決まる分離超平面によって、パーセプトロンの出力に応じて入力パターンを 2 分割する可能な組み合わせ数を $C(p, N)$ と定義しよう。別な言い方をすると、$C(p, N)$ がネットワークの分離能力、すなわち記憶の大きさを表していることになる。一般位置にある場合、

$$C(p, N) = 2^p \qquad (3.130)$$

となる。簡単な例としては、$C(1, N) = 2$ が容易に確かめられる。しかし、p が大きくなり $p > N$ となると、すべての入力パターンを一般位置に配置できなくなり、その結果、分割可能な組み合わせ数は 2^p までとれず、$C(p, N) < 2^p$ となる。たとえば、図 3.13 (b) のような場合は $C(4, 2) = 8$ となる。

$C(p, N)$ の具体的な形は

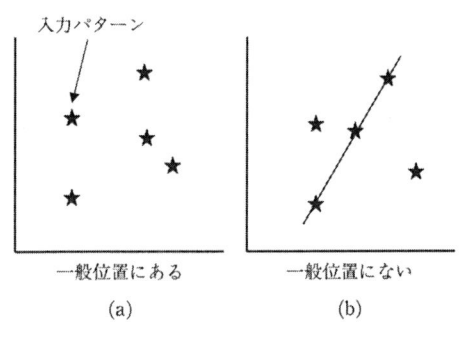

図 3.13 一般位置の概念 ($N = 2$ の場合)
(a) 一般位置にある場合, (b) 一般位置にない場合

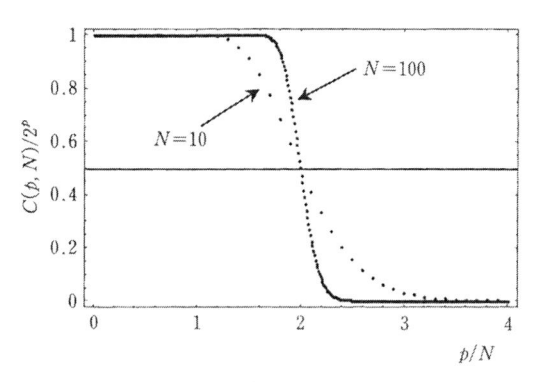

図 3.14　$C(p, N)/2^p$ の変化

$$C(p, N) = \begin{cases} 2^p & ; p \leq N \\ 2\sum_{i=0}^{N}\binom{p-1}{i} & ; p > N \end{cases} \qquad (3.131)$$

と表せることが分かっている．図 3.14 に，N が 10 と 100 の場合に，$C(p,N)/2^p$ の値を p/N の関数として示した．$C(p,N)/2^p$ は，分割可能な組み合わせ数の最大値 2^p に対する，実際にネットワークが出力値に応じて分割できる組み合わせ数の割合を表す．一般位置にある場合，どの入力パターンを用いてもすべて同じ $C(p,N)$ で記述されるので，$\Delta(p) = C(p,N)$ が成り立つ．したがって，$d_{VC} = N$ と厳密に求まり，式 (3.129) より $\alpha_{VC} = 1$ と定まる．

重みが 2 値 ($w_j \in \{0, 1\}$) の場合も実数値の場合と同様に導けるので，結果のみを記しておく．d_{VC} は $N-1 \leq d_{VC} \leq N$ を満たし，VC 容量としては先の場合と同様，$\alpha_{VC} = 1$ となる．また，同じ 2 値でも $w_j \in \{-1, 1\}$ の場合は $d_{VC} = N$ となるが，VC 容量の方は同じ $\alpha_{VC} = 1$ である．いずれの場合も，パーセプトロンのVC容量は

$$\alpha_{VC} = 1 \qquad (3.132)$$

となる．

3.5.4　ストレージキャパシティ：平均のケース

VC 容量は最悪のケースで，したがって実際の容量よりも過大に評価する傾向にある．計算論的複雑さでは平均のケースに当たるより現実的な記憶容量とし

て，ストレージキャパシティ (storage capacity) が導入された．

式(3.128)から分かるように，VC次元は$\Delta(S)=2^p$を満たす最大のpとして定義されているので，入力パターンの特別な集合によって決まる値である．つまり，VC容量は記憶容量の上限値を与えている．より現実的な状況を考えるならば$\Delta(p)$ではなく，集合Sの平均値として$\mathrm{mean}_{|S|=p}\Delta(S)$を採用する方が妥当であろう．なぜなら，上限値を与える状況はめったに起こらないからである．したがって，$\mathrm{mean}_{|S|=p}\Delta(S) \leq \max_{|S|=p}\Delta(S)$を満たす．このように定義した容量がストレージキャパシティである．以上の議論を踏まえ，

$$\Delta^{\mathrm{average}}(p) = \mathrm{mean}_{|S|=p}\Delta(S) \tag{3.133}$$

を導入する．この$\Delta^{\mathrm{average}}(p)$を用いて

$$\frac{\Delta^{\mathrm{average}}(p)}{2^p} = \frac{1}{2} \tag{3.134}$$

を満たす$p=p_c$，つまり，分割可能な最大の組み合わせ数2^pの半分となるpで記憶容量を定義する．さらに，p_cではなく，式(3.129)と同様に

$$\alpha_c = \lim_{N\to\infty}\frac{p_c}{N} \tag{3.135}$$

なる量でストレージキャパシティα_cを定義する．ストレージキャパシティはVC容量と異なり，重みの値のとり方によっては解析がたいへん難しい．

重みが実数値($w_j \in \mathbf{R}$)をとる場合を考えよう．この場合，一般位置にあるどの入力パターンを用いてもすべて同じ$C(p,N)$を与えるので，$\Delta^{\mathrm{average}}(p) = \Delta(p) = C(p,N)$と考えられる．式(3.131)から，$0 < p/N \leq 1$では$C(p,N)/2^p = 1$で，$1 < p/N$になると$C(p,N)/2^p < 1$となっている．しかも，図3.14に示すように，$N$が大きくなるにしたがって，$p_c/N=2$を境に，$C(p,N)/2^p$は1から0に急激に変化するようになる．大きな$N$および$p$に対し，$1<p/N$を満たす場合，式(3.131)を誤差関数$erf$を用いて近似すると，

$$\frac{C(p,N)}{2^p} \cong \frac{1}{2}\left\{1+erf\left(\sqrt{\frac{p}{2}}\left(\frac{2N}{p}-1\right)\right)\right\} \tag{3.136}$$

となる．誤差関数の中の$\sqrt{p/2}$は大きな値をとるため，$C(p,N)/2^p$は$p_c/N=2$を境に1から0に急激に変化する．しかも，図3.14から分かるように，$p=p_c$ではNに関係なく常に$C(p_c,N)/2^{p_c}=1/2$となる．また，このことが式(3.134)で因子1/2が現れる理由である．したがって，式(3.134)と式(3.135)より$p_c=$

$2N$ となり，

$$\alpha_C = 2 \tag{3.137}$$

を得る．つまりストレージキャパシティに基づく記憶可能なパターン数は入力ニューロン数の2倍である．

以上のようにストレージキャパシティが比較的容易に求まったのは，重みの値が自由にとれるため，分離超平面も自由に設定できたことによる．しかし，重みが特定の値しかとれない場合，たとえば2値の場合，理論にどのような変更が必要になるのであろうか．重みに制約が課されているため分離超平面を自由に設定できなくなり，記憶容量は低くなることは直感的に理解できる．残念ながら上記の方法は適用できないが，$\alpha_C = 0.59$ と計算されている．また，$w_j \in \{-1, 1\}$ の場合は $\alpha_C = 0.83$ である[34]．

以上のように導入した α_C と α_{VC} の関係を調べよう．重みとして任意の実数値がとれる場合，一般位置にあるどのような入力パターンに対しても，$\Delta^{\text{average}}(p) = \Delta(p) = C(p, N)$ となるので，$\alpha_{VC} = 1$ は $\alpha_C = 2$ に対応する．因子2は式(3.134)で導入した1/2に由来するもので，それゆえ，$\alpha_C = 2\alpha_{VC}$ が $\Delta^{\text{average}}(p) = \Delta(p)$ を満たす特別な場合に成り立つ．しかし，一般の場合には，定義から $\Delta^{\text{average}}(p) \leq \Delta(p)$ となるので，

$$\alpha_C \leq 2\alpha_{VC} \tag{3.138}$$

が成り立つ．これが，VC容量が最悪のケースで，平均のケースのストレージキャパシティより過大に評価していることを具体的に表した不等式である．

3.6 視覚系のモデル

3.6.1 視覚野におけるコラム構造

まず，視覚神経系について説明する[37]．図3.15(a)は，網膜から外側膝状体を経て大脳の第1次視覚野に至る経路を模式的に示したものである．網膜の神経節細胞の軸索は眼球を出て視神経と呼ばれる神経束を構成し，外側膝状体に達する．左右の眼球から出た視神経は視交叉で集まり，再び分かれて左右の外側膝状体に至るが，左視野に対する網膜から出た視神経は右脳へ入り，右視野に対する網膜から出た視神経は左脳へ入る．このような視交叉の構造により左視野の情報は右脳に，右視野の情報は左脳へ送られる．外側膝状体の細胞は網膜神経節細胞と同じ同心円状の受容野をもち，ほとんど同じ反応をする．図3.15(b)に示す

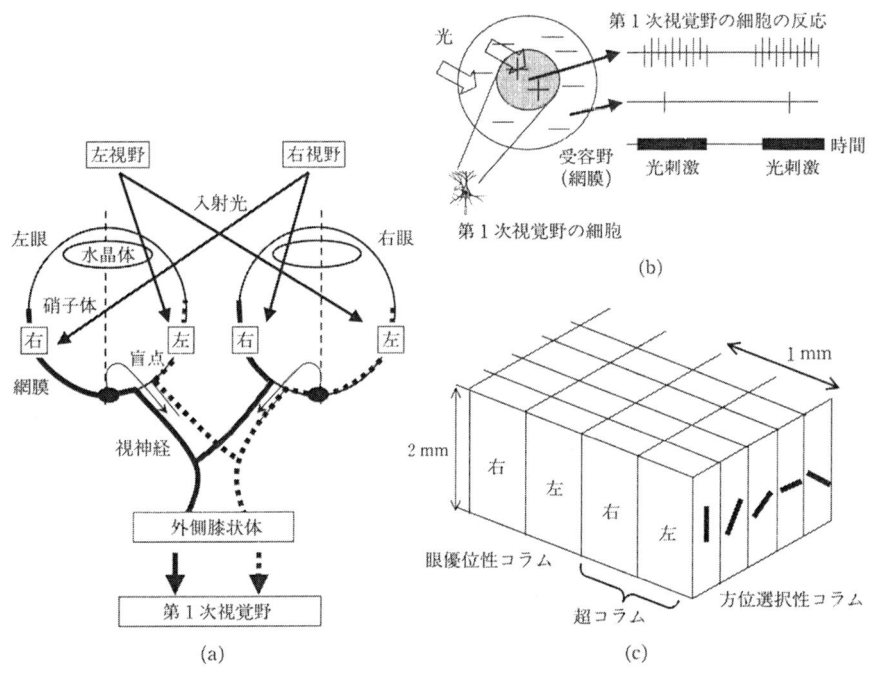

図 3.15 (a) 人間の視覚神経系統，(b) オン中心型の細胞，(c) コラム構造

ように，オン中心型の細胞は受容野の中心部に小さなスポット光を提示したとき，また周辺部に大きな円環を提示して消したときにインパルス発射の頻度を上げる．オフ中心型の細胞はこれと逆の応答をする．外側膝状体は網膜からの情報を大脳へ向けて中継している．第 1 次視覚野にも外側膝状体と同じように視野が写像される．しかし，ここではじめて左右の眼からの入力が融合し，また細胞はそれぞれ特定の傾きをもった細長い物体にだけ反応する．このような細胞が規則正しく整列してコラム構造が作られる[38,39]．コラムには，図 3.15 (c) に示すように眼優位性コラムと方位選択性コラムがある．コラム構造を経た情報は，さらに詳しく情報を処理するために高次視覚野へと伝達される．

ここでは，生理学で知られている眼優位性および方位選択性コラムの特徴について述べる．両コラムにはっきりとした相関があることが知られている[40]．また正確な光計測によって，ネコの第 1 次視覚野における眼優位性コラムと方位選択性コラムが同時に計測され[41]，眼優位性コラムと，縦横無尽に張り巡らされてい

る方位選択性コラムの等方位領域境界線がはっきり観測された．両コラム間に見られる特徴をまとめると，(A)特異点は眼優位性コラムの中心付近に配置される傾向にある．(B)眼優位性コラムの中心付近の方位選択性は，境界付近のそれに比べて弱い．(C)同じ方位に反応するニューロンが集まっている領域(等方位領域)の境界線は，眼優位性コラムの境界線とほぼ直角に交わる，などである．ここで，0°から180°のそれぞれの方位にある線分に対して選択性のある細胞が，ある点を中心にしてその周辺に存在するとき，その点を特異点と呼ぶ．その周りを1周する間に変化する方位の回転方向によって，時計回りのものと反時計回りのものの2種類に分けられ，これらの特異点は空間的にほぼ互い違いに配置される．さらに同じ理由から，特異点が眼優位性コラムの中心に形成されると，自然に両コラムの境界線は垂直に交わるようになると考えられる．両コラムを同時に説明するようなモデルとして，ともに生理学実験の結果をもとにしたアイスキューブモデルなどが知られている．しかしこれらは幾何学的構造を説明した構造モデルで，自己組織化モデルとして記述されるモデルはまだ少ない[42~46]．

以上の実測値を参考にすると，方位選択性コラムは等間隔のモードに分かれ，直交展開の基底に対応するように思える．以下では，関数近似の立場から以上のことを調べよう．

3.6.2 スパースコーディング

第1次視覚野における情報が，細胞の活動度が低くなるように，スパースコーディングにより表現されている[47~49]．スパースコーディングとは，多くの出力の中から少数の鋭い選択性をもった出力のみで情報を表現しようとするものである．つまり，ある入力が与えられたとき，その入力に適合するような少数の出力のみが反応し，その他の大部分を占める出力は反応しないような情報の表現方法である．そして，異なる入力に対しては，異なる少数の出力だけが反応するので，出力に適合する入力を予想しやすく，パターン認識が容易に行える．このモデルでは，外側膝状体に対応した入力層と，第1次視覚野に対応した出力層を仮定する．そしてほかの多くのモデルとは異なり，順方向結合ではなく逆方向結合も考える．つまり，外側膝状体における像情報は第1次視覚野での活動度 a_i ($i=1,2,\cdots,I$) を用いて，

$$I(x, y) = \sum_{i=1}^{I} a_i \phi_i(x, y) \tag{3.139}$$

のように展開する．基底関数 $\phi_i(x,y)$ は，第1次視覚野の細胞が発火したときに外側膝状体の座標 (x,y) に誘発される活動度で，第1次視覚野から外側膝状体への結合を表す．節約の原理により，第1次視覚野で情報は低いエントロピーで符号化され，スパースコーディングであると仮定する．以下では，基底関数のことを受容野と呼ぶ．また，入力情報を再構成できるようにすることも考慮すると，コスト関数

$$E = \sum_{x,y} \left[I(x,y) - \sum_{i=1}^{I} a_i \phi_i(x,y) \right]^2 + \lambda \sum_i S\left(\frac{a_i}{\sigma}\right) \tag{3.140}$$

の最小化問題と考えられる．λ はペナルティーの係数，σ は定数，また $S(a_i/\sigma)$ は $a_i=0$ で最小となるような関数で，$-\exp(-a_i^2)$, $\log(1+a_i^2)$, $|a_i|$ などを用いる．いずれの場合も，$a_i \neq 0$ になるような a_i の総数と考えてよい．いずれも同じような結果を示すので，ここではスパース項として $S(a)=\log(1+a^2)$ を用いた．式(3.139)を満たすためには I をなるべく大きくすればよいが，同時に基底関数が多くなり複雑さが増す．そこで，計算論的複雑さの概念を借りてペナルティーを課すことで，なるべく少ない基底関数でよりよい近似を得るようにする．

a_i は最急降下法により，微分方程式

$$\dot{a}_i = b_i - \sum_j C_{i,j} a_j - \frac{\lambda}{\sigma} S'\left(\frac{a_i}{\sigma}\right) \tag{3.141}$$

の定常解として求められる．ただし，$b_i = \sum_{x,y} \phi_i(x,y) I(x,y)$ で，$C_{i,j}$ は

$$C_{i,j} = \sum_{x,y} \phi_i(x,y) \phi_j(x,y) \tag{3.142}$$

である．さらに，$\phi_i(x,y)$ の変化に関する時間スケールは細胞応答の時間スケールと比較して十分長く，多数の情報（ここでは画像を考えている）の提示により引き起こされると仮定すれば，それに関して平均することで，$\phi_i(x,y)$ に関する変更則を

$$\Delta \phi_i(x,y) = \eta a_i \langle (I(x,y) - \hat{I}(x,y)) \rangle \tag{3.143}$$

として，繰り返し演算で求められる．ここで，η は係数を表し，$\langle \cdots \rangle$ は提示情報に関する平均である．また，$\hat{I}(x,y)$ は，$I(x,y)$ が提示された際に短いタイムスケールでの式(3.141)により再構成された画像 $\hat{I}(x,y) = \sum_i \hat{a}_i \phi_i(x,y)$ である．

3.6 視覚系のモデル   121

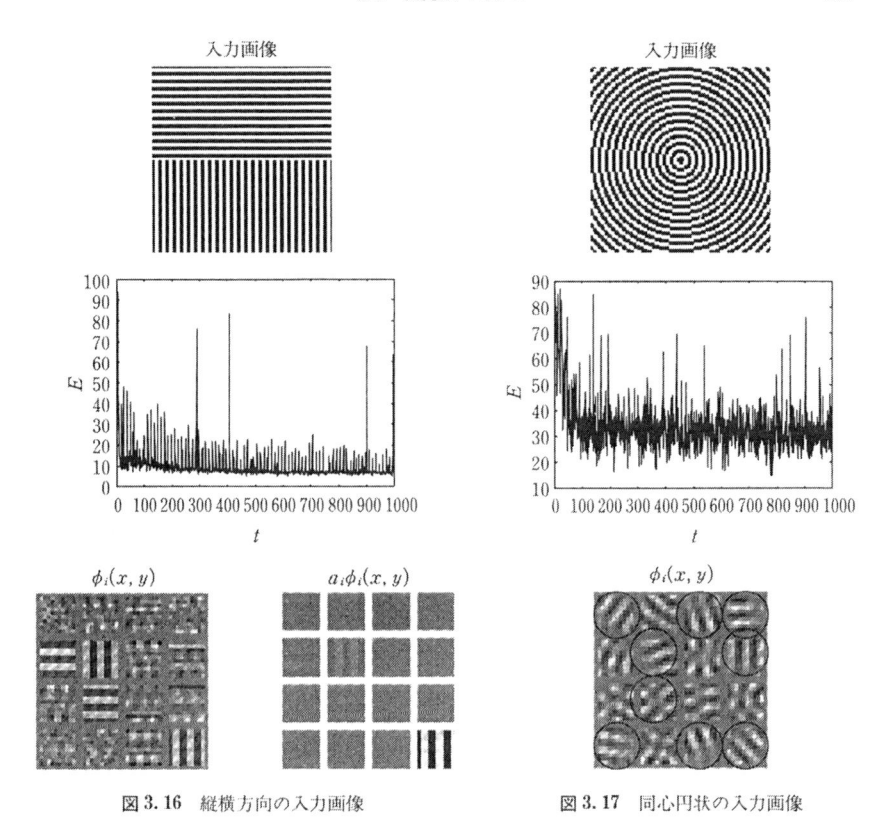

図 3.16 縦横方向の入力画像   **図 3.17** 同心円状の入力画像

なお，式 (3.143) はヘブ則になっていることに注目されたい．

シミュレーション結果を見よう．パラメータは $\lambda=\sigma=1$, $\eta=0.1$ で，基底関数の数を $I=16$ とし，1000 回繰り返した．縦方向と横方向の入力である図 3.16 では，自己組織化された受容野 $\phi_i(x,y)$ を見ると，I は 4 までとれば十分であることが分かる．縦横方向をそれぞれ平行移動させた受容野も現れるので，異なる像が合計 4 種類できる．スパース項のため，式 (3.143) に示した $\phi_i(x,y)$ の更新によって，評価関数 E は振動しながら減衰する．大局的には減少してはいるものの振動が激しい．図には，入力画像中の一部分入力時における $\phi_i(x,y)$ と $a_i\phi_i(x,y)$ のスナップショットも示した．a_i の活性度が高い場合には，対応する $\phi_i(x,y)$ が明るく表示されるようにした．これを見ると，実際選択されている $\phi_i(x,y)$（つまり a_i）が少数であることが分かる．

次に，図 3.17 に示す同心円状の入力画像の場合を考えよう．シミュレーション条件は先の例と同じである．ほぼ全方位に対する受容野 $\phi_i(x, y)$ が形成されている．この例でも，さらに受容野の数を減らすことができる．スナップショットを見ると，円で囲んだ受容野が基本で，それと似た方位をもついくつかの受容野が形成されている．受容野の並びについては考慮されていないが，これらの受容野が示す選択性を連続的に並べた状態が方位選択性コラムに相当するものと考えられる．

4 次元解析

　自己相似性を利用した方法として古くから知られる例に次元解析がある．自己相似性では任意のスケール変換を施したが，次元解析ではたとえば，長さ，面積，体積といった幾何学量の次元をスケールとして用いる．これから，面積は長さの2乗，体積は長さの3乗で表され，通常の次元が導かれる．たとえば，正方形の面積 S はその一辺の長さ a を用いて，$S \approx a^2$ のような比例関係で表せる．ただし，比例定数は単位のとり方によって異なる．このように，次元解析は自己相似性の入門的な方法と考えることができる．次元解析は，現象の詳細なメカニズムにまで踏み込むことなく，対象の性質をある程度引き出せる便利な方法である．

4.1 次　　元

　現象の静的あるいは動的特性は，力，時間，速度，加速度，温度，熱量など各種の物理量を用いて表される．これらの量を特徴づけるのが単位である．独立した量の単位を基本的な単位に選べば，その他の量の単位がその基本的な量の単位で表せる．このような基本的な単位を1次量と呼ぶ．その他の量は2次量であり，1次量の組み合わせで表される[1,2]．たとえば，長さ，質量，時間が1次量として用いられると，速度の次元は長さ/時間で表されるので2次量になる．1次量は独立変数で，2次量は従属変数と考えれば分かりやすい．このように，現象を記述するのに必要十分な基本単位の組を単位系という．たとえば，cgs単位系では，長さを cm (センチメートル)，質量を g (グラム)，時間を s (秒) にとる．速度の単位は1秒間に移動する距離なので cm/s，また，密度は単位体積当たりの質量なので，その単位は g/cm^3 である．これらの基本単位がいつも必要とは限らない．運動を問題にするときには次元として cm と s の2個が必要であるが，大きさだけを問題にする幾何的な対象では cm だけで十分である．しかし，対象の大きさと同時にその運動も考えなければならない場合，cm, g, s のすべてが必要になる．場合によっては cgs 系ではなく，m (メートル)，kg (キログラ

ム), s (秒) を用いた mks 単位系の方が便利なこともある.

さらに一般的な単位系に移すために,

$$長さの単位 = \frac{\text{cm}}{L}$$

$$質量の単位 = \frac{\text{g}}{M} \tag{4.1}$$

$$時間の単位 = \frac{\text{s}}{T}$$

とする. このような単位系を LMT 系と呼んでおこう. 長さを m で表すには, $L=10^{-2}$ とし, 式 (4.1) の第1式の長さの単位を 100 cm とする. 1 m = 100 cm なのでこれを m の単位とすればよい. たとえば, ある物の大きさを cm 単位で表したとき 300 cm であったとすれば, m 単位では 300/100 = 3 で 3 m となる. つまりもとの単位を $1/L$ 倍すると, 同じ物の大きさを表す数値は L 倍される. この場合は $300 L = 300 \cdot 10^{-2} = 3$ で, もとの単位系では 300 であったが, LMT 系では 3 に変わる. 同様に, 質量の単位を g から kg にしたいときには $M=10^{-3}$ と, また, 秒でなく分を使用するならば $T=1/60$ とすればよい. 基本単位系を別な単位系に移すと, 基本単位を用いて表される別な量も, その数値が変わる.

【速 度】

長さの単位を $1/L$ 倍し, 時間の単位を $1/T$ 倍すると, 速度の単位は $L^{-1}T$ 倍される. したがって, LMT 系では速度の大きさを表す数値は LT^{-1} 倍になる. たとえば, 300 cm/s の速度を m/分 で表すと, $LT^{-1}=10^{-2} \cdot 60 = 0.6$ で, $300 \times 0.6 = 180$ m/分 となる. □

このように, 単位系を移すと同じ量でもそれを表す数値が異なる. また, このように変換される量を次元をもつ量という. 次元解析が可能な対象は次元をもつ場合に限られるが, 応用範囲は広い. 一方, 単位のとり方によって何ら変化しない量は無次元量と呼ばれる.

上記のように, 長さの単位を L, 質量の単位を M, 時間の単位を T と表す慣習がある. また, 慣習にしたがって, 物理量 θ の次元を $[\theta]$ と表す. θ の単位を次元 $[\theta]$ ともいう. たとえば, 面積 S の次元は $[S]=M^2$ である. 簡単な例として, ニュートンの法則 $f=ma$ を用いると, 力 f の次元は, $[m]=M$, $[a]=LT^{-2}$ から, $[f]=MLT^{-2}$ と表せる.

4.2 次元解析

4.2.1 次元解析とは

次元が対象の大まかな挙動を定めることを,簡単な例を用いて説明しよう.長さ l (cm) の単振り子の周期を考える.振幅 a が l に比べ十分小さいと仮定する. g (cm/s^2) を重力加速度とすると,周期はよく知られた公式 $P=2\pi(l/g)^{1/2}$ (s) で与えられる. l/g (s^2) は LMT 単位系で表すと,どのようになるだろうか.長さは L 倍,重力は LT^{-2} 倍されるので, l/g の数値は T^2 倍される.したがって, $(l/g)^{1/2}$ の次元は T で,周期 P の次元と同じになる.これから,周期 P は

$$P \approx l^{\frac{1}{2}} g^{-\frac{1}{2}} \tag{4.2}$$

と表せることが導ける.ただし,比例定数 2π までは決められない. 2π は無次元だからである.このような解析方法を次元解析という.次元解析の特徴は,ある量 θ が単位系を変更したとき,その数値がどのように変換されるかを手がかりとして,別な量との関係を見出すことである.少々ややこしくなったので,以下にもっと簡便な方法を説明する.

式 (4.2) から分かるように,次元解析は常にべきの形で現れる.そこで, $P \approx l^x g^y$ と仮定しよう.べき指数 x, y の値は,両辺の次元が等しいことから決めることができる. $[P]=T, [l]=L, [g]=L/T^2$ を考慮し,両辺を次元で表すと,

$$T = L^x (LT^{-2})^y \tag{4.3}$$

となる. L, T は独立な 1 次量なので,式 (4.3) の両辺に関して, L, T のそれぞれのべき指数が等しいとおくと,

$$\begin{aligned} 0 &= x+y \\ 1 &= -2y \end{aligned} \tag{4.4}$$

が成立しなければならない.この連立方程式を解くと, $x=-y=1/2$ が求まる.つまり,次元解析により式 (4.2) が得られる.

以上の例を参考に,次元解析の一般論を与えておく.どのような対象でも,基本的な問題は現象を特徴づける量の間の関係を見出すことである.いま, a を興味の対象である量とすると,問題は,関係式 f

$$a = f(a_1, a_2, \cdots, a_k, b_1, b_2, \cdots, b_m) \tag{4.5}$$

を見出すことである.ここで,パラメータ $a_1, a_2, \cdots, a_k$ は k 個の 1 次量で,独

立な次元をもつとする．m 個の 2 次量 $b_1, b_2, \cdots, b_m$ は 1 次量のべき関数として，

$$[b_1]=[a_1]^{p_1}[a_2]^{q_1}\cdots[a_k]^{r_1}$$
$$[b_2]=[a_1]^{p_2}[a_2]^{q_2}\cdots[a_k]^{r_2}$$
$$\vdots \quad \vdots \quad \vdots \quad \vdots \tag{4.6}$$
$$[b_m]=[a_1]^{p_m}[a_2]^{q_m}\cdots[a_k]^{r_m}$$

と表されるものとする．$p_1, p_2, \cdots, p_m, q_1, q_2, \cdots, q_m, r_1, r_2, \cdots, r_m$ はべき指数である．同様に，a は k 個の 1 次量 $a_1, a_2, \cdots, a_k$ のべきで表されると仮定し，式 (4.5) を

$$[a]=[a_1]^p[a_2]^q\cdots[a_k]^r \tag{4.7}$$

と表す．$p, q, \cdots, r$ はべき指数である．特別な場合として $m=0$ または $k=0$ も可能だが，一般には $m>0, k>0$ である．強調しておくと，次元解析を成功裡に適用できるのは，基礎となる物理量があらかじめ特定されているときに限られる．

【円筒内の流れ】

長い円筒を流れる流体を考える．問題となる量 a は円筒の x 軸方向の応力降下 dp/dx ($[dp/dx]=ML^{-2}T^{-2}$) で，関連するパラメータは円筒の平均流速 U，円筒の直径 D，流体の密度 ρ，粘性率 μ である．式 (4.5) は，この場合，

$$\frac{dp}{dx}=f(U, D, \rho, \mu) \tag{4.8}$$

と表せる．次元解析を適用するために，べき関数を仮定して，$dp/dx=U^pD^q\rho^r$ とする．各パラメータの次元は，$[U]=LT^{-1}, [D]=L, [\rho]=ML^{-3}, [\mu]=ML^{-1}T^{-1}$ で，ここでは U, D, ρ が 1 次量である．なぜなら，U のみが次元 T をもち，ρ のみが次元 M をもつからである．実際，μ の次元は 1 次量を用いて，$[\mu]=[\rho][U][D]$ と表すことができ，$k=3, m=1$ である．式 (4.7) は $[dp/dx]=[U]^2[D]^{-1}[\rho]$ ($p=2, q=-1, r=1$)，また式 (4.6) は $[\mu]=[\rho][U][D]$ ($p_1=1, q_1=1, r_1=1$) である．□

4.2.2 次元をもつ関数の特徴

次元解析が適用できる条件は，対象とする量がパラメータのべき関数で表されることであった．その必要性は簡単な例から理解できたものと思う．ここではもう少し一般的に，次元のもつ物理量が必然的にべき関数で表される理由を述べる．いま，量 a の次元が LMT 系において，

$$[a] = \theta(L, M, T) \tag{4.9}$$

と表されたとしよう．これを単位系 1 (L_1, M_1, T_1) と単位系 2 (L_2, M_2, T_2) で表そう．a をもとの単位系での数値とし，それぞれの単位系で表した数値が，$a_1 = a\theta(L_1, M_1, T_1)$, $a_2 = a\theta(L_2, M_2, T_2)$ であったとする．これらの比は，

$$\frac{a_2}{a_1} = \frac{\theta(L_2, M_2, T_2)}{\theta(L_1, M_1, T_1)} \tag{4.10}$$

である．ところで，単位系 2 における数値 a_2 を単位系 1 を基準にして表すこともできる．つまり，単位系 1 をもとの単位系と見なすと，

$$a_2 = a_1 \theta\left(\frac{L_2}{L_1}, \frac{M_2}{M_1}, \frac{T_2}{T_1}\right) \tag{4.11}$$

と表せるはずである．ここで，単位系 1 をもとの単位系としているので，a の数値は a_1 である．式 (4.10) と式 (4.11) から，θ は

$$\frac{\theta(L_2, M_2, T_2)}{\theta(L_1, M_1, T_1)} = \theta\left(\frac{L_2}{L_1}, \frac{M_2}{M_1}, \frac{T_2}{T_1}\right) \tag{4.12}$$

を満たすことが分かる．L に関する微分を $\partial_L = d/dL$ と表そう．式 (4.12) の両辺を L_2 で微分し，$L_2 = L_1 = L$, $M_2 = M_1 = M$, $T_2 = T_1 = T$ とおくと，L に関する微分方程式 $\partial_L \theta(L, M, T)/\theta(L, M, T) = \partial_L \theta(1, 1, 1)/L$ を得る．ここで，$p \equiv \partial_L \theta(1, 1, 1)$ は定数である．これを積分すれば，$\log \theta(L, M, T) = p \log L + \theta_1(M, T)$ となる．積分定数 $\theta_1(M, T)$ は M, T のみに依存する関数である．これから，

$$\theta(L, M, T) = L^p \theta_1(M, T) \tag{4.13}$$

を得る．$\theta_1(M, T)$ に対して同様の手順を適用すると，積分定数として現れる T のみに依存する関数 $\theta_2(T)$ を用いて，$\log \theta_1(M, T) = q \log M + \theta_2(T)$ から，$\theta_1(M, T) = M^q \theta_2(T)$ となる．また，$\theta_2(T)$ は $\log \theta_2(T) = r \log T + $ 定数から，$\theta_2(T) \approx T^r$ を得る．L, M, T に依存しない定数が現れる．以上のことから，結局，

$$\theta(L, M, T) \approx L^p M^q T^r \tag{4.14}$$

とべき関数となることが証明された．次元をもつ関数は常にべき関数で表される．

4.2.3 無次元パラメータへの変換

以上の議論を拡張して，式 (4.5) および式 (4.7) の一般的な関係式を詳細に調べるために，1 次量を用いて以下のような無次元パラメータを導入する．

$$\Pi_1 = \frac{b_1}{(a_1)^{p_1}(a_2)^{q_1}\cdots(a_k)^{r_1}}$$

$$\Pi_2 = \frac{b_2}{(a_1)^{p_2}(a_2)^{q_2}\cdots(a_k)^{r_2}}$$

$$\vdots \qquad \vdots \qquad (4.15)$$

$$\Pi_m = \frac{b_m}{(a_1)^{p_m}(a_2)^{q_m}\cdots(a_k)^{r_m}}$$

$$\Pi = \frac{a}{(a_1)^{p}(a_2)^{q}\cdots(a_k)^{r}}$$

ここで,すべてのべき指数は $b_1, b_2, \cdots, b_m, a$ が無次元になるように選ばれている.たとえば,a の次元は式 (4.7) のように $[a]=[a_1]^p[a_2]^q\cdots[a_k]^r$ とすると,$a \approx a_1{}^p a_2{}^q \cdots a_k{}^r$ と表せるので,Π は無次元である.式 (4.15) を式 (4.5) に代入すると,

$$\Pi = \frac{f(a_1, a_2, \cdots, a_k, \Pi_1 a_1{}^{p_1} a_2{}^{q_1}\cdots a_k{}^{r_1}, \cdots, \Pi_m a_1{}^{p_m} a_2{}^{q_m}\cdots a_k{}^{r_m})}{a_1{}^p a_2{}^q \cdots a_k{}^r} \qquad (4.16)$$

を得る.右辺は $a_1, a_2, \cdots, a_k$ の関数で,新たな関数 Ψ を導入して書き直すと,

$$\Pi = \Psi(a_1, a_2, \cdots, a_k, \Pi_1, \Pi_2, \cdots, \Pi_m) \qquad (4.17)$$

となる.$\Pi, \Pi_1, \Pi_2, \cdots, \Pi_m$ は無次元で,次元をもつ変数 $a_1, a_2, \cdots, a_k$ には依存しない.したがって,上式はさらに簡単になり,

$$\Pi = \Phi(\Pi_1, \Pi_2, \cdots, \Pi_m) \qquad (4.18)$$

と新たな関数 Φ を用いて表現できる.これは,どのような無次元量も単位系のとり方に依存しないことを考えれば当然であろう.式 (4.15) を用いて,a に戻せば,

$$a = a_1{}^p a_2{}^q \cdots a_k{}^r \Phi\left(\frac{b_1}{a_1{}^{p_1} a_2{}^{q_1} \cdots a_k{}^{r_1}}, \cdots, \frac{b_m}{a_1{}^{p_m} a_2{}^{q_m} \cdots a_k{}^{r_m}}\right) \qquad (4.19)$$

となる.これが,次元解析を適用する際の基本式になる.残る問題は結局,$p_1, \cdots, p_m, q_1, \cdots, q_m, r_1, \cdots, r_m$ などのべき指数を決めることになる.

パラメータの合計は $k+m$ 個ある.次元解析の一つの有効性は,$n=k+m$ 個のパラメータで表される関数 f (式 (4.5)) が,n より少ない m 個のパラメータをもつ関数 Φ (式 (4.19)) になったことで,関数を決めるための実験回数を大幅に削減できることにある.見方を変えると,$k+m$ 次元空間の中で a を考えなければならない複雑な問題は,次元数のより少ない m 次元空間に限定されることで解析が容易になる.

【円筒内の流れ】

長い円筒を流れる流体の場合，前例から，応力降下および粘性率の次元はそれぞれ，$[dp/dx]=[U]^2[D]^{-1}[\rho]$, $[\mu]=[\rho][U][D]$ と表すことができた．$k=3$, $m=1$ を，式 (4.19) の一般系に対応させると，$a=a_1{}^p a_2{}^q a_3{}^r \Phi(b_1/(a_1{}^p a_2{}^q a_3{}^r))$ と書ける．ここで，$a_1=U$, $a_2=D$, $a_3=\rho$, $b_1=\mu$, $p=2$, $q=-1$, $r=1$ とおけば，

$$\frac{dp}{dx}=U^2 D^{-1}\rho\,\Phi\!\left(\frac{\mu}{UD\rho}\right) \tag{4.20}$$

を得る．もともと 4 個のパラメータの関数であったものが，1 個の無次元パラメータ $\Pi_1=\mu/UD\rho$ の関数で表現できた．また，$\Pi=(dp/dx)/(U^2 D^{-1}\rho)$ である．次元解析では決められない $\Phi(\Pi_1)$ は，平均流速など実験条件をいろいろ変えて定めたパラメータ Π_1 に対して，応力降下 dp/dx のグラフを描けば求められる． □

4.3 次元解析の応用

4.3.1 振り子

図 4.1 に示すように，単振り子の長さを l とし，振幅 a が l に比べ十分小さいと仮定する．単振り子の周期 P は式 (4.2) にも出てきたように

$$P=2\pi\sqrt{lg^{-1}} \tag{4.21}$$

である．周期は振動方程式を解けば容易に求まるが，式 (4.3) に示したように，2π を除けば方程式を知らなくとも次元解析から求めることができる．しかし，振幅 a が l に比べ十分小さいと仮定できない場合，式 (4.21) はどのように変更すべきであろうか．振り子の振幅 x に影響する量は l, a, g, P で，それぞれの次元は L, L, LT^{-2}, T である．Φ を無次元関数とすると，x は式 (4.19) から，

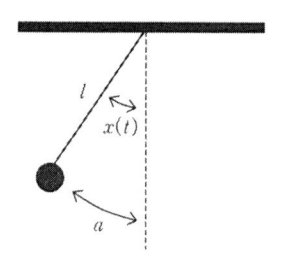

図 4.1 振り子

$$x = a^p l^q g^r \Phi\left(\frac{P}{a^{p_1} l^{q_1} g^{r_1}}\right) \tag{4.22}$$

と表すことができる．x と a はともに鉛直方向からの角度を表す無次元量なので $p=1$ となり，したがって，$q=0$, $r=0$ でなければならない．さらに，式 (4.21) を参考にすれば，$p_1=0$, $q_1=1/2$, $r_1=-1/2$ となるので，式 (4.22) は

$$x = a\Phi\left(\frac{P}{l^{\frac{1}{2}} g^{-\frac{1}{2}}}\right) \tag{4.23}$$

となる．

P に影響する量は l, m, g であり，それぞれの次元は L, M, LT^{-2} である．そこで，

$$P = l^x m^y g^z \Phi_P(a) \tag{4.24}$$

とおこう．$\Phi_P(a)$ は a のみに依存する無次元関数である．両辺の M, L, T のべきを等しいとおくと，

$$\begin{aligned} 0 &= y \\ 0 &= x+z \\ 1 &= -2z \end{aligned} \tag{4.25}$$

となるので，$x=1/2$, $y=0$, $z=-1/2$ を得る．したがって，

$$P = \sqrt{lg^{-1}}\, \Phi_P(a) \tag{4.26}$$

となる．ここで，$\Phi_P(a)$ は次元解析からは決まらない無次元定数である．振幅 a が小さい場合は，式 (4.21) より推察されるように

$$\lim_{a \to 0} \Phi_P(a) = 2\pi \tag{4.27}$$

である．実は，$\Phi_P(a)$ は第 1 種完全楕円積分で表され，a で展開すると，$\Phi_P(a) = 2\pi(1 - a^2/16 + a^4/1024 - \cdots)$ となる[3]．

次元解析の有利な点は，P はもともと l と g の 2 変数の関数であったが，次元解析を適用することで，l/g のみの 1 変数関数になることである．スケール変換を用いた解析と同様である．l と g をいろいろ変えて実験しても，l/g が一定ならば同じ周期になる．つまり独立変数を一つ減らすことができる．もし，l が小さい値で，同じ割合で g も小さくすることができるならば，ミニチュア模型でもとの現象と同じ現象を再現できることを意味する．

4.3.2 ピタゴラスの定理

次元解析の有効性を示すほかの例にピタゴラスの定理がある．ピタゴラスの定理を証明する方法は数々あるが，ここでは次元解析を利用した方法に関して述べる (ただし，数学的な証明になっているとは言っていない)．直角三角形の面積 S は，角度 ϕ を固定すると，図 4.2 に示すように斜辺の長さ c によって完全に決まり，$S=(1/2)c^2 \cos\phi \sin\phi$ と表せる．ここで，$0 \le \phi \le \pi/2$ (ラジアン) である．したがって，S/c^2 は無次元になるので，$S=c^2\Phi(\phi)$ と表せる．ここで，$\Phi(\phi)=\sin 2\phi$ である．このことを次元解析の観点から眺めよう．面積は a, b, c の関数なので，$S=f(a, b, c)$ と書ける．$[a]=[b]=[c]=L$ なので，次元として独立な量は一つで，それを斜辺の長さ c とする．また，$[S]=L^2$ なので，S は c^2 に比例する．したがって，無次元関数 f を用いて，$S=c^2 f(a/c, b/c)$ と表せることになる．このことは，$S/c^2=f(a/c, b/c)$ は三角形の大きさに依存しないことを意味し，したがって，この値は相似な直角三角形に対してすべて同じとなる．実際，$a/c=\cos\phi$，$b/c=\sin\phi$ で，これから $S=c^2 f(a/c, b/c)=c^2\Phi(\phi)$ となる．

$\Phi(\phi)$ は無次元量なので，図 4.2 に示すように，どの直角三角形に対しても同一であり，$S_a=a^2\Phi(\phi)$, $S_b=b^2\Phi(\phi)$ と表せる．S_c は S_a と S_b の和になるので，
$$c^2\Phi(\phi)=a^2\Phi(\phi)+b^2\Phi(\phi) \tag{4.28}$$
が成り立つ．両辺を $\Phi(\phi)$ で割れば，$c^2=a^2+b^2$ を得る．ただし，このような方法が適用できるのは，ユークリッド幾何に限る．

【衝撃波】

核爆発時に発生する衝撃波の半径 r_f は，エネルギー $E([E]=ML^2T^{-2})$，経過時間 $t([t]=T)$，初期密度 $\rho_0([\rho_0]=ML^{-3})$ に依存する．これらは 1 次量で，$k=3$ である．$m=n-4=0$ で，Φ は定数になる．次元解析から，$[r_f]=[E]^{1/5}[t]^{2/5}\cdot$

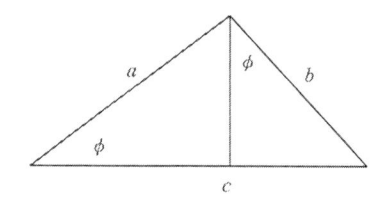

図 4.2 直角三角形の面積

$[\rho_0]^{-1/5}$ となるので,$\Pi = r_f/(E^{1/5} t^{2/5} \rho_0^{-1/5})$ を得る.これから $r_f \approx E^{1/5} t^{2/5} \rho_0^{-1/5}$ が導ける.この関係式を利用すると,爆発の模様を写したフィルムを調べれば,爆発時における核爆発のエネルギーが推定できる[4]. □

5

スケーリング法

　前章ではスケーリング特性を次元解析という観点から調べた．次元をもつ量のスケール変換を調べる次元解析に対して，スケーリング法は次元に関係なく，着目する性質が変化しないようなスケール変換を考える点において，次元解析を拡張した方法と考えることができる．本章ではスケーリング法がどのような方法で，どのような問題を扱えるのか，簡単な例から始めて詳細な解説に進む．中心的課題は，何らかの不変性が存在するようなスケール変換が見出せるかどうかである．そのような場合にスケーリング法が利用できることになるが，実に広い範囲の対象に適用できる．

5.1 自己相似変換とスケーリング法

　相似変換は図形の縦横を，同じ尺度で縮小あるいは拡大するスケール変換である．これに対して，時系列などを対象にした縦横が異なる尺度で縮小拡大するスケール変換は，アフィン変換と呼ばれている．尺度が異なるだけで，基本的には同じような変換なので，特に必要な場合を除いて両変換を区別することなく相似変換と呼ぼう．相似変換後にできた図形がもとの図形と相似になれば，その変換を自己相似変換と呼ぶ．同様に，アフィン変換後にできた図形がもとの図形と相似になれば，その変換を自己アフィン変換と呼ぶ．特に必要な場合を除いて，両変換を区別することなく自己相似変換と呼ぶ．図形に限らず，動的システムなど着目する性質が自己相似変換に対して不変なとき，そのような性質を自己相似変換不変性あるいはスケール変換不変性と呼ぶ．スケール変換不変性に基づいて対象を解析することをスケーリング法と呼ぶ．次元解析は，対象を規定する物理量の次元に着目した一種のスケーリング法である．

5.2 スケーリング法入門

5.2.1 1変数の関数方程式とべき関数

　一辺の長さが a の正方形の面積 $f(a)$ は $f(a)=a^2$ である．べき指数2は次元か

ら当然であるが，面積と次元とのかかわりを，スケーリング法を通して再考しよう．次元を用いないスケーリング法がなぜ $f(a)=a^2$ を導くのだろうか．出発点は面積の定義，あるいは面積とは何かという問いである．いま，一辺の長さが a の正方形の中に，一辺の長さを $a/2$ にした小さな正方形を四つ描く．小さな四つの正方形を互いに重ならないように並べると，大きな正方形の中に収まる．このことは，面積はその部分図形の面積の和で表されることを示しているが，これが上記の問いに対する答えである．このことを数式を用いて調べよう．

スケール変換

$$a'=Aa$$
$$f'(a')=Lf(A^{-1}a') \tag{5.1}$$

を考える．このスケール変換は，$(a, f(a))$ を $(Aa, Lf(a))$ に変換しているので相似変換である．第1式は一辺の長さを $a'=Aa$（図5.1には $A=2$ とした例を示す）とするような変換で，もとの面積 $f(a)=a^2$ はスケール a' で見た場合，$f(a)=f(A^{-1}a')=A^{-2}a'^2$ となる．図5.1に示す例では，もとのスケール a での単位面積 $f(a=1)=1$ は，a' では $f(a'=1)=1/4$ となる．さらに第2式は，面積を L でスケール変換すると $Lf(A^{-1}a')=LA^{-2}a'^2$ となることを示しているが，これを新たな関数 f' を導入して，$f'(a')$ とおいている．ここまではスケール変換のパラメータ A, L は特定していないが，スケール a' での単位面積も1になるように，つまり $f'(a')=a'^2$ となるように決めよう．このためには $f(a'=1)=1/4$ を4倍しなければならない．つまり，$L=4$ とすると $4f(2^{-1}a')=4\cdot 2^{-2}a'^2 = a'^2$ となる．以上のことは，$f(a)=a^2$ がスケール変換後も $f'(a')=a'^2$ と同じ関数形になっていることを意味する．$f'(a')=a'^2$ は，関数としては $f'(a)=a^2$ と等価なので，スケール変換不変性は

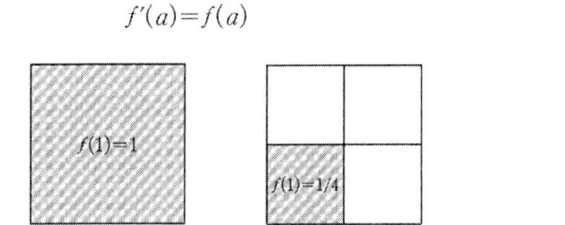

$$f'(a)=f(a) \tag{5.2}$$

図5.1 正方形の自己相似変換

と表すことができる．スケール変換(5.1)に対して不変になっている．このように，スケール変換不変性を満たすようなパラメータ A, L は，

$$LA^{-2}=1 \tag{5.3}$$

を満たさなければならない．ここでは簡単な図形を考えていたので，面積が $f(a)=a^2$ と表せることから直ちに分かる．後でいくつかの例で見るように，基礎方程式が与えられる場合，解を具体的に求めなくてもスケール変換不変性を満たすスケール変換が見出せる場合がある．

式(5.2)は，式(5.1)と式(5.3)から，

$$f(a)=A^2 f(A^{-1}a) \tag{5.4}$$

と表せる．ここで，A は任意のパラメータである．この関数方程式の解は，べき関数 $f(a)\approx a^x$ として表せる(付録を参照)．実際これを式(5.4)に代入すると，べき指数 x は，$a^x=A^2(A^{-1}a)^x$ から $x=2$ と決まる．よって，

$$f(a)\approx a^2 \tag{5.5}$$

を得る．以上のように，$f(a)$ を未知関数と考え，面積の定義からそれが満たす関数方程式を導き，それを解くことで $f(a)$ の具体的な表現を求める．つまり，関数方程式を導くことが最も重要で，このとき対象に関する知識が必要になる．

【立方体の体積】

一辺 a の立方体の体積 $f(a)$ を，$a'=Aa, f'(a')=Lf(A^{-1}a')$ とスケール変換すると，スケール変換不変性は $LA^{-3}=1$ で満たされ，関数方程式 $f(a)=A^3\cdot f(A^{-1}a)$ を得る．これから，$f(a)\approx a^3$ を得る． □

【三角形の面積】

辺の長さが a, b の直角三角形の面積 $f(a,b)$ の場合に，式(5.4)に対応する関数方程式を求めよう．図5.2から分かるように，$a'=Aa, b'=Ab, f'(a',b')=Lf(A^{-1}a', A^{-1}b')$ と変換すると，スケール変換不変性は正方形の場合と同様に $LA^{-2}=1$ で満たされ，関数方程式 $f(a,b)=A^2 f(A^{-1}a, A^{-1}b)$ を得る．$f(a,b)\approx ab$ が解になっていることは，直接代入すれば確かめられる． □

少々回りくどいが，$A=2$ とした場合の関数方程式(5.4)を付録で述べる方法と異なる手順で解こう．右辺に変数 $a/2$ が現れるので，整数 j を用いて $g(j)=f(a/2^j)$ とおく．すると，式(5.4)より $g(j-1)=f(a/2^{j-1})=4f(a/2^j)=4g(j)$ となるので，

$$g(j)=4^{-1}g(j-1) \tag{5.6}$$

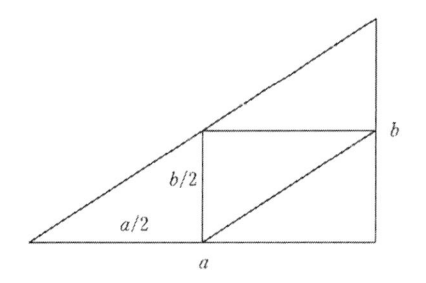

図 5.2　直角三角形の自己相似変換

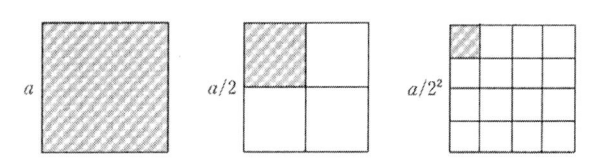

図 5.3　正方形の自己相似分解

が，$g(j)$ が満たす方程式になる．これから，$g(n)=4^{-1}g(n-1)=\cdots=4^{-n}g(0)$ となり，$g(n)=4^{-n}g(0)$ が導ける．$f(a)$ で表すと $f(a/2^n)=4^{-n}f(a)$，あるいは

$$f(a)=4^n f(2^{-n}a) \tag{5.7}$$

となる．これは，一辺の長さ $a/2^n$ の小さな正方形 4^n 個を互いに重ならないように並べると，大きな正方形の中にぴったり収まることを表していることにほかならない（図 5.3 を参照）．式 (5.7) は，関数方程式 (5.4) で $A=2^n$ とおくことで得られる．さて，式 (5.7) の n として，$a=2^n$ となる n とすると，$f(a)=a^2 f(1)$ となる．任意の a に対して正確に $a=2^n$ となる整数 n が決まるとは限らないが，近似的に考えよう．一辺が単位長さの正方形の面積を $f(1)=1$ と定義すれば，確かに $f(a)=a^2$ となる．これまでの議論は次元を一切使わず，もとの図形を縮小したときに，その縮小図形がもとの図形とどのように関連しているかに着目したものである．この関連が，実は面積の定義そのものである．

5.2.2　多変数の関数方程式とスケール関数

縦と横の長さがそれぞれ a, b の長方形の面積 $f(a, b)$ を考える．$a'=Aa$，$b'=Ab$，$f'(a', b')=Lf(A^{-1}a', A^{-1}b')$ と変換すると，スケール変換不変性は正方形の場合と同様に $LA^{-2}=1$ で満たされ，式 (5.4) と同様に，関数方程式 $f(a, b)=$

$A^2 f(A^{-1}a, A^{-1}b)$ を得る．$f(a,b) \approx ab$ が解になっていることは直接代入すれば確かめられるが，以下では，別な観点からスケール変換不変性を調べる．

いま，$A=2$ とすると，関数方程式は

$$f(a,b) = 4f(2^{-1}a, 2^{-1}b) \tag{5.8}$$

となり，さらに繰り返すと，

$$f(a,b) = 2^{n+m} f(2^{-n}a, 2^{-m}b) \tag{5.9}$$

となる．ただし，縦横の相似比はそれぞれ $1/2^n, 1/2^m$ ($n \neq m$) とした．これは，合計 2^{n+m} 個の相似な長方形で，もとの長方形を覆い尽くせることを示している．上式の右辺に現れる $2^{n+m}, a/2^n, b/2^m$ を用いて，n, m に依存しない組み合わせは多数できる．いま，$2^{n+m}=1$ となるように $m=-n$ とおこう．記号を簡単にするため $A=1/2^n$ とすると，式(5.9)から，新たな関数方程式

$$f(a,b) = f(Aa, A^{-1}b) \tag{5.10}$$

が得られる．上式は，異なる縮尺で縦横をスケール変換した，つまりアフィン変換した図形は，変形されるものの面積は保存されるという，式(5.2)とは異なる意味でのスケール変換不変性を表している．図5.4に，$A=2$ の場合の変換を示した．式(5.10)は A に依存しない．なぜなら，どのような n, m に対しても式(5.9)が成立しなければならないからである．また，a, b は独立ではなく，$(La)(L^{-1}b)=ab$ の組み合わせの新しい関数 $f(La, L^{-1}b) = \bar{f}(ab)$ で表せるはずである(付録を参照)．つまり，

$$f(a,b) = \bar{f}(ab) \tag{5.11}$$

と書ける．これが唯一の表し方ではなく，$f(a,b) = ab\tilde{f}(ab)$ のような表現も可能である．変数の一つ少ない関数 $\bar{f}$ をスケール関数と呼ぶ．この段階では $\bar{f}$

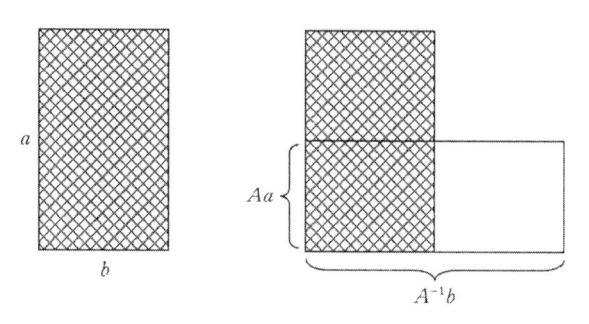

図5.4 正方形のアフィン変換

を決めることができないが、これに次元解析を利用すると $\bar{f}(ab) \approx ab$ となる.

関数方程式(5.10)をもう少し一般的な形で表しておこう. いま, 対象を関数 $f(a, b, c, \cdots)$ で表せたとする. 前例では, $f(a, b, c, \cdots)$ が面積で, 変数 a, b は辺の長さである. べき指数 x, y, z などを用いて, $a' = A^x a$, $b' = A^y b$, $c' = A^z c$ などとスケール変換したとき, 任意の A に対して

$$f(a, b, c, \cdots) = f(A^x a, A^y b, A^z c, \cdots) \tag{5.12}$$

が成り立つ場合, 関数 $f(a, b, c, \cdots)$ はスケール変換不変である. 上式が成り立つと, 独立変数の数が1個少ないスケール関数 $\bar{f}$ を用いて

$$f(a, b, c, \cdots) = \bar{f}(b^x a^{-y}, c^x a^{-z}, \cdots) \tag{5.13}$$

と書ける. なぜなら, $(A^y b)^x (A^x a)^{-y} = b^x a^{-y}$ などとなるからである. 変数の組としては, $b^x a^{-y} = (b a^{-y/x})^x$ となることから, $\bar{f}(b^x a^{-y}, c^x a^{-z}, \cdots)$ の代わりに,

$$f(a, b, c, \cdots) = \bar{f}(b a^{-\frac{y}{x}}, c a^{-\frac{z}{x}}, \cdots) \tag{5.14}$$

のような表現も可能である. 面積の例では, $x = -y = 1$ である.

5.3 スケーリング法の簡単な応用

これまで主に図形を扱ってきたが, スケーリング法はもっと一般的な方法である. キーとなるのはべき則, スケール関数であり, それがなぜ複雑な対象と深く関係するのかを論じる. まず, 簡単な場合を用いてそのエッセンスを説明する.

5.3.1 べき則と次元解析

動的システムにも適用できることを示すために, 簡単な例として質点の自由落下運動を考える. 質量 m の質点が重力 g で自由落下するとき, 鉛直下向きを正とすると, 質点の運動は加速度 a を用いて $ma = mg$ と表せる. 原点から質点までの距離を時間 t の関数 $x(t)$ とすると, 加速度は $a = \ddot{x}(t)$ となり, 質点は常微分方程式

$$m \frac{d^2}{dt^2} x(t) = mg \tag{5.15}$$

にしたがう. 初期値を $x(0) = 0$, 初速度を $\dot{x}(0) = 0$ とすると, 解は $x(t) = gt^2/2$ である. このように微分方程式が与えられると, それがどのように複雑な数式であっても, 残る仕事は方程式の解法で, フーリエ変換など各種の変換方式, 数値計算法などを適用すればよい.

次元解析は限界はあるものの，解を導く有効な手段である．x は L, t は T, g は L/T^2 の次元をもち，解を m, g, t のべき関数

$$x(t) \approx m^{a_1} g^{a_2} t^{a_3} \tag{5.16}$$

と仮定する．この仮定は次元解析を適用する場合の前提であった．したがって，解が $x(t) \approx \exp(-t)$ と表されるような問題には適用できない．たとえば，棒の端を熱した場合，ある時刻のその端から距離 x での温度 $\theta(x)$ は，適当なパラメータでは $\theta(x) = \exp(-x^2)$ と表せる．スケール変換すると $\theta(Lx) = \exp(-L^2 x^2)$ となるので，$\theta(Lx)$ は $\theta(x)$ に比例することはなく，べき則が成り立たない．一般の現象には有効な方法ではないようにも思われるだろうが，実はそうではない．べき則は，スケーリング法を適用して得られる1変数の関数方程式から導かれるものであるが，一般にはスケーリング法は多変数の関数方程式を与える．後者の場合，べき則ではなくスケール関数を導くことになり，これから各種の性質が導かれる．

式 (5.16) の両辺の次元を等しいとおくと，$M : 0 = a_1$, $T : 0 = -2a_2 + a_3$, $L : 1 = a_2$ となる．これから $a_1 = 0$, $a_2 = 1$, $a_3 = 2$ と求まるので，結局，$x(t) \approx gt^2$ となる．ただし，比例定数は無次元なので，その値 1/2 を決めることはできない．

この例から分かることは，まず，式 (5.15) の微分方程式を解いたのではないこと，また微分方程式自体の性質も使っていないことである．2階微分の項が含まれていることは使っていないが，間接的には各量の次元で推察できる．ただ，$t, x(t)$ と m, g が対象を記述する上で十分な情報であることを利用しているだけである．しかも，それらの次元があらかじめ分かっていることが重要である．逆に，方程式を記述する上で対象に関する情報が完全に分からなければ，次元解析は使えない．次元解析は，対象の動作に必要な変数，パラメータが分かっていないと適用できないが，基礎方程式が与えられなくても利用できる利点はある．

5.3.2 動的システム

スケーリング法を適用して，方程式 (5.15) を求めよう．次元もべき関数の仮定も必要ない．いま，定数 g に着目してスケーリング法を適用してみよう．定数 g の依存性を陽に表現するため，$x(t)$ を $x(t, g)$ と書こう．t と g の大きさを

$$t' = Tt$$

$$g' = G^{-1}g \tag{5.17}$$
$$x'(t', g') = x(T^{-1}t', Gg')$$

のようにスケール変換する．時間スケールを変えて，t から $t' = Tt$ になるようにする．つまり，もとの時間スケールで値が t とすると，スケール変換後は Tt となる．同様に，g も，g から $g' = G^{-1}g$ にスケール変換する．もとのスケールで値が g とすると，スケール変換後は $G^{-1}g$ となる．スケール変換の大きさ T と G は，この段階ではまだ未定である．変換 (5.17) の第3式を式 (5.15) に代入すると，

$$T^2 \frac{d^2}{dt'^2} x'(t', g') = Gg' \tag{5.18}$$

となる．これが式 (5.15) と等価になること，つまりスケール変換不変性を要求すると，

$$G = T^2 \tag{5.19}$$

でなければならない．このようにスケール変換された方程式

$$\frac{d^2}{dt'^2} x'(t', g') = g' \tag{5.20}$$

の挙動は，もとの挙動に等価になる．式 (5.15) の解 $x(t, g)$ と，式 (5.20) の解 $x'(t', g')$ が同じ挙動になることを要求すると，式 (5.19) を満たすような変換が要求される．このように，動的なスケール変換不変性を要求すると，異なるスケールで対象の挙動を調べても全く同じに見え，特別のスケールをもたないスケールフリーになっている．このようにスケール変換した $x'(t', g') = x(T^{-1}t', Gg')$ は，関数としては $x'(t, g) = x(T^{-1}t, Gg)$ と等価なので，式 (5.19) を考慮すると，

$$x(t, g) = x(T^{-1}t, T^2 g) \tag{5.21}$$

を満たす．この段階では，もはや T は自由に選ぶことができ，任意の T に対して式 (5.21) が成立しなければならない．したがって，t, g の関数 $x(t, g)$ が一つの変数 $t^2 g$ のスケール関数 $\bar{f}$ を用いて，

$$x(t, g) = \bar{f}(t^2 g) \tag{5.22}$$

と表せる．スケーリング法が適用できるのはこの段階までで，$\bar{f}$ を決定することはできないが，これからいろいろな性質が導ける．次元解析を使うと，$x(t, g) \approx t^2 g$ が導ける．また，同じ位置に達する時間に興味があるならば，次元解析

を使う必要はなく，式(5.22)から直接分かる．実際，$t^2 g$ が一定になれば $x(t, g)$ も一定になるので，そのような時間 t は，$t \approx g^{-1/2}$ となる．

質点の運動は，横軸を時間 t，縦軸を $x(t)$ として描くことで把握できる．実際，横軸に時間 t を，縦軸に距離 x をとったグラフ (t, x) は $(t, gt^2/2)$ となる．いま，両軸のスケールを変更し，変換後の質量の運動を観察する．もちろん，適当な変換だと異なった運動になる．たとえば，時間だけを2倍にすると，$\ddot{x}(t) = 4g$ となるので，グラフは $(t, 2gt^2)$ となり，もとの軌道と異なる．しかし，時間と重力の大きさを同時に変換すると，放物線は同じ形になりうる．これは式(5.19)で示した変換にほかならない．実際，$T = 1/2$，$G = 1/4$ とすると，グラフは $(t', g't'^2/2)$ となるが，これは記号は違うものの $(t, gt^2/2)$ と同じである．

別な観点からスケーリング法を応用しよう．もし，式(5.15)が与えられず，ある量の2階微分が一定であるという条件だけしか分からない場合は，どう扱えばよいだろうか．g の変換は考えない．いま，スケール変換

$$t' = Tt$$
$$x'(t') = Lx(T^{-1}t') \tag{5.23}$$

を考える．式(5.17)と異なり，g の変換はない．本変換を式(5.15)に代入すると，

$$T^2 L^{-1} \frac{d^2}{dt'^2} x'(t') = g \tag{5.24}$$

を得る．いままでと同様に，スケール変換不変性を要求し，

$$T^2 = L \tag{5.25}$$

と選ぶ．すると，式(5.24)は

$$\frac{d^2}{dt'^2} x'(t') = g \tag{5.26}$$

と変換されるので，式(5.15)と比べれば，x でも x' を用いても挙動を表す数式は同じになる．このようにスケール変換した $x'(t') = Lx(T^{-1}t')$ は，関数としては $x'(t) = Lx(T^{-1}t)$ と等価なので，$x(t) = x'(t)$ から，関数方程式

$$x(t) = Lx(L^{-\frac{1}{2}}t) \tag{5.27}$$

を得る．これは任意の L に対して成立するので，その解は $x(t) \approx t^x$ と表せる．この解を上式に代入すると，$1 - x/2 = 0$ から $x = 2$ となる．したがって，

$$x(t) \approx t^2 \tag{5.28}$$

と求まる.ここでは,定数 g がどのような次元をもっているかにかかわらず,単に一定であるという事実だけを用いている.

以上のようにスケーリング法は,パラメータのすべてが分からない場合でも,次元解析で仮定したべき則を自然と導く.従来の方法では,対象の動作が,たとえば $\ddot{x}(t)=g$ のような方程式として与えられることが必要であったが,以上の例で推察されるように,スケーリング法はもっと広い範囲で応用が可能である.スケーリング法の本質的な点は,スケールを変えたときに見られる対象の特徴である.

次の例として,ばね定数 k の振動方程式

$$\frac{d^2}{dt^2}x(t)=-kx(t) \tag{5.29}$$

を考える.$x(t)$ の次元は L,k の次元は $1/T^2$ なので,$x(t) \approx k^{a_1}t^{a_2}$ とすると,上式の右辺に距離の次元をもった量がないので,べき則が成立しない.実際,$0=-2a_1+a_2$,$1=0$ となるので,解は存在しない.上式に現れるのは変数 t とパラメータ k なので,$x(t)=x(t,k)$ と表す.前例と同様にスケール変換

$$\begin{aligned}&t'=Tt\\&k'=K^{-1}k\\&x'(t',k')=x(T^{-1}t',Kk')\end{aligned} \tag{5.30}$$

を施す.式 (5.29) の両辺は $x(t,k)$ に比例するので,$x(t,k)$ 自体の変換は行わない.スケール変換 (5.30) を式 (5.29) に代入すると,

$$T^2\frac{d^2}{dt'^2}x'(t',k')=-Kk'x'(t',k') \tag{5.31}$$

となる.ここで,$T^2=K$ と選ぶと,スケール変換に対して不変になるので,これまでの議論と同様に $x(t,k)=x'(t,k)$ となる.したがって,

$$x(t,k)=x(K^{-\frac{1}{2}}t,Kk) \tag{5.32}$$

を得る.これは任意の K に対して成立するので,$K^{-1/2}t(Kk)^{1/2}=k^{1/2}t$ から,変数が一つ少ないスケール関数 $\bar{f}$ を用いて $x(K^{-1/2}t,Kk)=\bar{f}(k^{1/2}t)$ と表すことができ,

$$x(t,k)=\bar{f}(k^{\frac{1}{2}}t) \tag{5.33}$$

となる.

単振り子の変化は,鉛直から角度を x,振り子の長さを l とすると,

$$\frac{d^2x}{dt^2}+\frac{g}{l}\sin x=0 \tag{5.34}$$

にしたがう.振幅 x が l に比べ十分小さいとき,近似的に $d^2x/dt^2+(g/l)x=0$ となるが,これは式(5.29)で $k=g/l$ とした場合に相当する.周期 P は振動方程式を使用して解析すれば容易に求まるが,基礎方程式を知らなくとも式(5.33)から求めることができる.P は同じ位置に戻る時間なので,$k^{1/2}t=(g/l)^{1/2}t$ が一定になれば $x(t,g)$ も一定になる.つまり,$P\approx(g/l)^{-1/2}$ である.

振幅 a が l に比べ小さいという仮定ができない場合はどのようになるだろうか.a も x も角度であり,スケール変換されない.式(5.34)の解は t,l に依存するので,$x(t)=x(t,l)$ と表す.いま,

$$\begin{aligned}t'&=Tt\\ l'&=Ll\\ x'(t',l')&=x(T^{-1}t',L^{-1}l')\end{aligned} \tag{5.35}$$

とスケール変換すると,式(5.34)は,

$$T^2\frac{d^2x'}{dt'^2}+L\frac{g}{l'}\sin x'=0 \tag{5.36}$$

と変換される.$T^2L^{-1}=1$ とすると,スケール変換不変性が満たされるので,

$$\frac{d^2x'}{dt'^2}+\frac{g}{l'}\sin x'=0 \tag{5.37}$$

となり,もとの方程式と同じ形になる.こうして,$x(t,l)=x'(t,l)$ でなければならない.つまり,$T^2L^{-1}=1$ を考慮すると,

$$x(t,l)=x(L^{-\frac{1}{2}}t,L^{-1}l) \tag{5.38}$$

となる.これは任意の L に対して成り立つので,変数は $(L^{-1/2}t)^{-2}\times L^{-1}l=t^{-2}l$ なる組み合わせでなければならない.このことから,スケール関数 $\tilde{f}$ を導入して,

$$x(t,l)=\tilde{f}(t^{-2}l) \tag{5.39}$$

と表せる.これから,前の議論と同じように,$P\approx l^{1/2}$ が導ける.同様に,g の依存性も導ける.この場合,時間および重力の加速度を

$$\begin{aligned}t'&=Tt\\ g'&=G^{-1}g\\ x'(t',g')&=x(T^{-1}t',Gg')\end{aligned} \tag{5.40}$$

とスケール変換すれば，式 (5.34) は，
$$T^2 \frac{d^2 x'}{dt'^2} + G\frac{g'}{l}\sin x' = 0 \tag{5.41}$$
となる．ここで，$T^2 G^{-1}=1$ とすると，スケール変換不変性が満たされるので，
$$x(t,g) = x(T^{-1}t, T^2 g) \tag{5.42}$$
を得る．これは任意の T に対して成り立つので，スケール関数 $\hat{f}$ を用いて，
$$x(t,g) = \hat{f}(t^2 g) \tag{5.43}$$
と表される．これから，やはり周期は $P \approx g^{-1/2}$ となる．以上の結果は，近似式ではなく，厳密な方程式 (5.34) から得られたものである．

周期だけに着目するならば，もっと直接的な方法もある．スケーリング法として次元解析を見直そう．いま，$l' = Ll$, $t' = Tt$ とする．g の次元を考えれば，
$$\begin{aligned} P' &= TP \\ g' &= LT^{-2}g \end{aligned} \tag{5.44}$$
となる．いま，周期を $P(l,g)$ と表そう．変換後は $P' = P(l', g')$ となるが，P は時間の単位なので，$P(l,g)$ には L は現れない．実際，$P(l', g') = P(l'/g')$ とすると，
$$\frac{l'}{g'} = T^2 \frac{l}{g} \tag{5.45}$$
となる．これから，
$$P\left(\frac{l}{g}\right) \approx \sqrt{lg^{-1}} \tag{5.46}$$
とすればよいことが分かる．

以上のことを次元で考えると次のようになる．時間の単位を T 倍し，長さは変化させないとする．g の数値は T^{-2} 倍されるが，$\Pi(l,g)$ と l は変化しない．このことはまた，$\Pi(l,m,g)$ が変化しないことを意味する．長さの単位を L^{-1} 倍すると l の値は L 倍されるが，$\Pi(l,m,g)$ は変化しない．したがって，$\Pi(l,m,g)$ は不変で，$\Pi = \theta/\sqrt{l/g}$ =一定は単位系の変更に対して変わらない．実際，l/g の値は T^2 倍されるので，$P \approx \sqrt{l/g}$ を得る．なお，周期は正確には
$$P = 4\sqrt{\frac{l}{g}} \int_0^{\frac{\pi}{2}} \frac{d\theta}{\sqrt{1 - \sin\left(\frac{\alpha}{2}\right)^2 \sin^2 \theta}} \tag{5.47}$$
と表せる．ここで，α は $dx/dt = 0$ となる角度である．

5.4 いくつかの例

いままで,主に物理的な量にスケーリング法を応用してきたが,自然現象に限らず,社会現象など実にさまざまな分野で適用できる.以下では,電気回路,生物,コンピュータ科学で見られるスケーリングの例を取り上げる.

5.4.1 樹状電気回路のインピーダンス

図5.5に示す樹状の電気回路のインピーダンスを調べよう.容量 C,抵抗 R からなる回路のインピーダンスは,角振動数を ω とすると,$Z = R + (i\omega C)^{-1}$ と表すことができる.枝が一段先に進むにつれて,最初の抵抗 R を $1/r$ 倍する.回路の構成は連分数によって表されるので,以下に連分数の表し方を定義しておく.たとえば,

$$a + \cfrac{1}{b + \cfrac{1}{c}} \equiv a + \cfrac{1}{b+} \cfrac{1}{c} \tag{5.48}$$

と表記する.すると,樹状回路のインピーダンスは,

$$Z(\omega) = R + \cfrac{1}{i\omega C+} \cfrac{2}{\frac{R}{r}+} \cfrac{1}{i\omega C+} \cfrac{2}{\frac{R}{r^2}+} \cdots \tag{5.49}$$

と表せる[5].右辺に現れる無限に続く連分数を直接計算する必要はない.自己相似性を用いると,ある条件の下に意外と簡単に計算できる.まず,図5.5をよく眺めると,上と下の楕円で囲んだ部分はともに,全体と同じ型をしていることが分かる.そこで,図形ではないが,フラクタル的な考えが当てはまる.すると,式(5.49)は

$$Z(\omega) = R + \cfrac{1}{i\omega C + \cfrac{2r}{Z\left(\frac{\omega}{r}\right)}} \tag{5.50}$$

と書けることに気がつく.ここで,因子2は,上下の部分に全体と相似な回路が2個できることからくる.$Z(\infty) = R$ である.いま,$R \ll |Z(\omega)|/2r \ll (\omega C)^{-1}$ の場合を考えよう.このとき,$\omega \ll (RC)^{-1}$ となるので,式(5.50)は関数方程式

$$Z(\omega) = \frac{1}{2r} Z\left(\frac{\omega}{r}\right) \tag{5.51}$$

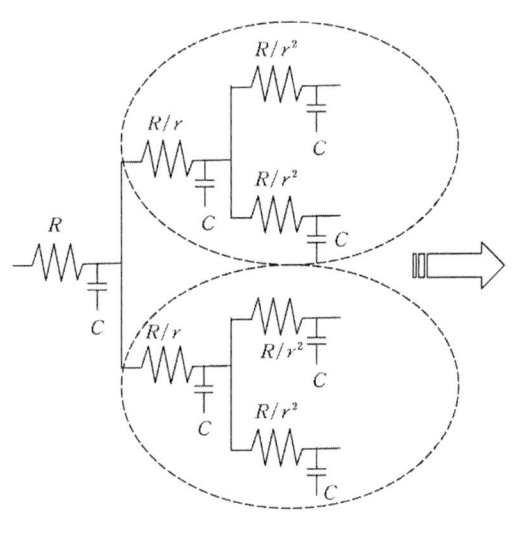

図5.5 樹状の電気回路

で近似できる．これは，まさにスケール変換不変性を意味する．上記の関数方程式が任意の r に対して成り立つと仮定すれば，

$$Z(\omega) \approx \omega^{-\beta} \tag{5.52}$$

を得る．ここで，

$$\beta = 1 - \frac{\log 2}{\log\left(\frac{1}{r}\right)} \tag{5.53}$$

である．図形としてのフラクタル次元 $D = \log 2/\log(1/r)$ を用いると，$\beta = 1 - D$ と表せる．ここで，$0 \leq D \leq 1$ から，$0 \leq \beta \leq 1$ である．特に $r \to 0$ の極限をとると，$\beta \to 1$ となり，いわゆる $1/f$ ノイズが現れる．

5.4.2 生物の代謝率

動物の酸素吸収量がスケーリング特性を示すことが知られている[6]．単位時間当たりに動物が吸収する酸素吸収量を R（ワット）とする．R は通常，代謝率と呼ばれているが，体重 W，密度 ρ，単位時間当たりに酸素を吸収する比吸収率 β_n に依存する．ここで，β_n の値は，吸収する媒体の幾何的形状に依存し，1次元では $n=1$，2次元に広がる面的な媒体では $n=2$，3次元に広がる立体的な媒

体では $n=3$ となる．したがって，適当な関数 f を用いて，

$$R=f(W, \rho, \beta_n) \tag{5.54}$$

と表せる．各量の次元は，$[R]=M_{O_2}T^{-1}$, $[W]=M$, $[\rho]=ML^{-3}$, $[\beta_n]=M_{O_2}\cdot L^{-n}T^{-1}$ である．ここで，M_{O_2} は吸収された酸素の重さを表す単位である．特に，n に依存する $[\beta_n]$ の表現に注意されたい．むしろ，

$$[\beta_n]=[R]L^{-D} \tag{5.55}$$

と考え，フラクタル次元 $D=n$ を導入した方が分かりやすい．

次元解析の基本式である式 (4.5) において，独立なパラメータは 3 個 ($k=3$) で，$a_1=\beta_n$, $a_2=W$, $a_3=\rho$ で，$m=0$ である．式 (4.16) で $a=R$ とおくと，

$$\Pi=\frac{R}{\beta_n\left(\dfrac{W}{\rho}\right)^{\frac{n}{3}}} \tag{5.56}$$

は一定になる．これから，R の W に関するべき則として

$$R\approx W^a \tag{5.57}$$

を得る．べき指数 $a=D/3$ は n に依存する．$1\leq n\leq 3$ なので，$1/3\leq a\leq 1$ の範囲にある．W は体重を表すので，$W^{2/3}$ は次元としては面を表す．すると，$a=2/3$ ならば，酸素の吸収媒体は面的になるが，実際にはそうではない．それでは，実際の動物では，a はどのような値をとっているだろうか．

いくつかの実測値がある．たとえば，シュミットらはハツカネズミからゾウに至るさまざまな動物に対して，$R\approx W^{0.751}$ がほぼ成立することを示した．個別には，アミ類（海に生息する小動物）は $R=0.14W^{0.8}$，短尾類（甲殻動物）は $R=0.15W^{0.75}$ を示した[7]．ほぼ，$a=3/4$ になっているようである．これは，クライバーがさまざまな鳥や哺乳類の代謝率をはじめて調べて得た，いわゆるネズミゾウ曲線として知られる関係式 $R\approx W^{3/4}$ である[8]．3/4 というきりのいい数字はいかにも何らかの普遍性を表しているように思えるが，ヘビのように，動物の種類によっては必ずしも当てはまらない場合もある．いずれにしても実測値から得られた a は，概ね 2/3 と 1 の間にある．これらの結果は $D=2$ でないことを示し，酸素を吸収する媒体の幾何的形状は面的でないことが明らかにされた．仮に $a=3/4$ とすると，$D=9/4$ となる．このことは，動物の酸素の吸収面はフラクタル構造になっていることを意味する．そこで，吸収面である多面体が，一辺の長さが η である正三角形で構成されていると仮定しよう．吸収面はコッホ曲線のよ

うなフラクタルで、多面体の面積 S_η は $\eta \to 0$ で発散する．いま，
$$S_\eta \approx \eta^{2-D} \tag{5.58}$$
と表そう．ここで，D は表面のフラクタル次元で $2 \leq D \leq 3$ である．各正三角形の面積は $(\sqrt{3}/4)\eta^2$ なので，多面体の面の数 N_η は，
$$N_\eta \approx \frac{S_\eta}{\eta^2} \approx \eta^{-D} \tag{5.59}$$
になる．たとえば，ヒトとチョウ鮫では $D=2.4$，アミ類でも $D=2.4$，短尾類では $D=2.25$ である．

5.4.3 コンピュータ科学

まず，簡単な例として多項式の乗算を取り上げる．$n-1$ 次の多項式の乗算に必要な乗算の回数を考えよう．$f_{n-1}(x)=a_0+a_1x+a_2x^2+\cdots+a_{n-1}x^{n-1}$，$g_{n-1}(x)=b_0+b_1x+b_2x^2+\cdots+b_{n-1}x^{n-1}$ を異なる $n-1$ 次の多項式とすると，$f_{n-1}(x) \cdot g_{n-1}(x)$ には n^2 回の乗算が必要になる．たとえば，$n=4$，$f_3(x)=-4x^3+3x^2+x+1$，$g_3(x)=-3x^3-5x^2+2x+1$ とすると，$f_3(x)g_3(x)$ の計算には $4^2=16$ 回の乗算が必要である．しかし，以下のような工夫をすると，n^2 より少ない乗算回数ですむ．いま，$f_3(x)=(-4x+3)x^2+x+1=ax^2+b$，$g_3(x)=(-3x-5)x^2+2x+1=cx^2+d$ とおくと，$f_3(x)g_3(x)=acx^4+\{(a+b)(c+d)-ac-bd\}x^2+bd$ となることに注意すれば，必要な乗算は，2 次多項式の乗算である $ac, bd, (a+b)(c+d)$ である．実際，たとえば，$(a'x+b')(c'x+d')=a'c'x^2+((a'+c')(b'+d')-a'c'-b'd')x+b'd'$ の形に書き直せるので，3 回の乗算ですむ．したがって，合計 $3\times 3=9$ 回になる．以上の考察から，$f_3(x)g_3(x)$ に必要な回数 $Q(4)$ を，$Q(2)$ を用いて $Q(4)=3Q(2)$ と表せる．一般化して $f_{n-1}(x)g_{n-1}(x)$ に必要な乗算回数を $Q(n)$ とする．$n=2^m$（m は整数とする）と表せる場合，
$$Q(n)=3Q\left(\frac{n}{2}\right) \tag{5.60}$$
となるので，これからべき則 $Q(n)=n^{\log_2 3}$ を得る．上の例では $n=4$（$m=2$）で，$Q(4)=4^{\log_2 3}=9$ である．べき指数はいわば次元に対応し，$D=\log_2 3$ はフラクタル次元と考えられる．素朴な方法は，次元で表すと $D=2$ である．

乗算の各項を表にして表すと，仮に次元を $[n]=L$，$[Q(n)]=L^2$ と考えることができる．すると，次元解析から

$$Q(n) = n^2 \Phi_2\left(\frac{n}{n_0}\right) \tag{5.61}$$

と表せる．ここで，n_0 は最初の正方行列の大きさである．いま，$\Phi_2(n/n_0) \approx (n/n_0)^\alpha$ とすれば，$\alpha = -2 + \log_2 3 = -1.36907$ となる．つまり，$\lim_{n \to 0} \Phi_2(n/n_0) = \infty$ と発散する．

次に，$n \times n$ の行列どうしの乗算を考えよう．同様な方法で，

$$Q(n) = 7Q\left(\frac{n}{5}\right) \tag{5.62}$$

を得る．フラクタル次元は，$D = \log_2 7$ である．次元解析から

$$Q(n) = n^3 \Phi_3\left(\frac{n}{n_0}\right) \tag{5.63}$$

であり，$\Phi_3(n/n_0) \approx (n/n_0)^\beta$ とすれば，$\beta = -3 + \log_2 7 = -0.192645$ となる．

例をもう一つ述べる．コンピュータ科学で重要なアルゴリズムに，データの整列がある．データを昇順に並び替える必要性は，いろいろな場合に遭遇する．整列アルゴリズムの中でよく用いられるクイックソートを取り上げよう[9]．ランダムに並んだ正の整数からなる大きさ N の1次元配列 a がある．単純な整列では，各要素をほかのすべての要素と比較することで可能になるので，比較の回数を $C(N)$ とすると $C(N) \approx N^2$ となる．しかし，クイックソートはこれよりも早く並び替えることができる．

クイックソートは，配列を左右に分割し，それぞれの配列を独立に整列するアルゴリズムである．アルゴリズムをコンピュータで実行するにはプログラムを作成しなければならない．以下に示す例は，C++ という言語で書いた quicksort と名づけた手続きである．プログラムは，セミコロン（;）で終わる文と呼ばれる実行の単位で構成される．この例のように，1行に複数の文（v:=a[r]; i=l−1; j=r; の3文）を書くこともできる．あらかじめ使い方が決められている関数（if, while, break など）があり，たとえば，if (r>l) {…} は，条件 (r>l) によって，{…} の中にある文を実行する．itemType は配列 a の型，v は分割用の配列要素 a[r] を保持するための変数，添え字 i, j はそれぞれ左と右の走査用のポインタを表す．また，swap(a, i, j) は配列要素 i, j を交換する手続きである．以上の準備だけで，以下のプログラムを理解するのに十分であろう．

```
void quicksort (itemType a[], int l, int r)
{
  int i, j ; itemType v ;
  if (r>l)
    {
      v := a[r] ; i=l-1 ; j=r ;
      for ( ; ; )
      {
        while (a[++i]<v) ;
        while (a[--j]>v) ;
        if (i>=j) break ;
        swap (a, i, j) ;
      }
      swap (a, i, r) ;
      quicksort (a, l, i-1) ;
      quicksort (a, i+1, r) ;
    }
}
```

プログラムの名前は quicksort であるが，プログラム自身の中で同じプログラム (quicksort) を使っている．このようなプログラムを再帰プログラムと呼んでいる．これは，フラクタル図形と同様，もとのプログラムの引数を左右に分けて，それぞれの部分に同じ手続きを用いている．このことから，$C(N)$ が関数方程式の解として表されることが予想される．

配列の分割がどの段階においてもちょうど半分になるとき，上に示した再帰プログラムを参考にすると，$C(N)$ は漸化式

$$C(N) = 2C\left(\frac{N}{2}\right) + N \qquad (5.64)$$

を満たすことが分かる．もし右辺第2項がなければ，$C(N) \approx N$ となる．式 (5.64) は正確には自己相似な形になっていないが，その解は N が大きいとき，

$$C(N) \cong N \log_2 N \qquad (5.65)$$

となる。$N=2^n$ とおくと、式 (5.64) は $C(2^n)=2C(2^{n-2})+2^n$ と書けるので、両辺を 2^n で割れば、$C(2^n)/2^n=C(2^{n-2})/2^{n-1}+1=\cdots=n$ となることから導ける。

5.5 スケール変換不変性と階層構造

5.5.1 階層構造の不変性

スケール関数はスケール変換に対して不変な関数として導入された。直角三角形の場合の議論を思い出そう。図 4.2 に示すように斜辺の長さを c、その他の辺を a,b とする。$a/c=\cos\phi$, $b/c=\sin\phi$ は無次元である。面積は $S(a,b,c)=ab/2=c^2(a/c)(b/c)/2$ と変形できるので、スケール関数 Φ を用いて、

$$S(a,b,c)=c^2\Phi(ac^{-1},bc^{-1}) \tag{5.66}$$

と表現できる。Φ は直角三角形の大きさによらず不変な量である。実際、相似な直角三角形に対して角度 ϕ は同じで、$\Phi=\sin 2\phi$ は一定値になる。したがって、任意の α,β に対して次式が成り立つ。

$$\Phi(\alpha,\beta)=\frac{1}{2}\alpha\beta \tag{5.67}$$

いま、直角三角形を相似的に L 倍にすると、各辺はそれぞれ、$a'=La$, $b'=Lb$, $c'=Lc$ と変換される。これらのスケール変換を上式に代入すると、

$$S'(a',b',c')=c'^2\Phi(a'c'^{-1},b'c'^{-1})=L^2c^2\Phi(ac^{-1},bc^{-1})=L^2S(a,b,c) \tag{5.68}$$

と変換される。もとの面積の L^2 倍になる。たとえば、$L=3$ とすると大きな三角形にもとの三角形が 9 個入る。一般に、面積が数式でどのように表されるかは不問で、$S'=L^2S$ が導かれる。もとの三角形でも相似的に変形した三角形でも、$\alpha=a/c$, $\beta=b/c$, $\alpha'=a'/c'$, $\beta'=b'/c'$ とすると、

$$\Phi(\alpha',\beta')=\Phi(\alpha,\beta) \tag{5.69}$$

となるので、任意の α,β に対して $\Phi(\alpha,\beta)$ は不変である。

スケール関数 Φ は相似な直角三角形の大きさによらない不変な量である。このことは、対象を規定する特定の大きさが存在しないともいえる。つまり、三角形の大きさをどのように変えても、面積を決める Φ の値は変わらない。いま、一辺の長さがそれぞれ a,b の長方形を考え、その面積を $S(a,b)=ab$ とする。長方形を、各辺の長さがそれぞれ $a/L, b/L\,(L>1)$ の相似な小さな長方形に分割する。これをレベル 0 からレベル 1 に階層化する過程と見なそう。すると、もとの長方形は、図 5.6 のように合計 L^2 個の小さな長方形で隙間なく覆い尽くさ

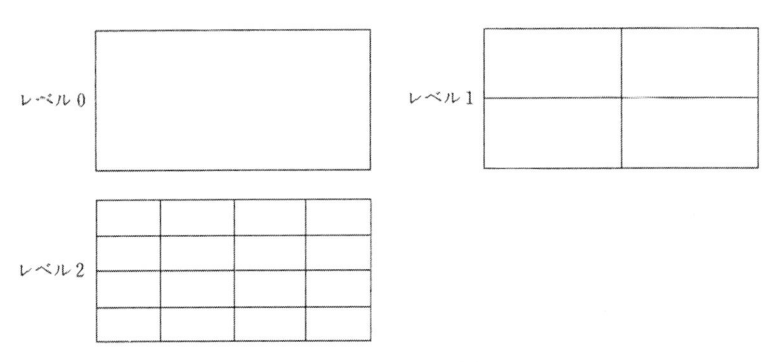

図 5.6 長方形の階層

れる．面積で考えると，$S(a,b)$ は $S(a/L, b/L)$ の L^2 倍に等しいので，
$$S(a,b) = L^2 S(L^{-1}a, L^{-1}b) \tag{5.70}$$
になる．同様に，レベル1からレベル2へ進めると，$S(L^{-1}a, L^{-1}b) = L^2 \cdot S(L^{-2}a, L^{-2}b)$ となる．$n=1,2,3,\cdots$ とすると，一般に，
$$S(L^{-n}a, L^{-n}b) = L^{-2} S(L^{-(n-1)}a, L^{-(n-1)}b) \tag{5.71}$$
が成り立つ．この関係式はどのような L に対しても成り立つ．ここで，$S_n(a,b) = S(L^{-n}a, L^{-n}b)$ とおくと，式 (5.71) は n に対する階層構造
$$S_n(a,b) = L^{-2} S_{n-1}(a,b) \tag{5.72}$$
と考えられる．

長方形の面積は，スケール関数 Φ を用いて
$$S(a,b) = a^2 \Phi(ab^{-1}) \tag{5.73}$$
と表せる．スケール関数の表し方はさまざまである．たとえば，$\Psi(ab^{-1}) = ab^{-1}\Phi(ab^{-1})$ を用いて $S(a,b) = (a^3/b)\Psi(ab^{-1})$ とすることも可能である．いま，
$$\Phi(ab^{-1}) = (ab^{-1})^{-1} \overline{\Phi}(ab^{-1}) \tag{5.74}$$
と新たな関数を導入すると，$S(a,b) = ab\overline{\Phi}(ab^{-1})$ と表せる．$S_n(a,b) = ab \cdot \overline{\Phi}_n(ab^{-1})$ を式 (5.71) に代入すると，$L^{-n}aL^{-n}b\overline{\Phi}_n(ab^{-1}) = L^{-2}L^{-(n-1)}aL^{-(n-1)}b \cdot \overline{\Phi}_{n-1}(ab^{-1})$ となり，
$$\overline{\Phi}_n(ab^{-1}) = \overline{\Phi}_{n-1}(ab^{-1}) \tag{5.75}$$
を得る．$\overline{\Phi}_n(ab^{-1})$ は ab^{-1} のみに依存する関数で，しかも $\overline{\Phi}_n(ab^{-1}) = \overline{\Phi}^*(ab^{-1})$ と n によらず一定になる．つまり，階層構造における不変量と見なすことができる．以上のような階層構造による考察からは $\overline{\Phi}^*(ab^{-1})$ を決めることができな

いが，面積の基準によって決まる値であり，通常1とする．実際，$\bar{\varPhi}^*(ab^{-1})=1$ とすると $S(a,b)=ab$ となる．

図1.9に示した合計3個の小さな三角形で覆う2次元シェルピンスキー・ガスケットを考えよう．この場合 $L=2$ で，$S(a,b)$ は $S(2^{-1}a, 2^{-1}b)$ の3倍に等しく，
$$S(a,b)=3S(2^{-1}a, 2^{-1}b) \tag{5.76}$$
である．階層構造として表現すると，
$$S_n(a,b)=3^{-1}S_{n-1}(a,b) \tag{5.77}$$
となる．式(5.76)から，スケール関数 $\bar{\varPhi}$ を用いて，
$$S(a,b)=(ab)^{\frac{\log 3}{\log 4}}\bar{\varPhi}(ab^{-1}) \tag{5.78}$$
と表せる．$S_n(a,b)=(ab)^{\log 3/\log 4}\bar{\varPhi}_n(ab^{-1})$ とおき，式(5.76)に代入すると，$(2^{-1}a2^{-1}b)^{\log 3/\log 4}\bar{\varPhi}_n(ab^{-1})=3^{-1}(ab)^{\log 3/\log 4}\bar{\varPhi}_{n-1}(ab^{-1})$ となり，この場合も $\bar{\varPhi}_n$ は不変になる．

階層的な構造を仮定して進めた解析は，結局 $S(a,b)=ab\bar{\varPhi}(ab^{-1})$ を与える．しかも，$\bar{\varPhi}(ab^{-1})$ は相似な三角形では同じ値になり，スケールに依存しない．このように，通常の図形を用いて階層構造を作り上げたとしても，$\bar{\varPhi}$ は一定の値にしかならない．実はこれは幸運なケースで，一般にはもっと深い考察が必要になる．対象の静的，動的なメカニズムを知ることなく $\bar{\varPhi}$ の値を決定することはできないが，$\bar{\varPhi}$ がスケールに依存するとすれば，それはどのような場合であろうか．

5.5.2 乱流のコルモゴロフ則

乱流を考えよう．外部から供給される波数帯に比べ十分大きな波数領域（慣性領域）では，慣性力と粘性力が釣り合っている．この領域では，波数 κ のエネルギースペクトル $E(\kappa)$ は，コルモゴロフ則 $E(\kappa) \approx \varepsilon^{2/3}\kappa^{-5/3}$ として表される[2]．ε を単位体積当たりの運動エネルギー，ν を粘性力（応力）とすると，それぞれの次元は，$[\kappa]=L^{-1}$, $[\varepsilon]=L^2T^{-3}$, $[\nu]=L^2T^{-1}$, $[E(\kappa)]=L^3T^{-2}$ である．一般式(4.5)では，$a=E$, $a_1=\varepsilon$, $a_2=\nu$ で，$b_1=\kappa$ である．次元を調べると，式(4.15)の無次元パラメータは，
$$\varPi=\frac{E(\kappa)}{\varepsilon^{\frac{1}{4}}\nu^{\frac{5}{4}}}, \qquad \varPi_1=\left(\frac{\varepsilon}{\nu^3}\right)^{-\frac{1}{4}}\kappa \tag{5.79}$$

となることが分かる．したがって，$E(\kappa)$ はスケール関数 $\bar{f}$ を用いて，

$$E(\kappa) = \varepsilon^{\frac{1}{4}} \nu^{\frac{5}{4}} \bar{f}\left(\left(\frac{\varepsilon}{\nu^3}\right)^{-\frac{1}{4}} \kappa\right) \tag{5.80}$$

と表すことができる．慣性領域では粘性の影響が無視できるので，上式から $\bar{f}$ は $\nu^{-5/4}$ に比例することが分かる．この例では，図形の場合と異なり，スケール関数を不変量と見なせない．乱流は階層構造をもつ典型例であるが，詳しいことは次節で述べる．したがって，$f((\varepsilon/\nu^3)^{-1/4}\kappa) \approx ((\varepsilon/\nu^3)^{-1/4}\kappa)^{-5/3}$ とおけば，コルモゴロフによって導かれた有名な $-5/3$ 乗スペクトル

$$E(\kappa) \approx \varepsilon^{\frac{2}{3}} \kappa^{-\frac{5}{3}} \tag{5.81}$$

を得る．流体方程式とは無関係に，次元解析および物理的考察から導いたことは注目に値する．

5.5.3 エネルギーカスケード

粘性の影響が無視できる慣性領域はスケーリング領域に対応する．慣性領域のことを少し詳細に調べよう．乱流はさまざまな大きさの渦で構成されていると考えられている．乱流のエネルギーは，大きさ $l_{\max}$ の大きな渦から，それに重なり合って自己相似な小さな渦へと移動し，最終的には熱となって散逸する．中間的な大きさ l の渦では，エネルギーはほとんど散逸せずに，小さな渦へと移動する[4]．このような領域が慣性領域で，予想されるようにフラクタル的な構造をしている．つまり慣性領域とは散逸がなく，エネルギーが保存されているような領域である．これまで，スケール変換した量が不変になることを利用してべき則を導いたが，この例ではその量が乱流のエネルギーで，スケール変換不変性はエネルギーの流れが保存するという形で表現される．したがって，慣性領域ではコルモゴロフ則のようなべき則が成立することが予想される．

大きさ l の渦を考えよう．その渦の速度を v_l とすると，その寿命を表す時間 τ_l は $\tau_l = l/v_l$ である．この渦のエネルギー流速 ε_l は，単位質量当たりのエネルギー $v_l^2/2$ が時間 τ_l でより小さな渦へ変換する割合で，

$$\varepsilon_l \approx \frac{v_l^2}{\tau_l} \approx \frac{v_l^3}{l} \tag{5.82}$$

と表せる．いま，渦の大きさを $l' = Ll$ とスケール変換する．渦の速度を ε_l と l の関数として，$v_l = f(\varepsilon_l, l)$ と表そう．すると，ε_l は $f^3(l, \varepsilon)/l$ と表すことがで

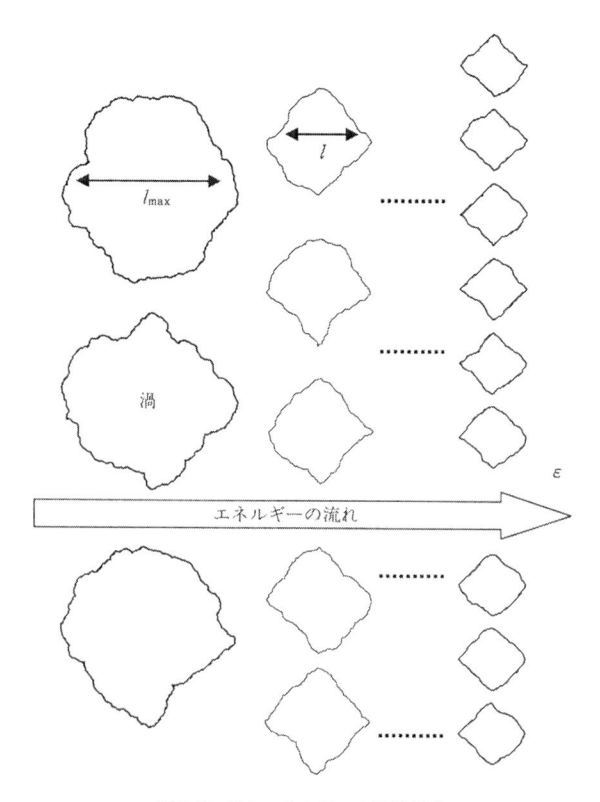

図5.7 渦のエネルギーの階層構造

き，しかも慣性領域では一定になるので，これを ε とおこう．これは，図5.7に示す渦のエネルギーの階層構造における一種の不変量で，スケール変換不変性が満足される．以上の考察から，

$$\frac{f^3(l,\varepsilon)}{l} = \frac{f^3(Ll,\varepsilon)}{Ll} \tag{5.83}$$

が成り立つものと仮定できる．上式から，$f(l,\varepsilon)=L^{-1/3}f(Ll,\varepsilon)$ を得る．これが任意の L に対して成り立つことから，$f(l,\varepsilon) \approx l^{1/3}$，つまり，$v_l \approx l^{1/3}$ が求まる．式 (5.82) より

$$v_l \approx (\varepsilon l)^{\frac{1}{3}} \tag{5.84}$$

となる．この関係式はコルモゴロフ・オブコフ則と呼ばれている．このとき，渦の寿命は $\tau_l \approx \varepsilon^{-1/3}l^{2/3}$ となる．エネルギーが注入される大きさ $l_{\max}$ の渦の速度を

$v_{\max}$ とすると,$v_{\max} \approx (\varepsilon l_{\max})^{1/3}$ と書けるので,$v_l \approx v_{\max}(l/l_{\max})^{1/3}$ と自己相似な形で表現できる.大きさ l は,波数間隔で表すと $\Delta \kappa \approx l^{-1}$ である.$v_l^2/2 \approx (\varepsilon l)^{2/3}$ が微小な波数間隔 $\Delta \kappa$ のエネルギー $E(\kappa)\Delta \kappa$ に等しいことから,単位質量当たりのエネルギーがコルモゴロフ則 $E(\kappa) \approx \varepsilon^{2/3}\kappa^{-5/3}$ として表されることが分かる.

渦 l はそのエネルギーを,より小さな渦 $Ll(L<1)$ に移す.$l_{\max}$ から n 回目の渦の大きさは $l=L^n l_{\max}$ である.いま,流体の占める空間の体積 $l_{\max}^3$ には,大きさ l の渦が $(l/l_{\max})^3$ 個できることになる.単位質量当たりのエネルギーは,$v_l^2/2 \approx (\varepsilon l)^{2/3}$ である.しかし,実際には,空間全体にエネルギーが移るわけではないので,フラクタル次元 D を用いて,$(l/l_{\max})^D (D \cong 2.8)$ とする方が実験データに当てはまるようである[3].このように,実際には階層構造におけるエネルギーは不変ではない.

5.6 スケール関数の役割

前章ではいくつかの例を通して次元解析の有効性を見てきたが,無次元関数は実験などで求めることになる.無次元関数 Φ が決まらないと結論が出せない.たとえば,応力降下は $dp/dx = U^2 D^{-1} \rho \Phi(\mu/UD\rho)$ となることが導けたが,応力降下が U^2 に比例するとまではいえない.なぜなら,もし $\Phi(\Pi_1) \approx \Pi_1$ となれば,U に比例することになるからである.工学が対象とする問題では,いくつかの例で見たように,無次元関数あるいはスケール関数の役割は小さく,単に定数として扱えるような状況が多い.このことが次元解析を有効な手段にならしめている理由である.しかし,複雑な現象ではスケール関数が重要な役割を果たす.まず,簡単な幾何学的な対象から考察しよう.

5.6.1 円の多角形近似

縦と横の長さがそれぞれ a, b の長方形の面積 $f(a,b)$ を考える.次元解析を利用すると,$f(a,b) = a^2 \Phi_1(a/b)$ と表せる.ここで,$\Phi_1(a/b)$ はスケール変換 $a'=La, b'=Lb$ に対し不変で,スケーリング法だけでは $\Phi_1(a/b)$ を決めることができない.長方形を扱っているので,

$$f(a,b) = ab\Phi\left(\frac{a}{b}\right) \tag{5.85}$$

と表した方が都合がよい.スケール関数 Φ までは決められないが,実際にはス

5.6 スケール関数の役割

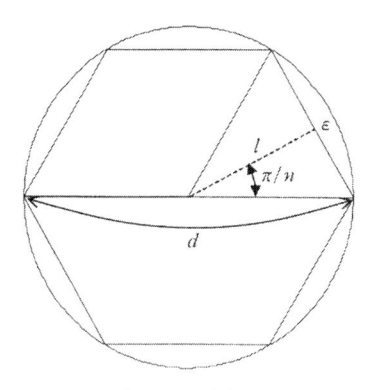

図 5.8 円の正多角形近似

ケール関数は一定である．スケーリング法あるいは次元解析が有効な方法として利用されるのは，上記の例のように対象の考察から Φ の依存性が無視でき，スケール関数は一定であると考えることができる場合が多いからである．背景には，フラクタル図形のような複雑な図形を除外して扱わなかったことがあり，複雑さを扱う場合にはスケール関数が重要な役割を果たす．

いま，図 5.8 に示すように，直径 d の円を一辺の長さが ε の正多角形で近似するとしよう．多角形の周囲の長さ $L(\varepsilon)$ は d と ε の関数になるので，

$$L(\varepsilon)=f(d,\varepsilon) \tag{5.86}$$

と表せる．パラメータ数は $k=m=1$ で，それぞれ $a=L(\varepsilon)$ ($[a]=L$)，$a_1=d$ ($[a_1]=L$)，$b_1=\varepsilon$ ($[b_1]=L$) である（式 (4.15) を参照）．無次元量は，$\Pi=L(\varepsilon)/d$，$\Pi_1=\varepsilon/d$ となり，したがって，式 (5.86) は

$$L(\varepsilon)=d\Phi\left(\frac{\varepsilon}{d}\right) \tag{5.87}$$

と表せる．さて，$\varepsilon \to 0$ とすると，正多角形は円に近づくので，明らかに，$\lim_{\varepsilon \to 0}\Phi(\varepsilon/d)=\pi$ に近づき，$\lim_{\varepsilon \to 0}L(\varepsilon)=\pi d$ となる．この場合，有限の ε では $\Phi(\varepsilon/d)$ の形までは決められないが，$L(\varepsilon)$ に与えるスケール関数 Φ の影響はそれほど重要ではなく，単に一定値を与えるだけである．

小さいが有限な ε では，$L(\varepsilon)$ は ε に比例するので，$\Phi(z)\approx z$ と考えられる．しかし，$\varepsilon \to 0$ では一定値に近づくので，一見すると矛盾するように思える．この矛盾を明らかにするため，$\Phi(\varepsilon/d)$ の正確な形を求めてみよう．図 5.8 に示す

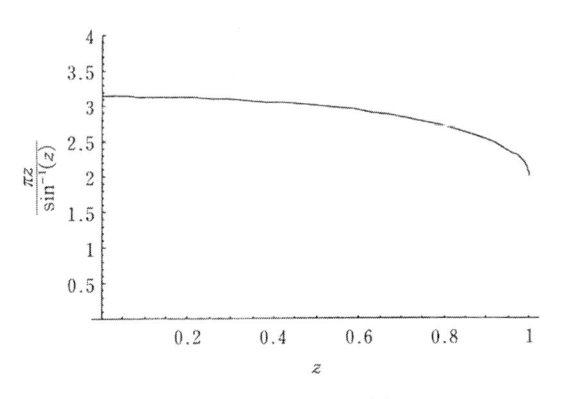

図 5.9 スケール関数 $\Phi(z)$

多角形を正 n 角形とすると，$L(\varepsilon)=n\varepsilon$ である．図から $\varepsilon=d\sin(\pi/n)$ となるので，

$$L(\varepsilon)=\frac{\varepsilon\pi}{\sin^{-1}\left(\frac{\varepsilon}{d}\right)} \tag{5.88}$$

を得る．したがって，式 (5.87) と比較すると，

$$\Phi\left(\frac{\varepsilon}{d}\right)=\frac{\varepsilon}{d}\frac{\pi}{\sin^{-1}\left(\frac{\varepsilon}{d}\right)} \tag{5.89}$$

となる．z が小さいとき，$\sin^{-1}(z)=z+z^3/6+\cdots$ と展開できることを利用すると，

$$\Phi\left(\frac{\varepsilon}{d}\right)=\frac{\varepsilon}{d}\frac{\pi}{\left(\frac{\varepsilon}{d}\right)+\left(\frac{\varepsilon}{d}\right)^3/6+\cdots}=\frac{\pi}{1+\left(\frac{\varepsilon}{d}\right)^2/6+\cdots} \tag{5.90}$$

と表せる．図 5.9 に，$z=\varepsilon/d$ として，$\pi z/\sin^{-1}(z)$ のグラフを載せた．$\varepsilon\to 0$ では確かに，$\lim_{\varepsilon\to 0}\Phi(\varepsilon/d)=\pi$ となる．先に述べた矛盾は，$L(\varepsilon)=n\varepsilon$ と書いたが，実は n は一定でなく，ε に依存することからくる．このように，有限の ε ではスケール関数 $\Phi(\varepsilon/d)$ を一定にすることができず，その関数形が重要になる．

5.6.2 コッホ曲線

円の多角形近似の例では，無次元関数 Φ までは決めることができないにして

も,円周の長さが d に比例することには変わりがなく,それほど深刻ではない.事実,扱っているものが円周のように滑らかな場合はそうで,従来このような滑らかな場合を前提にしていたためである.本書で扱うフラクタルのような複雑な対象では,スケール関数が重要な意味をもつことになる.

以上のことを具体的に述べよう.同じ幾何学的対象でも,図1.10に示したコッホ曲線の場合は非常に異なった結果をもたらす.コッホ曲線の作成手順を思い出そう.長さ d の直線を用意し,その辺を3分割し,真ん中の部分を取り去り,その部分に取り去った長さと等しい辺で山の形を作る.この操作を各4辺に対して繰り返すことでコッホ曲線が作れる.1回の操作で一辺の長さは1/3になるので,長さ d の各辺に n 回操作すると $\eta = d/3^n$ となる. n 回操作したときの全長を $L(\eta)$ とすると,無次元量は先の例と同じく, $\Pi = L(\eta)/d$, $\Pi_1 = \eta/d$ で,次元解析から

$$L(\eta) = d\Phi\left(\frac{\eta}{d}\right) \tag{5.91}$$

を得る.ここまでは,円の多角形近似の例と同じである.しかし, $\lim_{\eta \to 0} \Phi(\eta/d)$ が一定値に近づくことはない.これがフラクタル解析を必要とする理由で,コッホ曲線がその典型例である.もし, $\lim_{\eta \to 0} \Phi(\eta/d)$ が一定値になれば, $L(\eta) \approx d$ でフラクタル次元は1になってしまう.全長は明らかに $L(\eta) = d(4/3)^n$ となるので,これに $n = \log(\eta/d)/\log 3$ を代入すると,

$$L(\eta) = de^{n(\log 4 - \log 3)} = de^{\frac{(\log 4 - \log 3)}{\log 3}\log\frac{\eta}{d}} = d\left(\frac{d}{\eta}\right)^{\alpha} \tag{5.92}$$

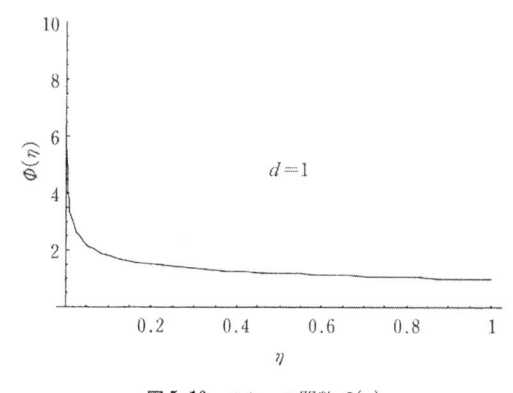

図5.10 スケール関数 $\Phi(\eta)$

と書ける．ここで，$a=(\log 4-\log 3)/\log 3\cong 0.26186$ である．$n\to\infty$ ($\eta\to 0$) で $L(\eta)$ は発散し，このことがコッホ曲線を単なる直線の集まりではない複雑な図形にしている理由になる．ここで，フラクタル次元 D の定義，$L(\eta)=d^D$ を思い出そう．式 (5.92) より $D=1+(\log 4-\log 3)/\log 3=\log 4/\log 3$ で，これはまさしくコッホ曲線のフラクタル次元である (式 (1.29) を参照)．なお，式 (5.92) の第 2 式には n が現れないが，$\eta=d/3^n$ を通じて n に依存する．式 (5.91) と式 (5.92) を比較すると，

$$\Phi\left(\frac{\eta}{d}\right)=\left(\frac{\eta}{d}\right)^{-a} \tag{5.93}$$

となるので，$\eta\to 0$ で $\Phi(\eta/d)$ は発散する ($d=1$ とした場合の図 5.10 を参照)．つまり，円を近似する多角形の場合と違い，$\Phi(\eta/d)$ の影響は本質的に重要で，しかも，その関数形はコッホ曲線のフラクタル的性質を決める．以上のように複雑さを扱う場合，スケール関数が重要な役割を果たすことになる．

6

時間スケーリング

　時系列データの複雑さの指標は，自己相関関数に代表される．線形な統計モデルでは，データ間の時間差が大きくなると自己相関関数は指数関数的に減少する．しかし，複雑な挙動を示す多くのシステムでは指数関数ではないが，データ間の相関が強く，時間のべき関数にしたがって減少する．本章では，時間領域での現象にスケーリング法を適用する．まずランダムウォークを拡張したレヴィフライトを導入し，べき則にしたがう長期記憶過程を導入する．

6.1 ランダムウォークを超えて

6.1.1 レヴィフライトとレヴィウォーク

　第1章で述べた1次元ランダムウォークは，単位時間に1ステップ移動する過程であった．偏りのないランダムウォークの特徴は移動量の分散が $\sigma^2(n)=n$ と表せることであり，また，2次元平面内で移動する偏りのない場合においても同様な関係式が成立する．はじめ原点 $(x,y)=(0,0)$ にいたウォーカーは，ランダムに移動先の位置 (x,y) を定める．位置は格子状にあるとし，整数値 $x, y = \cdots, -2, -1, 0, 1, 2, \cdots$ をとるものとする．ウォーカーが単位時間に上下左右に1歩移動するものとして，j 時刻でのステップをベクトル $\boldsymbol{e}_j=(x_j, y_j)^T$ $(j=1,2,\cdots,n)$ で表す．各 $\boldsymbol{e}_j$ は独立に，確率 $1/4$ で $(1,0)^T$（右に1歩），$(-1,0)^T$（左に1歩），$(0,1)^T$（上に1歩），$(0,-1)^T$（下に1歩）のいずれかをとるものとする．このとき，ウォーカーは時刻 n で

$$\boldsymbol{r}(n)=\sum_{j=1}^{n}\boldsymbol{e}_j \tag{6.1}$$

に移動する．平均は $E[\boldsymbol{r}(n)]=\boldsymbol{0}$ で，分散は，

$$\sigma^2(n)=E[\boldsymbol{r}(n)^T\cdot\boldsymbol{r}(n)]=\left(\sum_{i=1}^{n}\boldsymbol{e}_i\right)^T\left(\sum_{j=1}^{n}\boldsymbol{e}_j\right)=n \tag{6.2}$$

となる．このように，分散も1次元ランダムウォークの場合と変わらない．確率密度関数は1次元の場合を拡張して，$r=\sqrt{x^2+y^2}$ とおくと

$$P(r, n) = \frac{1}{\sqrt{2\pi n}} e^{-\frac{r^2}{2n}} \tag{6.3}$$

と表せる. $r \to \infty$ とすれば, $n \approx r^2$ となる時刻では, $P(r, n) = (2\pi r^2)^{-1/2} e^{-1/2}$ と0に近づく. このことを固定された時間で見ると, 原点から n 時刻後に到達可能な最大の距離 $r_{\max}$ は,

$$r_{\max} \approx n^{\frac{1}{d_w}} \tag{6.4}$$

と表すことができ, これより遠くの位置にはほとんど移動しない. このため, $d_w(=2)$ のことをウォーク次元と呼ぶことがある. しかし, 式(6.3)と異なる確率密度関数を考えると $d_w \neq 2$ で, 遠くまで移動できるようにすることは可能である.

ウォーカーが原点から $r \approx n^{1/2}$ の位置よりも遠くへ移動できるよう, ランダムウォークを拡張したのがレヴィフライトである. ジョセフソン結合, 乱流などの物理現象, DNAの配列, さらには金融データといった応用事例がある[1]. 2次元平面で定義するレヴィフライトを考えよう. はじめ原点にいたウォーカーは, ランダムに移動先の位置 (x, y) を定める. 実際にこの位置に移動するかどうかは, 確率密度

$$P(r) \approx \frac{1}{r^{1+\beta}} \tag{6.5}$$

にしたがって判断する. つまり, 乱数と比較して $P(r)$ が大きい場合に限り移動する. ただし, $(x, y) \neq (0, 0)$ とする. ここで, β は正の指数である. 分散は $E[r^2] \approx \int^{r_{\max}} r^2 r^{-1-\beta} dr \approx r_{\max}^{2-\beta}$ と表せるので, $r_{\max} \to \infty$ とすると, $\beta < 2$ (一般には空間の次元を d とすると, $\beta < d$) で発散する. 図6.1に, $\beta = 3$ と $\beta = 10$ の場合において, はじめ原点にいたウォーカーが100000ステップまでにたどった軌跡を示す. β が小さければより遠くの位置への移動が可能となるが, 反面, β が大きいと近くの位置への移動が多く, ランダムウォークに近い動きとなる.

式(6.5)では, ウォーカーは単位時刻に1ステップ移動することを仮定した. ここで, $\beta < 2$ (一般に, $\beta < d$) として, ウォーカーの移動時間を導入してレヴィフライトを拡張しよう. 時刻 t (連続値をとるものとする)で, 位置 r にあるウォーカーの確率密度を

$$P(r, t) \approx \frac{t}{r^{1+\beta}} \tag{6.6}$$

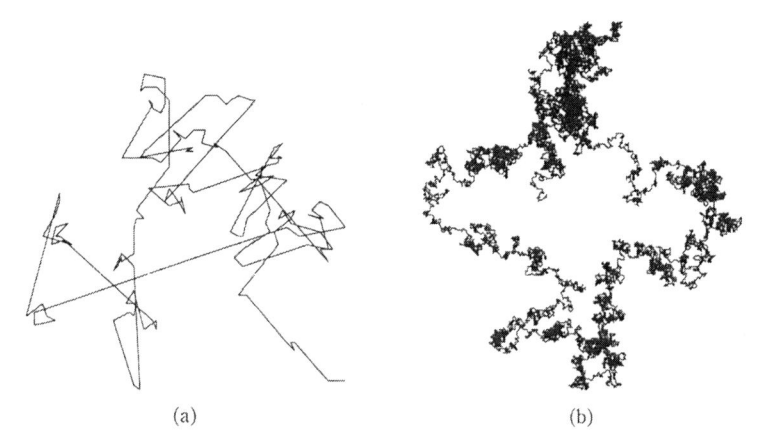

図 6.1 レヴィフライト
(a) $\beta=3$, $N=100000$, (b) $\beta=10$, $N=100000$

とする.先に述べたように,$E[r^2]$ は発散する.t 時刻後に到達可能な最大の r, $r_{\max}$ は,式 (6.4) と異なり,

$$r_{\max} \approx t^{\frac{1}{\beta}} \tag{6.7}$$

と表せる.理由はこうである.一様乱数を表す確率変数を δ ($0 \le \delta \le 1$) とすると,t 回試行したステップ後に到達できる距離 $r_{\max}$ は,$tr^{-1-\beta}dr = d\delta$,あるいは $d(tr^{-\beta}) = d\delta$ と書き直して得られる $tr^{-\beta} \cong \delta$ を満たす $r = r_{\max}$ から求まる.δ は 1 のオーダなので,$r_{\max} \approx t^{1/\beta}$ となる.

レヴィフライトで位置 r に到達するまでの時間 t を,速度として導入した場合をレヴィウォークという.遠い位置への移動には時間がかかるので,上記のレヴィフライトと異なり,分散は発散しない.一定の速度 v で移動する場合は $r = vt$ と書けるが,$1 < \beta < 2$ ならば,$E[r^2] \approx t \int^{vt} r^{1-\beta} dr \approx t^{3-\beta}$ である.一般の β に対する計算は少々複雑になるが

$$E[r^2] = \begin{cases} t^2 & ; 0 < \beta < 1 \\ t^{3-\beta} & ; 1 < \beta < 2 \\ t & ; 2 < \beta \end{cases} \tag{6.8}$$

と表せる[1].ただし,$\beta = 1, 2$ では $\log t$ の修正項が必要になる.レヴィウォークのウォーク次元は式 (6.7) から,

$$d_w = \begin{cases} \beta\,;\,\beta<2 \\ 2\,;\,2\leq\beta \end{cases} \tag{6.9}$$

と与えられる．$\beta\geq 2$ の場合は，ランダムウォークと同じく $d_w=2$ である．このことは，近くの位置への移動が多くなり，前述したようにランダムウォークと同じような動きになることを意味している．

レヴィウォークとしてモデル化できる実例は，各種の分野で知られている．動物の摂食行動において，フラクタル的な移動軌跡が見られる[2]．リチャードソンが乱流において，流体粒子間距離に関する分散が $E[r^2]\approx t^3$ となることを発見した．時間に依存する速度 $v(t)$ を導入して $E[r^2]\approx(v(t)t)^2$ とおくと，$v(t)^2\approx r^{2/3}$ になるが，フーリエ変換すると，これはコルモゴロフのスペクトル $v(k)^2\approx k^{-5/3}$ を与える．このほか多くの応用例があるが，以下では動物の摂食行動に関する事例を少々詳しく調べよう．

6.1.2 動物の摂食行動

いろいろな陸上の食肉動物が餌(小動物や果物など)を探すときに示す摂食行動は，レヴィウォークで記述できるようである．実測データから確認されている動物に，第1章で述べたアフリカジャッカル，赤キツネ[4]，アホウドリ[5]などがある．なぜ，動物がランダムウォークではなく，遠い場所にすばやく移動できるレヴィウォークにしたがって行動する必要があるのだろうか．アフリカジャッカルは夜間に行動するが，ある夜，餌を探すときに不規則に移動したとする．しかし，翌日の夜の摂食行動を調べると，前日に訪れた場所には向かわない．このためには既に探した場所を記憶しておく必要がある．記憶していると，既に探した場所を再度探すことはなく，遠い場所へすばやく移動することにより効率よく餌を探すことが可能になる．このことから，動物はランダムウォークではなく，レヴィウォークにしたがい餌を探すものと予想される．つまり，ジッフのいう「最小努力の法則」が働いているものと考えることは妥当のように思われる．

アフリカジャッカルの摂食行動は実際のデータに基づき，詳しく調べられている[3]．1993～1994年にかけて観測された基礎データは，1時間おきに10分間隔内に餌をとるために動いた回数である．これから，i 時間目において移動した回数を変数 $u(i)$ と表すと，その値は0から6の整数をとる．時刻 t までの移動回数の合計は $y(t)=\sum_{i=0}^{t}u(i)$ と表せる．初期時刻 t_0 からの移動回数の差を $\Delta y(t)$

$= y(t_0+t) - y(t_0)$ と定義すると，移動のゆらぎが，$t \leq 200$ の範囲で時間に関するべき則

$$F(t) = E[\Delta y(t)^2] - E[\Delta y(t)]^2 \approx t^{2\alpha} \tag{6.10}$$

として表せることが確認された．べき指数は，8頭（オス4頭，メス4頭）の個体に対する平均値から，$\alpha = 1.04 \pm 0.11$ と推定された．軌跡のフラクタル次元 D を調べるため，図 6.2 (a) に示すように，実際に夜間に移動した2頭のオスの軌道を調べた．このような軌道は当然個体によって変化するが，平均値として $D = 1.53 \pm 0.22$ を得た．アフリカジャッカルは一定の速度で移動すると考えると，$D = d_w$ として，式 (6.9) から $\beta = 1.53 \pm 0.22$ となる．このとき，移動する確率は式 (6.6) より，$P(r,t) \approx r^{-1-\beta} \approx r^{-2.53}$ となる．あるオスの個体で直接，確率密度を調べた結果によると，指数は 2.02 ± 0.30 であった．両者の値を比べるとそれほど矛盾しないと考えられ，アフリカジャッカルはレヴィウォークにしたがって餌を求め移動していることが示された．

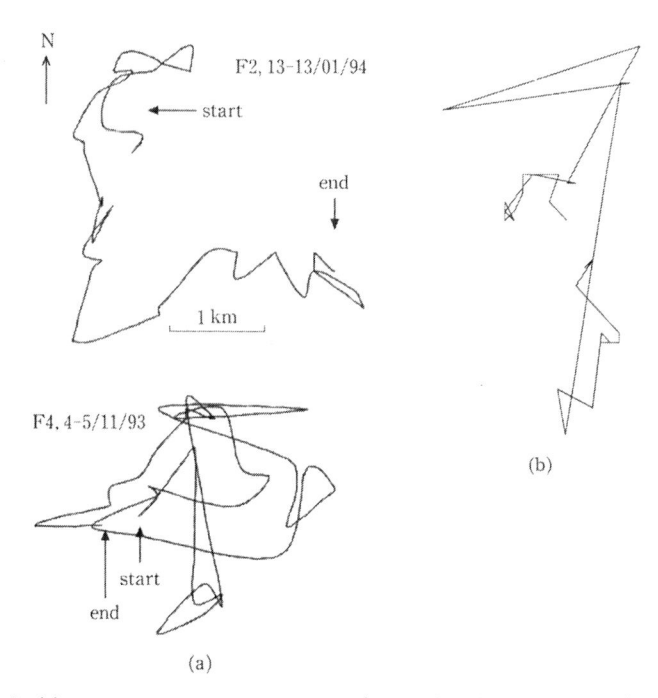

図 6.2 (a) アフリカジャッカルの餌を探す行動（2頭の例），(b) レヴィウォーク（$\beta = 1.53$）

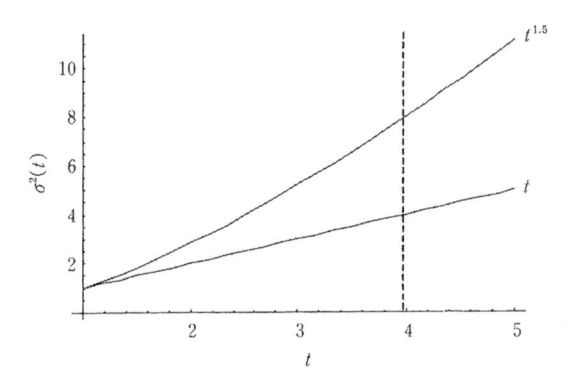

図 6.3 ランダムウォークとレヴィウォークの分散の違い

アフリカジャッカルの行動パターンと,図 6.2 (b) の $\beta=1.53$ としたレヴィウォークのシミュレーション結果を比較されたい.シミュレーションでは乱数を用いているため施行ごとに異なるパターンが得られるが,よく似ている.

ランダムウォークの場合, $E[r^2] \approx t$ であった.式 (6.8) から $1<\beta<2$ の場合は $E[r^2] \approx t^{3-\beta}$ で,べき指数が $1<3-\beta<2$ の範囲に入り,ランダムウォークの場合よりも相関が遠くまで残る.図 6.3 に示すように,固定した時刻で比べるとレヴィウォークの方がランダムウォークよりも分散が大きく,遠くまで移動できることが分かる.あるいは,式 (6.6) から, β が小さいとき $(1<\beta<2)$ は確率密度の裾が広く,遠くまで影響することが分かる.逆に, β が大きいとき $(2<\beta)$ は,分布の裾で急速に小さくなり近傍にしか影響を及ぼさないため,実質的にランダムウォークと区別しにくく,その結果, $E[r^2] \approx t$ となる.前者のような相関を,後者の短期記憶と区別して,長期記憶と呼んでいる.

6.2 短期記憶過程

短期相関をもつ時系列を短期記憶過程にしたがうという.自己相関関数,分散は時系列データの複雑さを知る手がかりとなる重要な統計指標である.まず分散から短期記憶の特徴を調べよう[6,8].

6.2.1 分散のべき則

n 個のデータ $x_1, x_2, \cdots, x_n$ が有限な平均値 μ と有限な分散 σ_x^2 をもつと仮定

6.2 短期記憶過程

し，平均値の統計的な性質を考える．いま，時刻 j から始まる k 番目のデータを $x_j(k) = x_{j+k-1}$ と表す．時刻 j から数えた n 個のデータの平均値

$$\bar{x}_j = \frac{1}{n}\sum_{k=1}^{n} x_j(k) \tag{6.11}$$

は，j の値を変えれば変動する．$\bar{x}_j$ の平均値は $E[\bar{x}_k] = \sum_{k=1}^{n} E[x_j(k)]/n = \mu$ であり，もとのデータの平均値に等しい．一方，平均値の分散は

$$\mathrm{var}(\bar{x}) = \frac{1}{n}\sum_{j=1}^{n}(\bar{x}_j - \mu)^2 \tag{6.12}$$

であり，n が大きい場合，べき則

$$\mathrm{var}(\bar{x}) = \sigma_x^2 n^{-1} \tag{6.13}$$

が成立する．もとのデータの分散は一定であるにもかかわらず，平均値の分散 $\mathrm{var}(\bar{x})$ は n^{-1} に比例する．この関係式が成立する過程を短期記憶過程と呼ぶ．式 (6.12) が成立する条件は，時系列の発生メカニズムに関係なくデータが無相関になっていることである[7]．このことは，定常性を仮定すると，自己共分散 $\gamma(k) = E[(x_n - \mu)(x_{n+k} - \mu)] = n^{-1}\sum_{j=1}^{n}(x_j - \mu)(x_{j+k} - \mu)$，あるいは自己相関関数 $\rho(k) = \gamma(k)/\sigma_x^2$ が，$k \neq 0$ に対して

$$\rho(k) = 0 \tag{6.14}$$

となることに等しい．このとき，式 (6.12) は

$$\mathrm{var}(\bar{x}) = n^{-3}\sum_{j=1}^{n}\sum_{k,l=1}^{n}(x_{j+k+1} - \mu)(x_{j+l+1} - \mu) = \sigma_x^2 n^{-2}\sum_{k,l=1}^{n}\rho(k-l) \tag{6.15}$$

と変形でき，$\rho(0)=1$ に留意すると，式 (6.14) が成立すれば，$\sum_{k,l=1}^{n}\rho(k-l) = \sum_{k=1}^{n}\rho(0) + \sum_{\substack{k,l=1 \\ k \neq l}}^{n}\rho(k-l) = n$ となり，式 (6.13) を得る．つまり，短期記憶とは，相関が直ちに消滅するような過程である．なお，ある有限な k_{corr} があり，$k > k_{\mathrm{corr}}$ に対して $\rho(k) = 0$ である場合にも，以上のことが成立する．

短期記憶過程にしたがう実用的なモデルに，自己回帰モデルがある．最も簡単なモデルは，式 (1.84) で $p=1$ とおいた AR(1) モデルで，

$$x_n = \xi_n + \phi_1 x_{n-1} \tag{6.16}$$

と表される．$\xi_n \sim N(0, \sigma_\xi^2)$ とする．定常性は，$|\phi_1| \leq 1$ のもとで満たされる．$\gamma(0) = \sigma_x^2$ および $E[\xi_n x_{n-j}] = 0$ $(j=1,2,3,\cdots$．ノイズは過去に影響されない$)$ に注意すると，$\gamma(0) = E[(\phi_1 x_{n-1} + \xi_n)(\phi_1 x_{n-1} + \xi_n)] = \phi_1^2 \sigma_x^2 + \sigma_\xi^2$ となるので，$\gamma(0) = \sigma_\xi^2/(1-\phi_1^2)$ を得る．自己共分散は $\gamma(1) = \phi_1 \gamma(0)$，$\gamma(2) = \phi_1 \gamma(1)$ から，一般に $\gamma(k) = \phi_1^k \gamma(0)$ となる．これから $\rho(k) = \phi_1^k$ となるが，$\phi_1 > 0$ とすると

$$\rho(k)=e^{-|\log \phi_1|\cdot k} \tag{6.17}$$

となり，指数関数的に減衰する．一方，$\phi_1<0$ の場合は振動しながら減衰する．

次に AR(2) モデル

$$x_n=\phi_1 x_{n-1}+\phi_2 x_{n-2}+\xi_n \tag{6.18}$$

を考える．$\phi_1^2+4\phi_2<0$ の場合，$\rho(k)$ は振動しながら減衰する．両辺に x_{n-k} をかけて期待値をとると，$\rho(k)=\phi_1\rho(k-1)+\phi_2\rho(k-2)$ を得る．これから，$\rho(1)=\phi_1/(1-\phi_2)$，$\rho(2)=\phi_1^2/(1-\phi_2)+\phi_2$ などとなる．z_1, z_2 を $z^2=\phi_1 z+\phi_2$ の 2 根 ($|z_1|>|z_2|$) とすると，一般に，$\rho(k)=\{z_1^{-1}(1-z_2^{-2})z_1^{-k}-z_2^{-1}(1-z_1^{-2})z_2^{-k}\}/(z_1^{-1}-z_2^{-1})(1+z_1^{-1}z_2^{-1})$ と表せる[8]．これから，$\rho(k)$ の大きさは，

$$\rho(k)\approx z_2^{-k}=e^{-|\log z_2|\cdot k} \tag{6.19}$$

にしたがって指数関数的に減衰する．一般の自己回帰モデルでも自己相関関数は指数関数的に減衰し，式 (6.13) が成立する．

6.2.2　動的自己相似性

第 2 章で，時間的複雑さの指標としてグラフ次元 D，ハースト数 $H=2-D$ を導入した．これらの次元はデータの自己相似性を表すものだが，データの広がり，あるいは分散がべき則にしたがうことを前提に導かれた指標であった．ここでは，不規則に変動する時系列データの自己相似性をどのように表現するか，スケール変換不変性の観点から調べる．

時間に関するスケール変換も，基本的には幾何学的なスケール変換と同じである．変換を表すパラメータを T とし，時間 n を

$$n'=Tn \tag{6.20}$$

とスケール変換する．このとき，データが

$$x'_{n'}=Lx_{T^{-1}n'} \tag{6.21}$$

と，パラメータ L で変換されるとする．$x'_n \approx x_n$ ならば，$x_n=Lx_{T^{-1}n}$ が任意の T に対して成り立つ．これから，べき則 $x_n \approx n^H$ が導かれ，そのべき指数 H は $L=T^H$ から $H=\log L/\log T$ と決まる．この H が式 (2.106) で導入したハースト数である．このように，スケール変換不変性を仮定すると，式 (6.21) は

$$x'_{n'}=T^H x_{T^{-1}n'} \tag{6.22}$$

と表せる．ランダムウォークでは $E[x_n^2]=n$ であった．両辺に式 (6.20)，式 (6.22) を代入すれば，

6.2 短期記憶過程

$$T^{-2H}E[x_n'^2] = T^{-1}n' \tag{6.23}$$

となるので，$H=1/2$ とすれば任意の T に対して $E[x_n'^2] \approx n'$ が成り立ち，$E[x_n^2] = n$ と等価になる．ランダムウォークは，$H=1/2$ とした場合のスケール変換不変な過程になっている．

短期記憶過程では，式(6.13)に示したように，平均の分散はべき則にしたがう．$\bar{x} = n^{-1}\sum_{j=1}^{n} x_j$ は，$\bar{x}' = TL^{-1}n'^{-1}\sum_{j=1}^{n'/T} x_j' = T^{1/2}L^{-1}n'^{-1}\sum_{j=1}^{n'} x_j'$ と変換されるので，$L^2 E[\bar{x}'^2] \approx Tn'^{-1}$ を得る．ここで，区間を T 分割したときのデータの和を T 倍すると，もとの値に等しくなると仮定している．これに $L=T^H$ を代入すると，

$$T^{2H}E[\bar{x}'^2] \approx Tn'^{-1} \tag{6.24}$$

と表されることになり，これが任意の T に対して $E[\bar{x}^2] \approx n^{-1}$ と等しくなるには，やはり $H=1/2$ でなければならない．いずれの場合にも，相関が短時間で消滅する短期記憶過程では，ハースト数は

$$H = \frac{1}{2} \tag{6.25}$$

となる．$H \neq 1/2$ であれば長期記憶過程である．

さて，上記の例において，

$$T^{\frac{1}{2}}\sum_{j=1}^{\frac{n'}{T}} x_j' = \sum_{j=1}^{n'} x_j' \tag{6.26}$$

を仮定したが，この等式のもつ意味を少々考えてみる．$T>1$ とすると，区間 $[0, n']$ での和が，T 分割した区間 $[0, n'/T]$ の和の $\sqrt{T}$ 倍になることを意味する．両区間においてデータが同じような変化をするならば，この等式が成り立つ理由は直感的に明らかであろう．「同じような変化」が実は自己相似性を意味し，そのような場合に限り，スケール変換不変性を表す式(6.24)が導かれる．

以上のことをもう少し正確に述べておく．任意の整数 $k \geq 1$ に対して，$(y_{n_1+c} - y_{n_1+c-1}, y_{n_2+c} - y_{n_2+c-1}, \cdots, y_{n_k+c} - y_{n_k+c-1})$ の分布が c に依存しないとき，$\{y_n\}$ は定常な増分 $x_n \equiv y_n - y_{n-1}$ をもつという．$[z]$ を z を超えない整数として，$S_{n/T} = a_n^{-1}\sum_{j=1}^{[n/T]} x_j$ を考える．係数 a_n は，$n \to \infty$ のとき $\log a_n \to \infty$ を満たすようにとる．このとき，$T>0$ に対して $\lim_{n\to\infty} S_{n/T}/S_n = T^{-H}$ となる H が存在し，$\{y_n\}$ は定常な増分をもつ．さらに $H>0$ で定常な増分をもつ自己相似過程は，y_n の部分和で表される[7,9]．

時系列の自己相似性はフラクタル図形の場合と異なる．データは観測ごとに異なり，スケール変換不変性は満たさない．不規則変動する時系列はグラフとして正確に不変性を満たすのではなく，統計的な見方で捉えなければならない．

6.3 長期記憶過程

6.3.1 長期記憶過程の特徴

短期記憶過程で成立する式(6.13)を，相関が長時間残る時系列データに対して適用できるように，

$$\mathrm{var}(\bar{x}) = \sigma_x^2 c(\rho) n^{-1} \tag{6.27}$$

と拡張する．式(6.15)から $c(\rho) = \lim_{n \to \infty} n^{2-\alpha} \sum_{i \neq j} \rho(i-j)$ となる．ただし $0 \leq \alpha \leq 1$ で，$\alpha = 1$ が短期記憶過程に対応し，$\sum_{k=-\infty}^{\infty} \rho(k) = \mathrm{const.} < \infty$ が成立する．たとえば，AR(1)モデルでは，$\rho(k) = \exp(-|\log \phi_1| \cdot k)$ となるので上式は明らかに成立し，また，一般のAR(p)モデルでも成り立つ．さらに，式(1.85)に示す非線形なロジスティック写像でも，$i \neq j$ に対して $\rho(i,j) = 0$ となるので同様に成立する．一方，長期記憶過程では $0 \leq \alpha < 1$ になる．$\rho(k)$ が緩やかに減衰するため，$\sum_{k=-\infty}^{\infty} \rho(k) = \infty$ と発散する．$\sum_{k=-(n-1)}^{n-1} \rho(k) \approx n^{1-\alpha}$ を考慮すると，これは

$$\rho(k) \approx k^{-\alpha} \tag{6.28}$$

のようにべき則にしたがって減衰する場合に限り成り立つ．ハースト数 H と長期記憶過程の指数 α はともに長時間相関を表す定数で，したがって，これらの指数は互いに関係する．実際，式(6.28)と式(2.106)とを比べると，

$$H = 1 - \frac{\alpha}{2} \tag{6.29}$$

となる．しかし，一般には必ずしもこの関係式が満足されないので，H に代わり，

$$H_D \equiv 1 - \frac{\alpha}{2} \tag{6.30}$$

を導入する．このとき，式(6.29)は $H = H_D$ となるが，実は，式(2.106)を導いた過程では正確に $H = H_D$ が満たされる．しかし，一般には，この等式は満たされるとは限らない．この問いは後で検討することにしよう．

長期記憶過程の特徴をパワースペクトルで表しておこう．$S(f) = \sigma_x^2 \sum_{k=-\infty}^{\infty} \rho(k) \exp(-i 2\pi k f)$ に式(6.28)を代入すると，$f \to 0$ の極限で

$$S(f) \approx |f|^{-1+\alpha} \tag{6.31}$$

となる.ここで,$a=1$ とすると $S(f)$ は一定になるが,$0 \le a < 1$ とすると $S(f)$ は発散する.このように,長期記憶過程のパワースペクトルは $f=0$ に極をもつので,長期記憶過程と短期記憶過程を区別できることになる.

6.3.2 非整数ブラウン運動

標準ブラウン運動の軌道の広がりは時間の平方に比例して増加するので,拡散係数を D とすると $\mathrm{var}(x(t))=2Dt$ となる.この関係を一般化して,$\mathrm{var}(x(t))=2Dt^{2H}$,あるいは,

$$E[|x(t)-x(t+\tau)|^2] \approx \tau^{2H} \tag{6.32}$$

を満たす過程を非整数ブラウン運動という.$H=1/2$ が標準ブラウン運動に対応する.図 6.4 に,いくつかの H に対する時系列データの例を示した.

標準ブラウン運動のスケール変換不変性に関して調べておく.$\{y_n\}$ を平均値 0 の定常な増分 $x_n \equiv y_n - y_{n-1}$ をもつ自己相似過程にしたがうものとする.特に,$\{x_n\}$ がガウス過程ならば非整数ガウスノイズと呼び,$\{y_n\}$ は非整数ブラウン運動になる.この過程を $B_H(t)$ で表す.特に $H=1/2$ のとき $\{x_n\}$ は互いに独立で,$B_{1/2}(t) \equiv B(t)$ は標準ブラウン運動になる.$B(t)$ はガウス分布にしたがい,$B(0)=0$, $E[B(t)-B(s)]=0$, $\mathrm{var}(B(t)-B(s))=\sigma^2(t-s)$ を満たす.これらを用いると,標準ブラウン運動がスケール変換不変になることが導ける.実際,$B(t)-B(s)$ と $B(s)-B(0)=B(s)$ は互いに独立で,$s<t$ とすると,$\mathrm{cov}(B(t), B(s))=\mathrm{var}(B(s)-B(0))=\sigma^2 s=\sigma^2 \min(t,s)$ となるので,任意の c に対し,

$$\mathrm{cov}(B(ct), B(cs))=c\sigma^2 \min(t,\mathrm{s})=\mathrm{cov}(c^{\frac{1}{2}}B(t), c^{\frac{1}{2}}B(s)) \tag{6.33}$$

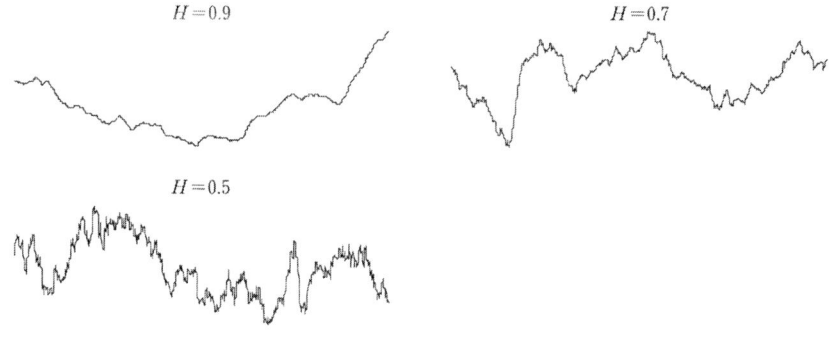

図 6.4 非整数ブラウン運動の例

を満たす.つまり,スケール変換不変性が満たされている[7].

6.4 確率密度の自己相似性

自己相似性を示す量は時系列データの一観測値ではなく期待値である.期待値は確率密度で決まるので,結局,確率密度の自己相似性を考えていることになる.ここでは,長期記憶特性を示す過程がその確率密度としてどのような特徴をもつか調べる.長期記憶特性を示す線形過程では,$H=H_D=1-\alpha/2$ が成立する.しかし,ある種の非線形過程でも,同様に長期記憶性が見られる.

6.4.1 長期記憶過程の確率密度

$\xi(t)$ を平均値 0 の定常なランダム変数とする.線形な確率微分方程式

$$\frac{d}{dt}x(t)=\xi(t) \tag{6.34}$$

を考えよう[10].これから,$x(t)=\int_0^t \xi(t')dt'+x(0)$ となるので,$\xi(t)$ と $x(t)$ が無相関とすると,$E[x(t)^2]=2\int_0^t dt'\int_0^{t'} E[\xi(t')\xi(t'')]dt''+E[x(0)^2]$ が導ける.$\xi(t)$ は定常過程にしたがうので,$E[\xi(t')\xi(t'')]=E[\xi(t'-t'')\xi(0)]$ となる.これから,

$$\frac{d}{dt}E[x(t)^2]=2\int_0^t E[\xi(t')\xi(0)]dt' \tag{6.35}$$

を得る.$\rho(t)\equiv E[\xi(t)\xi(0)]$ が自己相似性を示すと $\rho(t)\approx t^{-\alpha}$ と書けるので,上式に代入すれば,$E[x(t)^2]\approx t^{-\alpha+2}$ を得る.ここで $H_D=1-\alpha/2$ とおくと,$E[x(t)^2]\approx t^{2H_D}$ と書ける.非整数ブラウン運動の $E[x(t)^2]\approx t^{2H}$ と比較すると,$H=H_D=1-\alpha/2$ を得る.物理的に実現可能なためには,$0\leq H_D\leq 1$ でなければならない.

$\xi(t)$ が非線形過程で記述される場合を考える.式 (6.34) に加え,$\xi(t)$ の時間的変化を記述する微分方程式が必要になる.そこで,$\xi(t)$ が非線形関数 G を用いて,

$$\begin{aligned}\frac{d}{dt}\xi(t)&=G(\xi(t))\\ \frac{d}{dt}x(t)&=\xi(t)\end{aligned} \tag{6.36}$$

のように記述されると仮定する.時刻 t で $x(t)$ が x,$\xi(t)$ が ξ となる確率密度

を $P(x, \xi, t)$ とすると，フォッカー・プランク方程式は，$\partial P(x, \xi, t)/\partial t = -\partial(PG)/\partial\xi - \partial P/\partial x + \sigma_\xi^2 \partial^2 P/\partial x^2$ と書ける．この式の解析的な扱いは難しいが，$P(x, t) \equiv \int P(x, \xi, t)d\xi$ は $\Xi(t) \equiv \int_0^t \rho(t')dt'$ とおくと近似的に拡散方程式

$$\frac{\partial}{\partial t}P(x, t) = \Xi(t)\frac{\partial^2}{\partial x^2}P(x, t) \tag{6.37}$$

を満たすことが知られている[11]．両辺に x^2 を掛けて積分すると，$dE[x(t)^2]/dt = 2\Xi(t)$ となる．ここで，$\rho(t) \approx t^{-\alpha}$ と仮定すると $\Xi(t) \approx t^{-\alpha+1}$ となるので，$E[x(t)^2] \approx t^{-\alpha+2} = t^{2H_D}$ を得る．つまり，上式が成立する場合には，非線形過程においても $H = H_D$ が成り立つ．

6.4.2 自己相似性

式 (6.37) の方程式にスケーリング法を適用しよう．スケール変換

$$\begin{aligned} t' &= Tt \\ x' &= Lx \\ P'(x', t') &= P(L^{-1}x', T^{-1}t') \end{aligned} \tag{6.38}$$

を施す．$\Xi(t) \approx t^{-\alpha+1}$ を考慮して，これらを式 (6.37) に施すと，

$$\frac{\partial}{\partial t'}P'(x', t') = T^{\alpha-2}L^2\Xi(t')\frac{\partial^2}{\partial x'^2}P'(x', t') \tag{6.39}$$

となる．これが不変になることを要求すると，$L = T^{1-\alpha/2}$ を得る．こうして，確率密度は $P(T^{-1+\alpha/2}x', T^{-1}t')$ と変換され，これが任意の L に対して成立することから，スケール関数 Ψ を用いて $P(T^{-1+\alpha/2}x, T^{-1}t) = K\Psi(xt^{-1+\alpha/2})$ と表せる．K は，確率密度の規格化条件 $\int P(T^{-1+\alpha/2}x, T^{-1}t)dx = 1$ から定まる．実際，$K^{-1} = \int \Psi(xt^{-1+\alpha/2})dx = t^{1-\alpha/2}\int \Psi(\xi)d\xi$ から，$K \approx t^{-1+\alpha/2}$ となる．こうして，

$$P(x, t) = t^{-\beta}\Psi(xt^{-\beta}) \tag{6.40}$$

と表せる．ここで，$\beta = 1 - \alpha/2$ とおいた．なお，上式を式 (6.37) に直接代入しても確かめられる[6]．

ここで，式 (6.22) で与えたハースト数を用いると，

$$\beta = H = H_D \tag{6.41}$$

が導かれる．以上のように，式 (6.40) は拡散方程式 (6.37) を満たす．式 (6.37) を導いた近似が成立しない場合でも，式 (6.40) が成立すれば，式 (6.41) が導かれる．

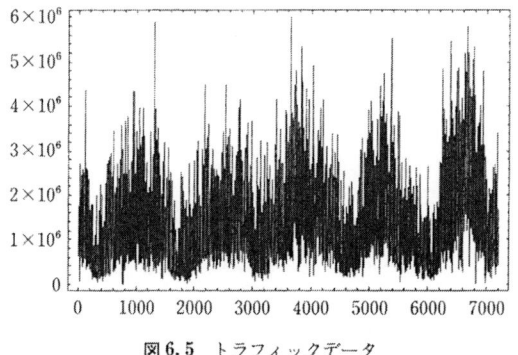

図 6.5 トラフィックデータ

【ハースト数の例】

いくつかの実例は文献[6]で紹介されているので,ここでは通信トラフィックを紹介する.インターネットの急激な発達とともに,待ち時間の増加やレスポンスの遅れなどが目立つようになってきた.読者は毎日のように体験しているだろう.従来のポアソン分布では解明できない現象で,実証論的かつ理論的に興味がもたれている[12~16].たとえば,パケットが観測場所(ルータなど)に到着した時刻と到着したパケットサイズを記録する.データを分析したところ,到着パケット数の集計時間単位を大きく変化させても,得られる時系列データは自己相似性を示した.たとえば,図 6.5 に示す NASA の Kennedy Space Center のウェブサイトへのリクエスト数(1995 年 7 月 1 日から 1995 年 7 月 31 日までの分単位の 4096 データ)では,R/S 統計[6]から $H=0.797$ が得られる.

7

カオスのスケーリング

　複雑系と称する書物，論文がカオス，フラクタルを指しているように，複雑な動的構造をもつシステムの代表がカオスである．カオスに関しては文献を参照されたいが，本章ではカオスの複雑さの起源，そして，情報論的な観点からの複雑さを論じる．特に，カオスの複雑さがどのように動的なスケール変換不変性に関連しているかに着目する．

7.1 カ オ ス

　自己回帰モデルから発生したランダム変動と異なり，内在する非線形メカニズムのみで不規則な挙動になる場合がある．それがカオスで，決定論的力学系に見られる不規則で複雑な軌道である[1～4]．カオスから発生した時系列データの統計的性質はランダム変動と同じような特徴を示し，スペクトル分析など従来の統計解析では区別しにくい．ロジスティック写像

$$x_n = f(x_{n-1}) = ax_{n-1}(1-x_{n-1}) \qquad (7.1)$$

を取り上げよう．a はパラメータで，n は写像の回数であるが離散的な時刻と考えてもよい．そもそもノイズはないので，初期値 x_0 を定めれば以降の挙動は一意に決まる．$x_1=f(x_0)$, $x_2=f(x_1)$, $x_3=f(x_2)$ などと順に求まり，将来の挙動は曖昧さなしに定まる．$x_0=0.01$ から作成した時系列を図 7.1 に示す．

　乱流は典型的なカオスである．レイノルズ数（流速に比例する定数で，ベナール対流の場合のレーリー数と同じ役割をもつコントロール可能な変数である）を徐々に大きくしていくと，層流，周期的流れ，そして乱流へと遷移する．レイノルズ数を大きくするにしたがって乱流へと移行するこのような遷移過程を，ランダウは，層流→周期運動→概周期運動と考えた．概周期運動とは，周期の比が無理数であるような周期運動の重ね合わせの結果として現れる不規則運動で，これが乱流の本質であるとしている．しかし，どのような周期運動の重ね合わせも周期変動であり，不規則に見えるのは見かけだけである．理論的にも実験でも確

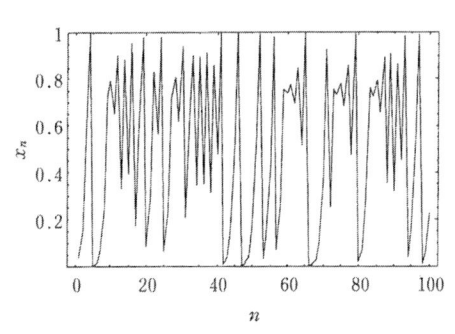

図7.1 ロジスティック写像から生成した時系列　　**図7.2** カオスの図的解析

認されているカオスへ至る分岐の仕方はいくつか知られている．その中で，周期倍分岐はカオスの特徴を顕著に表す重要な分岐である．周期倍分岐とはロジスティック写像に見られる典型的な遷移で，不動点から2周期軌道，4周期軌道，8周期軌道，…を経てカオスに至る分岐である．

　カオスの挙動を解析する場合，まず図を用いて直感的に把握することが大切である．これが解析の最初のステップである．多変数システムでは簡単ではないが，1変数システムの軌道は容易に表現でき，比較的簡単にその挙動の性質を把握できる．たとえば，写像が図7.2のような2次曲線で描かれているものとする．まず，初期値 x_0 を定める．与えられた力学系にしたがって $x_1 = f(x_0)$ を求める．図では，x_0 から垂直線を延ばして曲線に当たる点の垂直座標が x_1 である．次に，この点から水平線を延ばして対角線に当たる点で垂直線を下方に引き，水平軸に当たる点が同じ x_1 になる．そして，また x_1 から垂直線を延ばして，曲線に当たる点の垂直座標が $x_2 = f(x_1)$ になる．後は同じ操作を繰り返せば，x_0 から出発した軌道が得られる（周期軌道の場合は同じ軌道を繰り返す）．このような図的方法により軌道の大まかな性質がつかめる．

　以下で必要になる定義を与えておく．連続な関数 $f(x)$ において，$n \geq 1$ に対して f を n 回作用させた合成写像を $f^n = f^{n-1} \cdot f$ とする．たとえば，$f^2(x)$ は2回写像 $f^2(x) = f(f(x))$ を表す．ただし，$f^0 = 1$ は恒等写像と定義する．力学系の解析で重要な概念に，不動点および周期点がある．$f(p) = p$ となるとき，p を f の不動点と呼ぶ．また，$f^n(p) = p$ となるとき，p は f^n の不動点であるが，特に $f^n(p) = p$ かつ $f^{n+1}(p) \neq p$ のとき，p を n 周期点（周期軌道）と呼ぶ．

不動点近傍にある初期値から出発した軌道が不動点に収束するか，それとも遠ざかるかはその不動点の安定性で決まる．p を f の不動点とすると，

(1) $|f'(p)| \leq 1$ のとき；p は安定（吸引不動点）
(2) $|f'(p)| > 1$ のとき；p は不安定（反発不動点）

となる．n 周期点に関する安定性は，f の代わりに f^n を用いればよい．

f のパラメータ値によって，不動点，周期解，カオスなどが現れる．非線形方程式に関する基本的事項としてどのような解が現れるかという問題は，解の安定性条件を調べることで分かる．以下で，ロジスティック写像で現れる周期倍分岐を安定性定理を用いて調べよう．$f(x) = ax(1-x)$ として，a を徐々に大きくしていったとき，どのような挙動が見られるだろうか．f の不動点は

$$ap(1-p) = p \tag{7.2}$$

の根として，$p = 0, 1-1/a$ が求まる．また，$f'(p) = a(1-2p)$ から，$f'(0) = a$，$f'(1-1/a) = 2-a$ を得る．したがって，

(1) $0 < a \leq 1$；$p = 0$ は吸引不動点．$p = 1-1/a$ は反発不動点．
(2) $1 < a \leq 3$；$p = 0$ は反発不動点．$p = 1-1/a$ は吸引不動点．

に分類される．

a を 3 より大きくすると，両不動点はともに不安定になる．次に，周期 2 の解を考えよう．2 周期解は $f^2(p) = p$，つまり

$$a^2 p(1-p)\{1 - ap(1-p)\} = p \tag{7.3}$$

の根として $p_1, p_2 = 1/2 + 1/(2a) \mp \sqrt{(a-3)(a+1)}/(2a)$ が求まる．$(f^2(p_1))' = (f^2(p_2))'$ から

(3) $3 < a \leq 1 + \sqrt{6}$；安定な 2 周期軌道で，$p_1 \to p_2 \to p_1 \to p_2 \to \cdots$ を繰り返す．

同様に解析を進めると，

(4) $1 + \sqrt{6} \leq a < 3.5699456$；4 周期解，8 周期解など安定な解が順に現れる．

このように，2 周期起動が不安定になり，安定な 4 周期軌道が現れる．このような分岐が周期倍分岐である．

(5) $3.5699456 \leq a$；周期が無限になったとき，カオスが現れ始める．

以上のようにカオスが現れ始める分岐点 $a^* = 3.5699456 \cdots$ は臨界点と呼ばれ，周期倍分岐の集積点で，周期が無限の周期解が現れる．また，カオス領域では不安定な無限個の周期解が存在するので，不安定な軌道を安定化できればどのような周期解をも取り出せることになる．従来とは異なった方法で制御に役立つこと

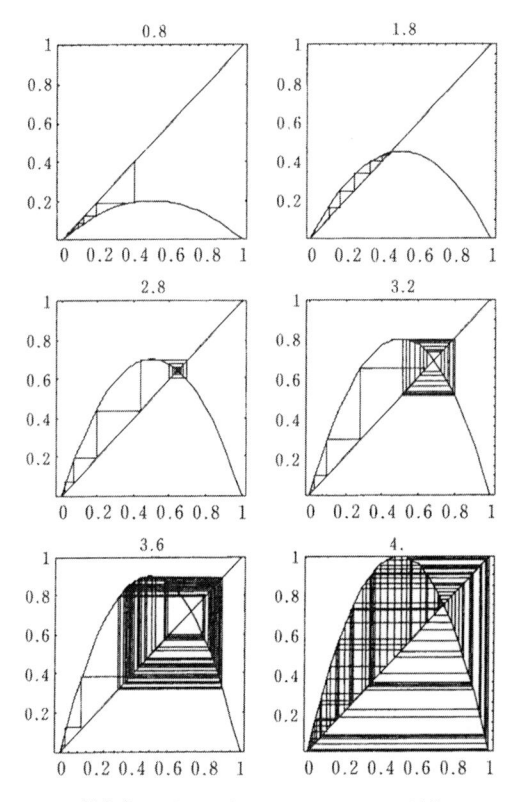

図 7.3 いろいろな a のロジスティック写像

が期待されている[5].

　以上の解析結果を確かめるため，図 7.3 に a をいろいろ変化させて軌道を描いた．カオスへ移行する周期倍分岐の様子がよく分かる．

　周期倍分岐からカオスに至るまでは安定性解析が適用できたが，$a^* < a$ では解析は容易でない．そこで，分岐図とリアプノフ指数 $\lambda(a)$ を，200 個のデータを用いたシミュレーションによって調べた．$2.5 < a \leq 4$ の範囲で調べた結果を図 7.4 に示す．上図は分岐図，下図は $\lambda(a)$ である．分岐図は，各 a に対して得られた多数の x_n を縦軸にプロットした図である．たとえば，$a < 3$ では不動点 $p = 1 - 1/a$ のみが安定なので，x_n はこれ 1 点だけである．$3 < a \leq 1 + \sqrt{6}$ では，上下に 2 点あるが，それぞれ p_2 と p_1 に対応する．つまり，この範囲では 2 周期の軌

7.1 カオス

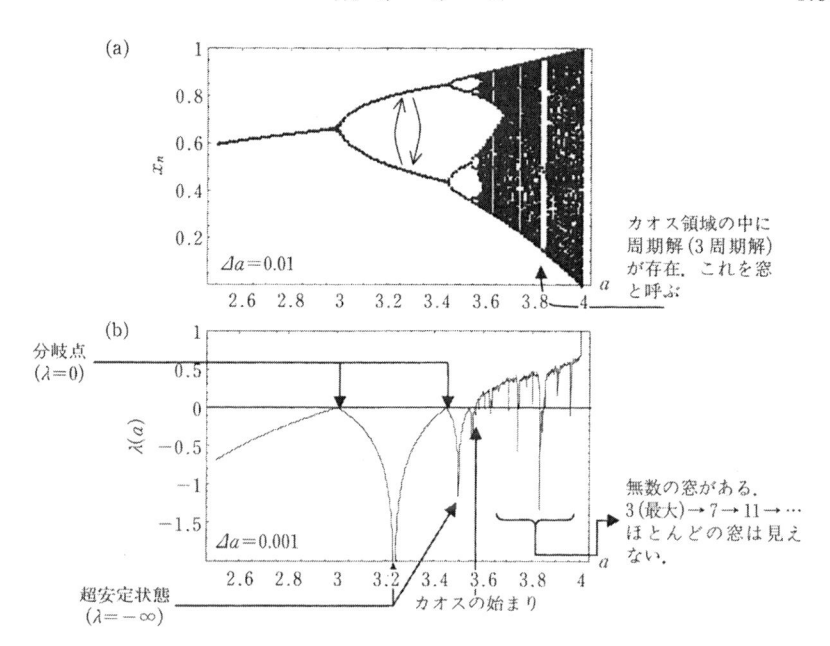

図 7.4 ロジスティック写像の分岐図 (a) とリアプノフ指数 (b)

(a) 図中ラベル: x_n, $\Delta a = 0.01$, 「カオス領域の中に周期解（3 周期解）が存在．これを窓と呼ぶ」

(b) 図中ラベル: $\lambda(a)$, $\Delta a = 0.001$, 分岐点 ($\lambda = 0$), 超安定状態 ($\lambda = -\infty$), カオスの始まり, 「無数の窓がある．3 (最大) → 7 → 11 → … ほとんどの窓は見えない．」

道が安定な軌道として現れる．

分岐図と，軌道の広がり具合を表すリアプノフ指数から，カオスが生じるパラメータ領域が読み取れる．リアプノフ指数は写像 (7.1) の場合，$\lambda = \lim_{n \to \infty} n^{-1} \sum_{i=1}^{n} \log |f'(x_i)|$ から計算する．分岐は実に複雑である．$a < a^*$ は既に述べてきたように周期倍分岐で特徴づけられ，$a = a^*$ でカオスが始まる．各分岐点 a_n においては $\lambda(a_n) = 0$ となっている．さらに，分岐点と分岐点の中間あたりで λ は負の大きな値をとり，軌道として最も安定している超安定状態になっている．$\lambda(a)$ は a の関数として，微分不可能な点がいくつも存在する奇妙な形をしている．$a \simeq 3.6$ ではカオスは 2 つのバンド (x_n が大きい部分と小さい部分) に分かれているが，さらに a を大きくすると，アトラクタが不安定不動点 ($p = 1 - 1/a$) に突き当たるところで 2 つのバンドが融合して全域的に広がる．分岐図をもう少し詳しく調べると，$a^* < a$ では軌道が常にカオスになっているのではないことが分かる．カオス領域内に周期軌道が存在するパラメータ領域がいくつも存在する．この領域を窓と呼んでいる．$a = 1 + 2\sqrt{2}$ で最大の窓である 3 周期軌道が現れ

る(分岐図で白く見える).この窓の中においても周期倍分岐が見られる.このように分岐自体が,フラクタル構造になっている.

7.2 カオスの構造的複雑さ

7.2.1 フラクタル次元

カオスのフラクタル構造は上記のように分岐図の中にも現れるが,より直接的に,十分時間が経った後の軌道の集合であるカオスアトラクタにも現れる.具体例として,エノン写像

$$\begin{cases} x_n = 1 + y_{n-1} - 1.4 x_{n-1}^2 \\ y_n = 0.3 x_{n-1} \end{cases} \quad (7.4)$$

を取り上げる.軌道を (x_n, y_n) 平面に描くと,軌道の内部に縮小された構造が見える(図7.5の四角で囲んだ部分).これがカオスの特徴であるフラクタルである.フラクタルは前に述べたように,一般に非整数の一般化フラクタル次元で定量化できる.実際,$D_0 = 1.26$, $D_2 = 1.21 \pm 0.01$ と求まる.

時系列データから一般化フラクタル次元を求める場合を考えよう.第2章で述べたように,D_2 は相関次元と呼ばれ,相関積分から計算する[6~8].まず,時系列

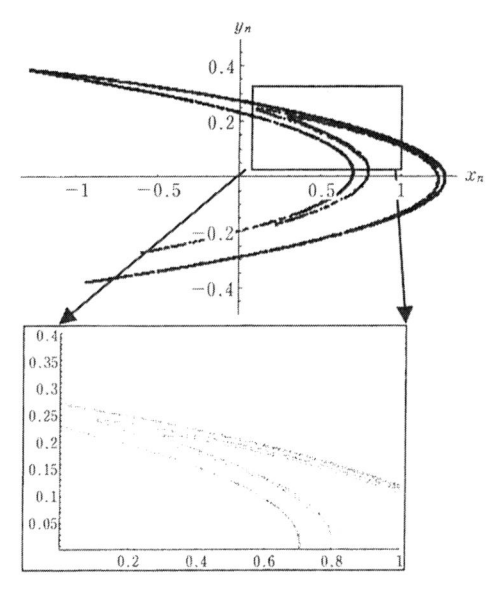

図7.5 カオスのフラクタル構造

から異なる N_S 組の埋め込みベクトル $X_n(m)=(x_n, x_{n+1}, \cdots, x_{n+(m-1)\tau})^T$ を用意する．ここで，m は埋め込み次元，τ は遅れ時間と呼ばれている．N 組のサンプルはたとえば，x_n の時刻 n のとり方をいろいろ変えれば作成できる．相関積分 $C_m(\varepsilon)$ は式 (2.81) に示したように，

$$C_m(\varepsilon)=\frac{1}{N_S(N_S-1)}\sum_{n\neq n'=1}^{N_S}\Theta(\varepsilon-\|X_n(m)-X_{n'}(m)\|) \tag{7.5}$$

と表せる．ここで，$\|\cdot\|$ は距離を表し，関数 Θ は

$$\Theta(z)=\begin{cases}1 ; z>0 \\ 0 ; z\leq 0\end{cases} \tag{7.6}$$

である．$X_n(m)$ と $X_{n'}(m)$ $(n'\neq n)$ の距離が ε 内にあるベクトル対の数をベクトル対の総数で割った値が $C_m(\varepsilon)$ を与える．つまり，$X_n(m)$ の近傍に異なる $X_{n'}(m)$ が何個あるかを探索すればよい．距離の定義としては，ユークリッド距離

$$\|X_n(m)-X_{n'}(m)\|=\sqrt{\sum_{j=1}^m(x_{n+(j-1)\tau}-x_{n'+(j-1)\tau})^2} \tag{7.7}$$

が標準的である．相関積分は，時系列のランダム性をチェックする目的にも使用できる．無相関な場合，$C_m(\varepsilon)=C_1(\varepsilon)^m$ を満たす．たとえば，$m=2$ の場合を考えると，$C_2(\varepsilon)$ は 2 次元空間内に一様に広がった点の集合なので，面積に相当して $C_2(\varepsilon)\approx\varepsilon^2$ となる．一般に，任意の m に対して $C_m(\varepsilon)\approx\varepsilon^m$ となる[9]．

以上のことから，m に依存する適当な定数 $D_2(m)$ を用いて，$C_m(\varepsilon)\approx\varepsilon^{D_2(m)}$ と表せる．$D_2(m)$ は $C_m(\varepsilon)$ をいろいろな ε に対して両対数グラフにプロットし，ε が小さい範囲で直線近似できるときの傾きとして

$$D_2(m)=\lim_{\varepsilon\to 0}\frac{\log C_m(\varepsilon)}{\log \varepsilon} \tag{7.8}$$

から決まる．極限 $\varepsilon\to 0$ をとったのは，すべての点が含まれてしまうほど ε を大きくとると，$C_m(\varepsilon)$ は一定となるからである．しかし，上式通りに捉えると，ノイズを含んだ実データでは，$\|X_n(m)-X_{n'}(m)\|<\varepsilon$ を満たすベクトル対が見つからなくなる．実用的には，$D_2(m)$ が ε によらず一定となるスケーリング領域に対して，式 (7.8) を定義することになる．

無相関なデータでは，式 (7.8) から

$$D_2(m)=m \tag{7.9}$$

となり，m に比例する．どのような m に対しても，ランダムデータはその次元の空間に一様に広がるからである．しかし，有限なアトラクタの次元をもったシステムでは，m をアトラクタ次元より大きくしても $D_2(m)$ は変化しない．したがって，構造をもった時系列では $D_2(m) < m$ となる．カオス時系列の場合も m を大きくすれば飽和し，そのときの値がアトラクタの次元になる[10]．

参考のため，いくつかの次元を載せておく．ロジスティック写像の臨界点 $a = a^*$ はカントール集合になっており，$D_0 = 0.538$，$D_2 = 0.500 \pm 0.005$ である．また，$r = 28$，$\sigma = 10$，$b = 8/3$ のローレンツモデルでは $D_0 = 2.06 \pm 0.01$，$D_2 = 2.05 \pm 0.01$ である．いずれの場合も $D_2 \leq D_0$ を満たしている．

7.2.2 リアプノフ次元

d 次元相空間のカオスを考え，リアプノフ指数を $\lambda_1 \geq \lambda_2 \geq \cdots \geq \lambda_d$ とする．大きい方から順にリアプノフ指数を足し合わせて，

$$\sum_{j=1}^{K} \lambda_j \geq 0 \tag{7.10}$$

となるような最大の整数を K とする．この K を用いて，リアプノフ次元を

$$D_L = K + \frac{1}{|\lambda_{K+1}|} \sum_{j=1}^{K} \lambda_j \tag{7.11}$$

と定義する．リアプノフ指数とは異なることに留意しよう．一般に，容量次元 D_0 とは，

$$D_0 \leq D_L \tag{7.12}$$

の関係にある[11]．カプランとヨークはこの不等式よりも厳しく，等式として

$$D_0 = D_L \tag{7.13}$$

が成り立つと予想した[12]．

2次元写像の場合，カプラン・ヨーク予測が正しいことを証明しよう．非保存系のカオスならば $\lambda_1 > 0$，$\lambda_2 < 0$ で，式(7.11)は

$$D_L = 1 + \frac{\lambda_1}{|\lambda_2|} \tag{7.14}$$

と書ける．図7.6に示すように一辺の長さが1の正方形を考える．1回の写像で，正方形の一辺が $L_1 > 1$ に拡大され，それと隣り合う辺が $L_2 < 1$ で縮小されたとする．リアプノフ指数を用いて表すと，$L_1 = e^{\lambda_1} > 1$，$L_2 = e^{\lambda_2} < 1$ で，さらに非保存系のため $L_1 L_2 = e^{\lambda_1 + \lambda_2} < 1$ となるので，正方形の面積は減少し続ける．こ

7.2 カオスの構造的複雑さ

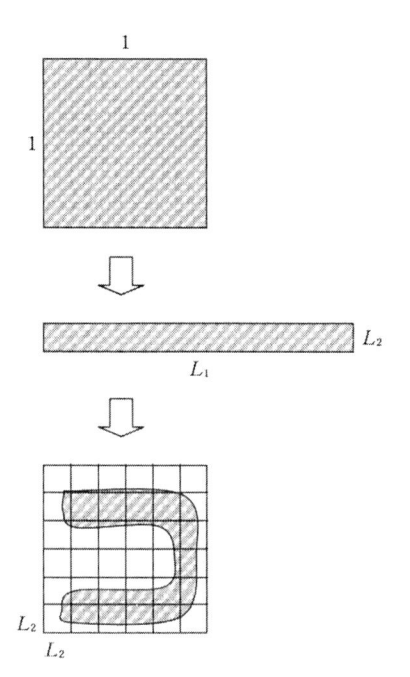

図 7.6 2 次元写像における拡大縮小

のように縮んだ図形を，一辺が L_2 の小さな正方形を用いれば，$N(L_2) \cong L_1/L_2$ 個で覆うことができる．さらにもう 1 回写像すると図形の一辺は $L_1{}^2$ へと拡大し，他方の辺は $L_2{}^2$ へと縮小され，面積は $(L_1 L_2)^2$ の割合で減少する．よって縮んだ図形は，$L_2{}^2 \times L_2{}^2$ のより小さな正方形を用いて，$N(L_2{}^2) \cong L_1{}^2/L_2{}^2$ 個で覆うことができる．一般に，k 回写像を繰り返すと，$N(L_2{}^k) \cong L_1{}^k/L_2{}^k$ となる．このようにどんどん小さくしていくと，$L_2{}^k \to 0$ となる．このとき，容量次元 D_0 はその定義より，$N(L_2{}^k) \approx (L_2{}^k)^{-D_0}$ と表され，これから $(L_2{}^k)^{-D_0} \cong L_1{}^k/L_2{}^k$ となる．ここで，$\log L_2 < 0$ を考慮すると，

$$D_0 = 1 + \frac{\log L_1}{|\log L_2|} = 1 + \frac{\lambda_1}{|\lambda_2|} \tag{7.15}$$

を得る．これで，2 次元写像の場合，カプラン・ヨーク予想が正しいことが証明された[13]．

　ローレンツモデル (3.41) のような 3 次元連続系の場合，カプラン・ヨーク予想は正しいであろうか．この場合，一辺の長さが 1 の立方体を考え，拡大縮小の割

合として L_1, L_2, L_3 を考える. リアプノフ指数を用いて表すと, $L_1=e^{\lambda_1}>1$, $L_2=e^{\lambda_2}=1$, $L_3=e^{\lambda_3}<1$ で, さらに, $L_1L_2L_3=e^{\lambda_1+\lambda_2}<1$ となる. ただし, $\lambda_2=0$ である. $L_1L_2L_3<1$ から, 立方体の体積は減少し続ける. 2次元写像と同様に k 回写像を繰り返すと, 最も縮小される面の面積は $(L_3{}^2)^k$ となるので, $N(L_3{}^k) \cong (L_1L_2)^k/(L_3{}^2)^k$ である. 容量次元を用いて $N(L_3{}^k) \approx (L_3{}^k)^{-D_0}$ と表すと,

$$D_0 = 2 + \frac{\log(L_1L_2)}{|\log L_3|} = 2 + \frac{\lambda_1+\lambda_2}{|\lambda_3|} \tag{7.16}$$

を得る.

以上のように, 一般に, 式 (7.13) が成立していると考えられている. さらには, 2次元写像の場合, $D_0=D_1=D_2$ も証明されている[13].

【ローレンツモデル】

3次元相空間の任意の体積は $e^{-(\sigma+b+1)t}$ に比例して0に近づく(式(3.46)を参照). したがって, $\lambda_1+\lambda_2+\lambda_3=-(\sigma+b+1)$ である. リアプノフ指数は r に依存するが, 右辺が r によらないので, 対流を駆動する平板間の温度差に関係なく, 体積の減衰の仕方は常に同じである. 計算例として, $r=30$, $\sigma=10$, $b=8/3$ とする. このとき, $\lambda_1=1.0$, $\lambda_2=0$, $\lambda_3=-14.5$ である. 上式の左辺は -13.5, 右辺は -13.67 となるので, ほぼこの等式が成り立っている. リアプノフ次元は

$$D_L = 2 + \frac{\lambda_1}{(\lambda_1+\sigma+b+1)} \tag{7.17}$$

である. 上の数値を代入すると, $D_L \cong 2.07$ となる. 容量次元は $D_0 \cong 2.073$ と評価されているので, $D_L=D_0$ が成立しているものと考えられる. □

7.3 臨 界 点

7.3.1 カントール集合

周期倍分岐を経てカオスが始まる臨界点は, ロジスティック写像式 (7.1) の場合, $a^*=3.5699456\cdots$ である. 臨界点では, リアプノフ指数は0でカオスではないが, カントール集合型のフラクタル構造が確認でき, 実際, $D_0=0.538$ のストレンジアトラクタになっている. この意味で a^* は特別である. 図 7.7 を参考に, これらのことを詳しく調べよう. 図 7.7(b) には, m 回写像後の値が

$$x = f^{(m)}(a, x) \tag{7.18}$$

を満たすような x を図示した. つまり, $n \to \infty$ とした $x_n = f^{(m)}(a, x_{n-1})$ の解を

7.3 臨　界　点

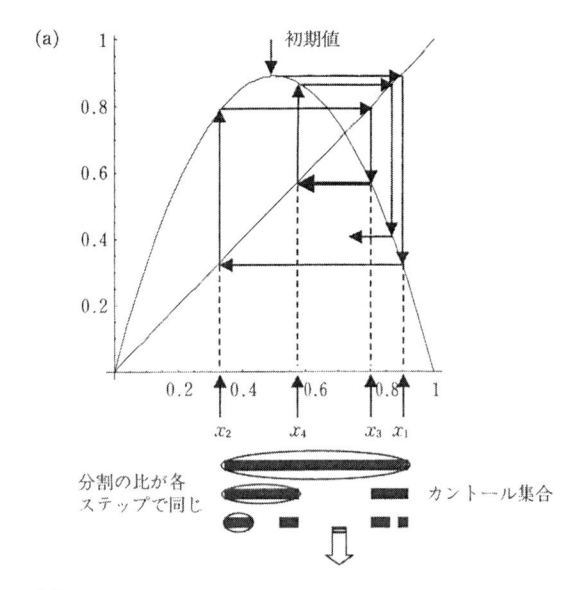

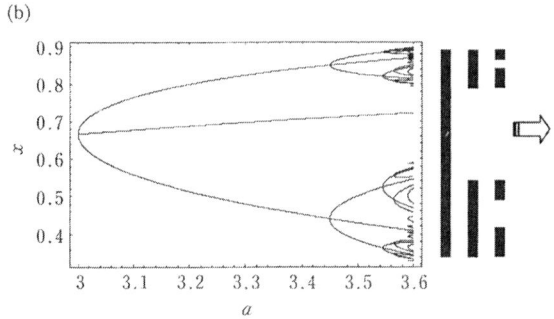

図 7.7 (a) 極限集合としてのカントール集合, (b) 分岐図に現れるカントール集合

表している．このように，無限に繰り返してできた集合は極限集合と呼ばれ，安定な解のみならず不安定な解も含む．図 7.7 (a) には，$x_0 = 1/2$ から出発して，数回繰り返した後の軌道である $x_n = f^{(n)}(a^*, 1/2)$ を描いた．図から分かるように，区間 $(0, 1)$ は 1 回の写像で区間 $[x_2, x_1]$ に移る．さらに繰り返すと，$[x_2, x_1]$ は取り除かれ，$[x_2, x_4]$ と $[x_3, x_1]$ の区間が残る．これでカントール集合の最初のステップが終わる．同様なプロセスを繰り返すと，極限集合としてカントール集合を得る．極限集合は，区間 $[0, 1]$ にあるすべての点から出発した軌道が最終的

に移される領域である.

臨界点がカントール集合になることが分かったので, この極限集合のフラクタル次元を求めよう. そのために, 自己相似性によってフラクタル次元を求める方法 (式 (1.20) などを参照) を思い出そう. いま, 最初の区間 $[x_2, x_1]$ の長さを L_0, 各ステップにおいてできた区間の長さを L_j とすると, 容量次元は

$$L_0{}^{D_0} = \sum_{j=1}^{N} L_j{}^{D_0} \tag{7.19}$$

の解として求まる. ここで, N は各ステップにおいてできた区間数である. 1回のステップで近似すると, $N=2$ で, $L_0 = L(x_2, x_1) = 0.5499$, $L_1 = L(x_2, x_4) = 0.2200$, $L_2 = L(x_3, x_1) = 0.0885$ から, 式 (7.19) は

$$L(x_2, x_1)^{D_0} = L(x_2, x_4)^{D_0} + L(x_3, x_1)^{D_0} \tag{7.20}$$

となる. これから $D_0 = 0.5261$ を得る. さらにステップを進めると, $N=4$ で, $L_1 = L(x_2, x_6) = 0.0385$, $L_2 = L(x_8, x_4) = 0.0876$, $L_3 = L(x_3, x_7) = 0.0380$, $L_4 = L(x_5, x_1) = 0.0140$ から,

$$L(x_2, x_1)^{D_0} = L(x_2, x_6)^{D_0} + L(x_8, x_4)^{D_0} + L(x_3, x_7)^{D_0} + L(x_5, x_1)^{D_0} \tag{7.21}$$

となり, $D_0 = 0.5329$ を得る. この段階でもたいへんよい近似になっている.

7.3.2 スケーリング

ロジスティック写像に等価な

$$x_n = a - x_{n-1}^2 \tag{7.22}$$

を考える. この写像は式 (7.1) で $x_n \to a^{-1}x_n + 1/2$, $a \to (a/4 - 1/2)a$ と変換すれば簡単に得られる. 写像が原点で対称になっているため便利がよい. 図 7.8 に, 分岐を起こすパラメータの値 a_n ($n = 0, 1, 2, \cdots$) をまとめた. $a_n - a_{n-1}$ の値は急速に小さくなっている. まず, $(a_n - a_{n-1})/(a_{n+1} - a_n)$ の値を求め, この規則性を調べよう. その規則性を用いると以下のようにして, 臨界点 $a^* = a_\infty = 1.40115518909\cdots$ が推定できる.

表を眺めると, 分岐が起こるパラメータ値の差の比の数列

$$\delta_n = \frac{a_n - a_{n-1}}{a_{n+1} - a_n} \tag{7.23}$$

は一定値に収束するように見える. 収束値 δ^* はファイゲンバウム定数と呼ばれ,

7.3 臨界点

n	a_n	$a_n - a_{n-1}$	δ_n
0	0.75		
1	1.25	0.5	
2	1.368098934	0.118098939	4.551506949
3	1.394046157	0.025947217	4.645807493
4	1.399631239	0.005585082	4.663938185
5	1.400828742	0.001197504	4.668103672
6	1.401085271	0.000256529	4.668966942
7	1.401140215	$5.49434\ 10^{-5}$	4.669147462
8	1.401151982	$1.17673\ 10^{-5}$	4.669190003

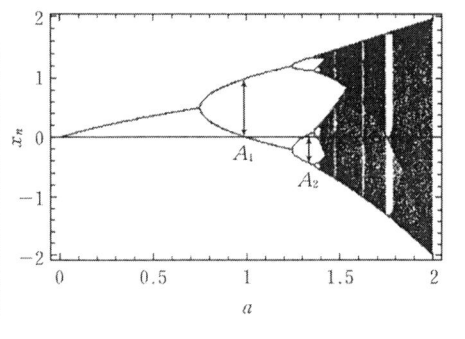

図 7.8 周期倍分岐が起こるパラメータ値

図 7.9 ファイゲンバウム比

$$\delta^* = \lim_{n \to \infty} \delta_n = 4.6692016 \cdots \tag{7.24}$$

となることが知られている．式 (7.23) は n が大きいとき，近似的に $a_{n+1} - a_n \approx \delta^{*-1}(a_n - a_{n-1})$ と書き直せるので，これから，

$$|a_\infty - a_n| \approx \delta^{*-n} \tag{7.25}$$

のようにべき則として表せる．ここで，$a_\infty = a^*$ である．ファイゲンバウム定数は非常に広いクラスの写像に対して同じ値を示し，不変な値と考えられている．また，図 7.9 に示すように，各軌道の適当な基準からの距離 A_n に関しても，

$$\eta^* = \lim_{n \to \infty} \frac{A_n}{A_{n+1}} = 2.5280787 \cdots \tag{7.26}$$

のように一定値に近づく．この値をファイゲンバウム比という．ファイゲンバウム定数と同じく不変な値である．これも，近似的に $A_{n+1} \approx \eta^{*-1} A_n$ と書き直すと，

$$A_n \approx \eta^{*-(n-1)} A_1 \tag{7.27}$$

のようにやはり，べき則が現れる．a_n, A_n のみならず各種のパラメータに関して著しい規則性がある (1980 年代の主要な論文は文献[14]にまとめられている)．それではなぜこのような不変な性質を有するのか，以下の項で説明する．

ファイゲンバウム定数は実験でも求められている．ただし，実験では精度の点において詳細な分岐までは調べられない．対流では，4 回の分岐に対して，$\delta_1 = 1.35$，$\delta_2 = 3.16$，$\delta_3 = 3.53$ であった[15]．ダイオードを用いた非線形 LRC 回路において，外部電力を $V_0 \sin(2\pi f t)$ ($f = 93\,\mathrm{kHz}$) として，V_0 を徐々に増加していくと周期倍分岐が起こる．そのような V_0 に対してファイゲンバウム定数を求める

と，$\delta_1=4.26$, $\delta_2=4.26$ であった[16]．まずまず不変な値を示しているように見える．

7.3.3 スケール変換不変性

ここでは，写像として式 (7.22) を考え，臨界点がシステムのスケール変換不変性とどのようにかかわっているか調べよう．周期倍分岐の集積点でカオスが始まる．写像を1回進めると，$f^{(2)}(a, x)$ として

$$x_n = a - a^2 + 2ax_{n-2}^2 - x_{n-2}^4 \tag{7.28}$$

を得る．スケーリング法はスケール変換に関する不変性を要求するものであったが，式 (7.28) の右辺にある x_{n-2}^4 が存在するため，どのような変換に対しても式 (7.22) と等価にならない．そこで，x_{n-2}^4 が無視できる原点近傍に限定すると，式 (7.28) は

$$x_n = a - a^2 + 2ax_{n-2}^2 \tag{7.29}$$

と近似できるので，スケール変換不変性の可能性が期待できる．時間変動の場合と同様にスケール変換を

$$\begin{aligned} n' &= 2^{-1}n \\ x'_{n'} &= Lx_{2n'} \end{aligned} \tag{7.30}$$

とする．$x_{n-2} = x_{2n'-2} = L^{-1}x'_{n'-1}$ を考慮して，この変換を式 (7.29) に代入すると，

$$x'_{n'} = L(a-a^2) + 2aL^{-1}x'^2_{n'-1} \tag{7.31}$$

を得る．n を偶数 ($n=0,2,4,6,\cdots$) とすれば，2つおきにとった新たな時間 $n' = n/2$ ($n'=0,1,2,3,\cdots$) を導入し，x_n を $x'_{n'}$，x_{n-2} を $x'_{n'-1}$ で置き換えると，時間に関して等価になる．さらに，$x'_{n'}$ が時刻 $n'-1$ での値 $x'_{n'-1}$ で表されているので，時間の変動として式 (7.31) は式 (7.22) に等価になる．以上のことから，スケール変換不変性は，

$$\begin{aligned} L(a-a^2) &= a \\ 2aL^{-1} &= -1 \end{aligned} \tag{7.32}$$

が成立すれば満足される．

ここで，L は任意のパラメータではないことに注意しよう．スケール変換不変性は，式 (7.32) からパラメータ a に関する方程式

$$a = -2a(a-a^2) \tag{7.33}$$

が満たされる場合に限り成り立つ．この方程式の解 $a=a^*$ は，もとの写像と1

回進めた写像が等価になるような特別なパラメータが存在することを意味し，それが臨界点になっている．つまり，スケール変換不変性が成り立つ点が臨界点である．$a>0$ として式 (7.33) を解くと，臨界点の近似値として

$$a^* = \frac{(1+\sqrt{3})}{2} \cong 1.36603 \tag{7.34}$$

を得る．また，$L^* = -2a^* = -(1+\sqrt{3}) = -2.732$ である．$|L^*|$ は，ファイゲンバウム比に対応する．以上のように，スケーリング法は臨界点におけるスケーリングを導く．x_n を $-x_n$ としてもシステムは変わらないことを考慮すると，臨界点では $x'_n = |L^*| x_{2n} = x_n$ を満たす．いま，$x_n \approx n^{-a}$ とおくと，$a = \log |L^*|/\log 2 = 1.45$ を得る．

以上ではスケール変換不変性が適用できるように，x_{n-2}^4 を省略して近似的に進めてきた[17]が，さらに $f^{(2m)}(a, x)$ ($m = 1, 2, 3, \cdots$) に適用していくと徐々に精度が高まり，正確な臨界点に接近し，正確なファイゲンバウム定数および比が求められることが示されている[18〜20]．

【$f^{(4)}(x)$ に対するスケール変換不変性】

4 回写像において，式 (7.29) と同様な近似をすると，$x_n = a - (a - (a - a^2)^2)^2 + 8a(a - a^2)(a - (a - a^2)^2) x_{n-4}^2$ となる．これにスケーリング法を適用すると，$L(a - (a - (a - a^2)^2)^2) = a$, $L = -8a(a - a^2)(a - (a - a^2)^2)$ を得る．これから，$a^* = 1.39609$, $L^* = -2.79218$ が求まる． □

以上のように，スケール変換をスケール変換不変性を実現するためのパラメータの変換と捉えるのではなく，写像自体の変換とするのがファイゲンバウム理論である．

各分岐点における写像 $f(a_n, x)$ と 2 回の写像 $f^{(2)}(a_{n+1}, x)$ との関係をグラフ上で見ると，図 7.10 に示すように，全体の形は異なり，上下に反転しているが，原点近傍で局所的に眺めると，同じような形になっていることに気づく．つまり，f と $f^{(2)}$ とは大きさが異なるものの，$x = 0$ 近傍では近似的ではあるが自己相似な形になっている．自己相似性がべき則を導くことはこれまで多数の例で見てきたが，カオスの場合も同様である．

写像のスケール変換不変性を，図 7.10 を参考に数式で表せば，

$$f(a_n, x) = (-\eta) f^{(2)}(a_{n+1}, -\eta^{-1} x) \tag{7.35}$$

となる．f と $f^{(2)}$ は大きさは異なるが，適当に縮小すると両者が相似になってい

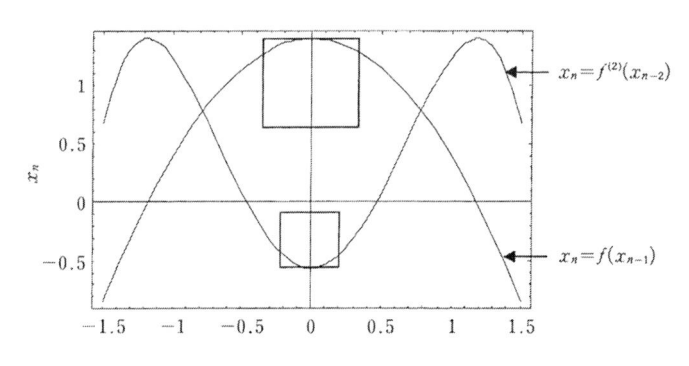

図 7.10 写像の自己相似性

る．右辺に現れる $-\eta$ は上下に反転していることを意味する．詳しくいうと，横軸，縦軸をそれぞれ，

$$x' = -\eta x$$
$$f^{(2)\prime}(a_{n+1}, x') = (-\eta) f^{(2)}(a_{n+1}, -\eta^{-1} x') \tag{7.36}$$

とスケール変換すると，写像のスケール変換不変性から式 (7.35) を得る．スケール変換を表すパラメータは，図 7.9 の A_n を用いて $\eta = A_n/A_{n+1}$ と表せる．式 (7.35) を一般化すると，

$$f^{(2^n)}(a_n, x) = (-\eta) f^{(2^{n+1})}(a_{n+1}, -\eta^{-1} x) \tag{7.37}$$

と書ける．ここで，$n \to \infty$ とし，$f^{(2^n)}$ の代わりに，

$$g_m(a_{n+m}, x) = (-\eta)^n f^{(2^n)}(a_{n+m}, (-\eta^{-1})^n x) \tag{7.38}$$

を導入しよう．極限が存在するものと仮定し，

$$g(a^*, x) = \lim_{m \to \infty} g_m(a_{n+m}, x) \tag{7.39}$$

を定義すると，$g(a^*, x)$ は式 (7.38) から，

$$g(a^*, x) = (-\eta) g(a^*, g(a^*, -\eta^{-1} x)) \tag{7.40}$$

を満たす (実際，数値的に確認できる)．残る問題は式 (7.40) を解いて，$g(a^*, x)$ を求めることである．ただし，任意の定数 k に対して $g(a^*, kx)/k$ も解となるので，通常 $g(a^*, 0) = 1$ として任意性を排除する．この式がファイゲンバウムによってはじめて得られたくりこみ変換式[21~23]であり，ファイゲンバウム定数やファイゲンバウム比がこの式から数値的に求まる．

以下では，近似的に式(7.40)を解こう．$g(a^*, 0)=1$ と写像の対称性より
$$g(a^*, x) = 1 - wx^2 \tag{7.41}$$
と近似する．ここで，w は未知数である．これを式(7.40)に代入すると，
$$\begin{aligned}1-wx^2 &= (-\eta)g(1-w(\eta^{-1}x)^2) = (-\eta)(1-w(1-w(\eta^{-1}x)^2)^2)\\&\cong -\eta(1-w)-(2\eta^{-1}w^2)x^2\end{aligned} \tag{7.42}$$
を得る．両辺を比較すると，$1=-\eta(1-w)$ と $w=2\eta^{-1}w^2$ を得る．これらから w を消去すると，η に関する2次方程式
$$\eta^2 - 2\eta - 2 = 0 \tag{7.43}$$
を得る．これから，$\eta^* = 1 + \sqrt{3} = 2.732\cdots$ と求まる．このような荒い近似にしては，正確な値 $\eta^* = 2.5280787\cdots$ にかなり近い．さらに，$w=\eta/2$ より w^* を決めると，$w^* = 1.36603$ となるので，$a^* = (1+\sqrt{3})/2 \cong 1.36603$ を得る．これもまた，正確な臨界値をよく近似している．

7.3.4 臨界点の複雑さとエントロピー

臨界点 a^* は周期倍分岐の集積点 a_∞ である．臨界点では $\lambda=0$ である．指数関数的に広がることを前提にしているため $\lambda=0$ となるが，初期値鋭敏性がないわけではない．そこで，どのような広がり方をするか調べてみよう．

軌道が初期時刻で $d(0)$ 離れ，時刻 n で $d(n)$ になったとすると，臨界点以外での長時間での挙動はリアプノフ指数 λ（一般的には最大リアプノフ指数）を用いて，
$$\frac{d(n)}{d(0)} = e^{\lambda n} \tag{7.44}$$
と表せた．カオスならば $\lambda>0$，カオスでなければ $\lambda \le 0$ である．まず，臨界点前後で軌道の広がる様子の変化を，式(7.22)の写像に対してシミュレーションで確かめる．$n=1000$ までの時刻に対して両対数グラフ $(\log n, \log d(n))$ で示した広がりを $a=1.4005$, $a^*=1.4011552$, $a=1.4013$ のそれぞれの場合に50回試行し，平均した結果を図7.11に示す．a^* 前後では直線にはならず指数関数的に変化し，式(7.44)が当てはまる．しかし，a^* ではべき関数に比例して広がることが確認でき，臨界点では指数関数で定義するリアプノフ指数が当てはまらず，
$$\frac{d(n)}{d(0)} = n^z \tag{7.45}$$

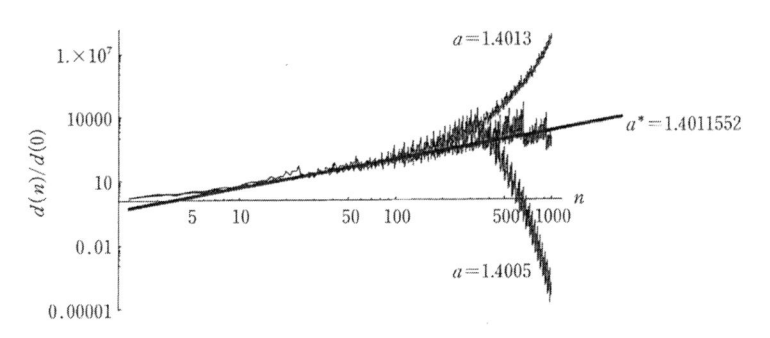

図 7.11 臨界点前後における軌道の広がり

のようにべき関数で表せる．ここで，χ は正の定数である．図 7.11 のデータをもとに直線回帰すると，$\chi \cong 1.32$ になる．

以上のように，臨界点ではスケール変換不変性が成り立ち，各種の量がべき則で特徴づけられる．このような特徴を情報論的な観点から見ると，どのような見方ができるだろうか．シャノン・エントロピーは適用できないが，一般化エントロピーが適用できる可能性がある．

時刻を τ 間隔で区切り，初期時刻 $t=0$ から最終時刻 $t=N\tau$ までの変化を考える．大きさ 1 の相空間を大きさ ε の格子に分割する．$P_{i_0, i_1, \cdots, i_j}$ を軌道が時刻 0 で格子 i_0，時刻 τ で格子 i_1，$\cdots$ に見出す確率とする．時刻 $j\tau$ でのエントロピーを

$$S_1(j\tau) = - \sum_{i_0, i_1, \cdots, i_j} P_{i_0, i_1, \cdots, i_j} \log P_{i_0, i_1, \cdots, i_j} \tag{7.46}$$

と定義する．添え字「1」は後で拡張するために付した．$S_1((j+1)\tau) - S_1(j\tau)$ は，時刻 $j\tau$ までの軌道が与えられたとき，時刻 $(j+1)\tau$ において軌道がどの格子にいるか予測するために必要な情報になる．このとき，コルモゴロフ・シナイ・エントロピー K_1 は

$$K_1 = \lim_{\tau \to 0} \lim_{\varepsilon \to 0} \lim_{N \to \infty} \frac{1}{N\tau} \sum_{j=0}^{N-1} (S_1((j+1)\tau) - S_1(j\tau)) = \lim_{\tau \to 0} \lim_{\varepsilon \to 0} \lim_{N \to \infty} \frac{1}{N\tau} (S_1(N\tau) - S_1(0)) \tag{7.47}$$

と与えられる[13]．これは，$t=0$ から $t=N\tau$ までのエントロピーの増加量である．いま，$S_1(0) = 0$ とする．最終時刻 $t=N\tau$ で $W(N\tau)$ 個のセルがあり，各セルで等確率になっていると仮定すると，$P_{i_0, i_1, \cdots, i_j} = 1/W(N\tau)$ である．すると，式 (2.43) と同様に，式 (7.46) と式 (7.47) から

$$K_1 = \lim_{\tau \to 0} \lim_{\varepsilon \to 0} \lim_{N \to \infty} \frac{1}{N\tau} \log W(N\tau) \tag{7.48}$$

と表せる．臨界点以外では式 (7.44) より $d(t)/d(0) = e^{\lambda t}$ であったので，$t = N\tau$ におけるセル個数は，時刻 $t = \tau$ での値 $W(\tau)$ を用いて，

$$W(N\tau) = W(\tau) e^{\lambda N \tau} \tag{7.49}$$

と表せる．これを式 (7.48) に代入すると，$(N\tau)^{-1} \log W(N\tau) = (N\tau)^{-1} \log W(\tau) + \lambda$ となるので，よく知られた 1 次元写像に対するペシアン等式

$$K_1 = \lambda \tag{7.50}$$

が得られる．臨界点では $\lambda = 0$ なので，$K_1 = \lambda = 0$ である．

さて，以上のことは臨界点でどのように表現されるだろうか．ポイントは，式 (7.44) と式 (7.45) は異なる関数であるが，以下のようにすれば互いに連続的に変形可能なことである．サリスらは，$d(t)/d(0) = e^{\lambda t}$ を変形して，

$$\frac{d(t)}{d(0)} = (1 + (1-q)\lambda_q t)^{\frac{1}{1-q}} \tag{7.51}$$

とした[24]．ここで，q はパラメータで，λ_q は λ に対応する定数である．式 (7.51) で $q \to 1$ とすれば $\lim_{q \to 1}(1+(1-q)\lambda_q t)^{1/(1-q)} = \exp(\lambda_1 t)$ となるので，$\lambda_1 = \lambda$ とすると式 (7.44) が再現できる．$q \neq 1$ では，長時間極限で，

$$\frac{d(t)}{d(0)} \simeq ((1-q)\lambda_q)^{\frac{1}{1-q}} t^{\frac{1}{1-q}} \tag{7.52}$$

となるので，べき関数が現れる．式 (7.45) と比較すると，$\chi = 1/(1-q)$ である．つまり，q というパラメータを導入することで，臨界点を含んだ任意の a において，軌道の広がりを統一的に表すことができる．

【写像 (7.22) の場合】

数値計算によると，臨界点ではべき指数は $\chi \simeq 1.32$ であった．式 (7.52) から，これが $\chi = 1/(1-q)$ に一致しなければならないので，$q = 0.242$ となる．また，比例係数 $((1-q)\lambda_q)^{1/(1-q)}$ から $\lambda_q \simeq 0.70$ を得る． □

式 (7.51) で表される広がりを，式 (7.46) のエントロピーを拡張したサリス・エントロピー

$$H_q(j\tau) = \frac{1 - \sum_{i_0, i_1, \cdots, i_j} (P_{i_0, i_1, \cdots, i_j})^q}{q - 1} \tag{7.53}$$

を用いて定式化しよう[25,26]．等確率分布を仮定すると，

$$H_q(j\tau) = \frac{W(N\tau)^{1-q} - 1}{1-q} \tag{7.54}$$

となる. これに伴い式 (7.47) のコルモゴロフ・シナイ・エントロピー K_1 を,

$$K_q = \lim_{\tau \to 0} \lim_{\varepsilon \to 0} \lim_{N \to \infty} \frac{1}{N\tau}(H_q(N\tau) - H_q(0)) \tag{7.55}$$

と拡張する. 等確率分布のもとでは式 (7.54) を用いて, 式 (7.48) と同様に,

$$K_q = \lim_{\tau \to 0} \lim_{\varepsilon \to 0} \lim_{N \to \infty} \frac{1}{N\tau} \frac{W(N\tau)^{1-q} - 1}{1-q} \tag{7.56}$$

となる. また, 式 (7.49) に対応して, 式 (7.51) より,

$$W(N\tau) = W(\tau)(1 + (1-q)\lambda_q N\tau)^{\frac{1}{1-q}} \tag{7.57}$$

となるので, q を 1 に近づけると, $W(\tau)^{(1-q)}(1+(1-q)\lambda_q N\tau) \cong 1 + (1-q)\lambda_q N\tau$ と近似できる. 結局

$$K_q = \lambda_q \tag{7.58}$$

が得られる. これは, ペシアン等式 (7.50) を拡張した式になっている.

【写像 (7.22) の場合】

写像 $x_n = 1 - ax_{n-1}^2$ を考える. この写像は式 (7.22) で ax_n を新たに x_n とおけば得られる. したがって, 臨界点は同じである. このとき, $\tau = 1$ としてリアプノフ指数の定義から,

$$\log\left(\lim_{d(0) \to 0} \frac{d(n)}{d(0)}\right) = \sum_{j=0}^{n-1} \log|2a^* x_j| \tag{7.59}$$

となる. n が大きいとき, 周期 2^n から 2^{n+1} に移行する場合, ファイゲンバウム比は $\eta^* = 2.5029\cdots$ であった. 2^n ステップ後には, 大きさ η^{*-2n} の最小分割は η^{*-n} になる. このことと $\log(d(t)/d(0)) \approx (q-1)^{-1} \log t$ を比較すれば,

$$\frac{1}{1-q} = \frac{\log \eta^*}{\log 2} = 1.3236\cdots \tag{7.60}$$

となるので, $q = 0.2445$ と求まる. 実測データから求めた値 $q = 0.242$ と矛盾しない結果である. このように, サリス・エントロピーは臨界点の挙動を説明できる情報量の候補と見なせるだろう. □

7.4 情報の記憶

カオスには不安定であるが任意の周期をもった周期軌道が存在する. これらの周期軌道を記憶に割り当てると, 軌道の複雑さを記憶容量として捉えることがで

きる[27~35]．ここでは情報理論的な立場から，カオスの記憶と情報に関して述べる．初期時刻に微小な距離だけ離れた二つの軌道は，観測装置の測定精度以内であれば区別できない．ところが，軌道がカオスであれば指数関数的に軌道の差が大きくなり，すぐに区別できるようになる．つまり，軌道に関する情報を得たことになる．カオスは情報を生成する．

7.4.1 情報の生成と圧縮

高次元相空間で定義されたシステムには複数のリアプノフ指数が存在する．正のリアプノフ指数を λ_+，負のリアプノフ指数を λ_- とすると，$|\sum \lambda_-| \geq \sum \lambda_+$ が成り立つ．スタンダード写像のような保存系では等式になり，情報の圧縮は起こらない．負のリアプノフ指数は上の意味から情報圧縮の割合と考えることができる[27]．たとえば，ローレンツモデル(3.41)を考えよう．どのような広がりをもった空間もしだいに押し潰され，ローレンツアトラクタに吸収される．なぜなら，時刻 t における体積 $V(t)$ は，式(3.46)で与えたように，

$$\frac{dV(t)}{dt} = -(\sigma+1+b)V(t) \tag{7.61}$$

と変化するので，初期に広がったどのような空間もその体積は急速に0に近づくためである．式(7.61)を解くと，$V(t)/V(0) = e^{-(\sigma+1+b)t}$ を得る．式(2.43)から，単位時間当たりに生成される情報の変化 $\Delta I = \log V(t)/V(0)$ は，

$$\Delta I = -(\sigma+1+b) \tag{7.62}$$

と表せる．これは負になるので，$N=3$ 次元相空間にあった情報が D_1 次元のローレンツアトラクタ上に圧縮される．

次に，相空間内ではじめ体積 $V(i)$ を占める集合がカオスアトラクタ上にあり，その集合がどのように変化するか調べよう．一定期間後に相空間内で占める領域を $V(f)$ とすると，情報の変化は

$$\Delta I = \log \frac{V(f)}{V(i)} \tag{7.63}$$

である．情報の変化を1次元の区間上の写像 $x_n = f(x_{n-1})$ に対して適用すると，式(2.45)に示したように，1回の反復当たり $\Delta I(x) = \log |df(x)/dx|$ と表せる．写像の不変測度を $\mu(x)$ とすると，情報の平均変化率はリアプノフ指数 λ に等しく，

$$\varDelta \overline{I} = \int \log\left|\frac{df(x)}{dx}\right|\mu(x)dx = \lambda \tag{7.64}$$

であった．カオスであれば最大リアプノフ指数は正であり（$\lambda = \varDelta \overline{I} > 0$），情報を生成し，保持する．

【ベルヌイシフト写像】

簡単な例としてベルヌイシフト写像(2.48)を考えよう．写像は $x_{n+1} = 2x_n$ (mod 1) と簡潔に表せる．x_{n+1} は，$2x_n$ を1で割った余りである．反復を繰り返し，初期の値の影響が消滅すると，1回の反復当たりで生成される情報の変化は $\varDelta I = \varDelta \overline{I} = \log 2$ である．この値は既に示したように，$\varDelta \overline{I} = \int_0^1 \log 2\, \mu(x) dx = \log 2$ に一致し，位相的エントロピー $h(f)$ にも等しい． □

7.4.2 情量圧縮と解像度

d 次元の相空間において，2進数列の d 桁符号長のメッセージを考える．メッセージの総数は 2^d で，記憶容量は情報理論にしたがうとすれば $\log_2 2^d = d$ （ビット）である．メッセージは，軌道にしたがってアトラクタ上に移され，圧縮される．アトラクタ上で軌道を測定するためには測定装置が必要で，測定精度は，たとえばヒストグラムを作成するときのデータ間隔と考えれば分かりやすい．当然，精度によって圧縮される情報量が異なる．このため，図7.12に示す

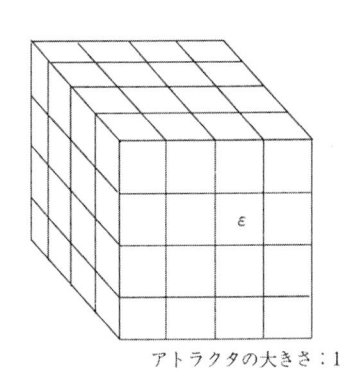

図7.12 アトラクタの分解

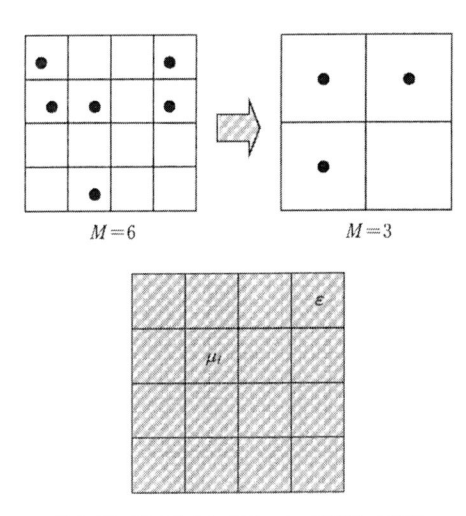

図7.13 測定精度とポアンカレ断面上の軌道

7.4 情報の記憶

ように測定精度 ε ($\varepsilon<1$) を導入する．ε はアトラクタを分割する小さなセルの大きさ（体積）と考えることができる．アトラクタの大きさ（体積）を 1 とすると，アトラクタは合計

$$\frac{1}{\varepsilon} \tag{7.65}$$

個の小さなセルに分割される．

　セル内にある二つの軌道は区別できないので，同一軌道と見なす．アトラクタのポアンカレ断面を横断する軌道の点列を考え，その点数が M 個あったとする．たとえば，図 7.13 に示すように，同じ軌道でも，ある精度で捉えたとき $M=6$ で 6 周期軌道であったとしても，精度を荒くする（ε を大きくする）と，$M=3$ で 3 周期軌道に見える．カオスは M が無限の不安定軌道を内在するが，実際には ε の限界から $M(\varepsilon)$ の値は有限で，ポアンカレ断面を $M(\varepsilon)$ 回横断する．このように，指定した精度内で姿を見ているため真の姿は隠される．

　さて，ポアンカレ断面の各セルに，軌道が通過するかどうかで，
(1) 1（●）；軌道が通過した
(2) 0（○）；軌道が通過しない
とラベルをつけよう．軌道がアトラクタをひとまわりし，ポアンカレ断面を異なる点で，M 回横切ったとする．このとき，各セルを軌道が通過したかどうかにより M ビット（例：1100100…）でラベルづけする．ポアンカレ断面のセルで，その軌道が通過するかどうかで最大 2^M 通りの可能な現れ方がある．そこで，ポアンカレ断面の各セルの大きさ ε（ここでは，断面でのセル面積）を以下のように定めよう．たとえば，$M=2$ とする．ポアンカレ断面の各セルは軌道の現れ方で $2^2=4$ 通りのラベルづけができる．このとき，断面を 4 個のセルに分割すると，どのセルも 4 通りの現れ方がある．つまり，(11), (00), (10), (01) で，$\varepsilon=1/4$ と決める．カオス軌道は常に不安定でアトラクタ上を何度も回るので，断面のどのセルも 4 通りのラベルづけが同じ頻度で現れるものと期待できる．逆に，4 通りのラベルづけが等確率 (1/4) で現れるためにはカオスでなければならず，このとき，最大の記憶が蓄積できる．実際，エントロピーは最大になり，その値は $-\sum_{i=1}^{4}(1/4)\log_2(1/4)=\log_2 4=2$ である．カオスでない場合，たとえば軌道が特定のセルを通過する 1 周期軌道では，エントロピーは 0 である．

　以上のことを一般的に述べると以下のようになる．大きさ ε のセルを準備し，

ポアンカレ断面を $n(\varepsilon)=1/\varepsilon$ 個のセルに分割する．軌道の可能な異なる現れ方，つまり $M(\varepsilon)$ ビットのラベルづけは精度 ε に依存する．各セルで軌道が通過するかどうかで $2^{M(\varepsilon)}$ 通りの現れ方があるので，断面を $2^{M(\varepsilon)}$ 個のセルに分割し，ε を

$$\varepsilon=\frac{1}{2^{M(\varepsilon)}} \tag{7.66}$$

とする．逆に，ε が与えられると $M(\varepsilon)$ が定まり，最大 $2^{M(\varepsilon)}$ まで区別できる．つまり，アトラクタの記憶容量は，

$$M(\varepsilon)=\log_2\left(\frac{1}{\varepsilon}\right) \tag{7.67}$$

と表すことができ，$M(\varepsilon)$ ビットであるといえる．

アトラクタはシステムに積載されるメッセージである．アトラクタの自己相似性を定量化する値として情報次元

$$D_1(\varepsilon)=\frac{-\sum_{i=1}^{n(\varepsilon)}\mu_i(\varepsilon)\log\mu_i(\varepsilon)}{\log\left(\frac{1}{\varepsilon}\right)} \tag{7.68}$$

があった．ここで，$\mu_i(\varepsilon)$ は $i\,(1\leq i\leq n(\varepsilon))$ 番目のセルを軌道が通過する割合で，

$$\sum_{i=1}^{n(\varepsilon)}\mu_i(\varepsilon)=1 \tag{7.69}$$

を満たす．ここで，$n(\varepsilon)=1/\varepsilon=2^{M(\varepsilon)}$ である．通常の情報次元とは異なり，極限 $\varepsilon\to 0$ を課していないのは，セルの大きさを考慮しているためである．対数の底は2なので，$D_1(\varepsilon)$ はシステムが保持できる情報量の大きさ，つまり，記憶容量を表し，システムに積載できるメッセージの平均符号長になる．d 次元カオスには d 個のリアプノフ指数が存在し，$\sum_{i=1}^{d}\lambda_i\leq 0$ が成り立つ．はじめ d 次元相空間に広がっていた集合は，最終的にはアトラクタまで圧縮される．したがって，常に $D_1(\varepsilon)\leq d$ となる．等号が成り立つのは保存系である．図7.14に示すように，d と $D_1(\varepsilon)$ の差が圧縮された情報量を表し，それを $C_1(\varepsilon)$ とすると，どの程度情報が圧縮されたかは，次元

$$C_1(\varepsilon)=d-D_1(\varepsilon) \tag{7.70}$$

として表せる[27]．

$\varepsilon=0$ とした場合の情報圧縮を考えよう．不動点の次元は $D_1=0$ で，$C_1=d$ である．また，リミットサイクルの場合は $D_1=1$ で，$C_1=d-1$ となる．このような例では，情報量は限界まで圧縮されるが，エントロピーは小さく，アトラクタ

7.4 情報の記憶

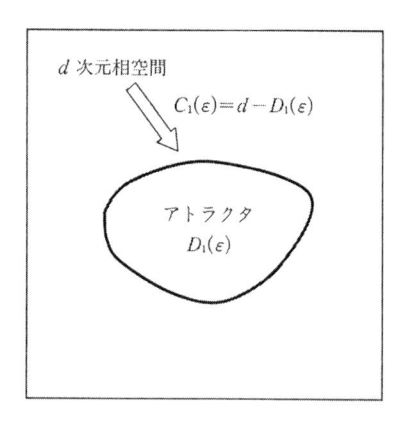

図 7.14 情報の圧縮

にはわずかな情報しか保持できない．カオスアトラクタでは $D_1(\varepsilon)$ が大きく，圧縮は小さく，不動点やリミットサイクルより多くの情報が保持できる．たとえば，ローレンツモデル ($r=25.6$, $\sigma=10$, $b=3/8$) の場合，情報次元は $D_1 \cong 2.06$ で，$C_1 = d - D_1 = 3 - 2.06 = 0.94$ に圧縮される．ε が 0 ではない小さい値だと何が起こるだろうか．式 (7.67) より，ε を小さくすると $M(\varepsilon)$ は大きくなるので，記憶容量は増加する．一方，アトラクタの構造をより細かく調べる必要があるので，多数の反復回数を要する．実際にはより少ない反復回数でアトラクタを捉えたい．このような考察から，記憶容量を大きくし，かつ，少ない反復回数でアトラクタを捉えるための最適な ε の存在が期待できる．

情報の圧縮 $C_1(\varepsilon)$ が最小になるように ε を定める[27]．つまり，

$$\frac{dD_1(\varepsilon)}{d\varepsilon} = 0 \tag{7.71}$$

を満たす ε を ε^* とする．情報次元が最大となるのは，各セルを通過する軌道の数が等しくなる等確率 $\mu_i(\varepsilon) = 1/n(\varepsilon)$ のときである．この値を式 (7.68) に代入すると

$$D_1(\varepsilon) = \frac{-\sum_{i=1}^{n(\varepsilon)} \mu_i(\varepsilon) \log \mu_i(\varepsilon)}{\log\left(\dfrac{1}{\varepsilon}\right)} = -\frac{\log n(\varepsilon)}{\log \varepsilon} \tag{7.72}$$

となる．したがって，式 (7.70) より情報圧縮量は，

$$C_1(\varepsilon) = d + \frac{\log n(\varepsilon)}{\log \varepsilon} = \frac{\log(\varepsilon^d n(\varepsilon))}{\log \varepsilon} \tag{7.73}$$

となる．ここで，アトラクタ全体を捉えるための反復回数 t_c を考えよう．アトラクタはポアンカレ断面上では $M(\varepsilon)$ 個の点で表されるので，

$$t_c = \frac{n(\varepsilon)}{M(\varepsilon)} \tag{7.74}$$

と表せる．t_c はアトラクタ全体が把握できる最小反復数なので，最大リアプノフ指数 λ_1 と関係深いことは予想される．大きさ ε のセルが t_c 時刻後にアトラクタ全体を覆うようになると，$\varepsilon \exp(\lambda_1 t_c) = 1$ と λ_1 を用いて表現できるだろう．これより，

$$t_c = \frac{\log\left(\frac{1}{\varepsilon}\right)}{\lambda_1} \tag{7.75}$$

となる．よって，式 (7.67) と式 (7.74) より

$$n(\varepsilon) = \frac{\log\left(\frac{1}{\varepsilon}\right)^2}{\lambda_1 \log 2} \tag{7.76}$$

となる．これを式 (7.73) に代入すると，

$$C_1(\varepsilon) = d + \frac{2\log\left(\log\left(\frac{1}{\varepsilon}\right)\right) + \log\left(\frac{1}{\lambda_1 \log 2}\right)}{\log \varepsilon} \tag{7.77}$$

を得る．後の例で示すように，$C_1(\varepsilon)$ にはただ一つだけ最小値が存在する．$C_1(\varepsilon)$ を ε に関して微分することで，情報次元を最大にする ε^* が，

$$\varepsilon^* = \exp(-e^{\frac{2-\gamma}{2}}) \tag{7.78}$$

と決まる．ここで，$\gamma = \log(1/(\lambda_1 \log 2))$ とおいた．よって，最大保持情報量および情報圧縮量はそれぞれ，$C_1(\varepsilon^*) = d + \{\gamma + 2\log(\log(1/\varepsilon^*))\}/\log \varepsilon^*$，$M(\varepsilon^*) = \log(1/\varepsilon^*)/\log 2$ となる．これらから，

$$C_1(\varepsilon^*) = d - 2e^{-\frac{(2-\gamma)}{2}} \tag{7.79}$$

および，

$$M(\lambda_1) = \frac{\exp\left(\frac{1}{2}\left(2 - \log\left(\frac{1}{\lambda_1 \log 2}\right)\right)\right)}{\log 2} \tag{7.80}$$

が求まる．ここで，$M(\varepsilon^*)$ は λ_1 の関数になったので，$M(\lambda_1)$ と書き換えた．一般に，$C_1(\varepsilon) > C(0)$ である．

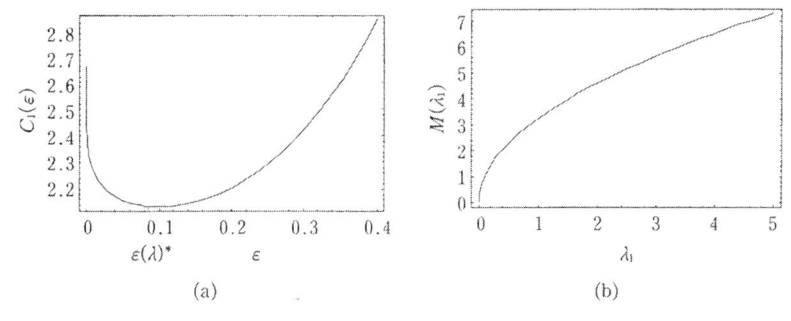

図 7.15 (a) 情報圧縮量，(b) 最大保持情報量

以上のように，保持情報容量が最大リアプノフ指数から算出できる．図 7.15 に，ローレンツモデル ($r=25.6$, $\sigma=10$, $b=3/8$) を対象として，$\lambda_1=1.04$ として計算した $C_1(\varepsilon), M(\lambda_1)$ を図示した．

なお，1次元写像では以下のような修正が必要になる．大きさ ε のセルで覆うためのセル数は $n(\varepsilon)\cong\log(1/\varepsilon)\cong\log(1/\varepsilon)/\lambda$ である．このとき，$C_1(\varepsilon)=d+(2\log(\log(1/\varepsilon))-\log\lambda)/\log\varepsilon$ である．最小値は $\varepsilon^*\cong\exp(-e^{1+\log\lambda})$ で実現され，$C_1(\varepsilon^*)=1-e^{-(1+\log\lambda)}$ を得る．

【ロジスティック写像 (7.1)】

臨界点は $a^*=3.5699\cdots$ であった．そこでは $\lambda=0$ で，$\varepsilon^*=1$ となる．これから，$M(\lambda)=0$ となり，記憶容量は 0 になる．そもそも $\lambda=0$ なので，情報は生成されない．$a=4$ の場合，$\lambda=\log 2=0.6931$ で $\varepsilon^*=0.00436$ となり，$C_1(\varepsilon^*)=0.816$, $M(\varepsilon^*)=7.84$ となる．テント写像，ベルヌイシフト写像のリアプノフ指数は同じ値になるので，同様の結果になる．$\varepsilon=0$ の場合，$C_1(0)=d-D_1(0)=1-1=0$ となるので最大限に圧縮される． □

【エノン写像 (7.4)】

相空間の次元は $d=2$ で，最大リアプノフ指数は $\lambda_1=0.4205$ である．最適なセルの大きさは $\varepsilon^*=0.230492$ で，$C(\varepsilon^*)=0.637176$ から，記憶容量は $M(\varepsilon^*)=2.11721$ と決まる．$\varepsilon=0$ の場合には，$C_1(0)=d-D_1(0)\cong2-1.25=0.75$ となる． □

【ローレンツモデル】

パラメータを $r=40$, $\sigma=16$, $b=4$ とする．相空間の次元は $d=3$ で，最大リアプノフ指数は $\lambda_1=1.3702$ である．最適なセルの大きさは $\varepsilon^*=0.0994663$ で，

$C(\varepsilon^*)=2.13343$ から,記憶容量は $M(\varepsilon^*)=3.32965$ と決まる.$\varepsilon=0$ の場合は,$C_1(0)=d-D_1(0)=3-2.06=0.94$ となる.図 7.15 を参照. □

【脳　波】

被験者に暗算で整数の足し算を行うタスクを課して,前頭葉で脳波を測定した.測定には NEC 製のテレメータ MR31 を使用し,サンプリング周波数を 250 Hz,ローパスフィルタを 100 Hz,ハイパスフィルタの時定数を 0.01 秒,感度を 500 mV と設定した.相空間上に再構成するために遅れ時間 τ,埋め込み次元 m を設定する必要があるが,それぞれ相互情報量,誤り最隣接法などから $\tau=5$, $m=5$ と設定し,リアプノフ指数を算出した[33].いくつかのサンプルを平均すると,記憶容量は $M(\varepsilon^*)=9.21$ となった[28]. □

以上の例から分かるように,リアプノフ指数が大きくなり,複雑さが増せば,記憶容量も増加する.

8

自己組織化臨界現象

　自己組織化とは，外部から駆動されることなく，無秩序な状態から自ら秩序を作る過程をいう[1,2]．特に，組織化された状態が臨界状態であれば，自己組織化臨界現象という．自己組織化臨界現象に共通する特徴は，スケール変換不変性である．本章では，自己組織化の本質が非線形性に起因することをいくつかの例を通して調べる．

8.1　臨　界　現　象

8.1.1　スケーリング法による求解

　前章まで扱ってきた現象に共通して見られる特徴は，スケール変換不変性であった．べき則で支配され，指数関数とは異なり代表値が存在しないスケールフリーな現象である．このため平均値，分散などが発散するという従来の考えでは決して好ましくない状況を扱わなければならない．もちろん，現実にはどのような物理量も発散することはないので，スケーリング領域でのみ，べき則が成り立つ．はじめにどのような状況でそのような現象が現れるのか，そしてなぜ不変性を伴うのか，簡単なモデルに基づいてその起源を探ることにする．

　時間的に変動する量を $\tilde{x}(t)$ とし，1階の微分方程式

$$\dot{\tilde{x}}(t) = F(\tilde{x}(t)) \tag{8.1}$$

により記述されたとしよう．ここで，F は対象の特性を表し，一般的には非線形な関数である．定常状態 $\tilde{x}_{\mathrm{st}}$ の存在を仮定すると，$F(\tilde{x}_{\mathrm{st}})=0$ となる．$\tilde{x}(t)$ の $\tilde{x}_{\mathrm{st}}$ 近傍での挙動を調べるため，$\tilde{x}_{\mathrm{st}}$ の周りでテーラ展開すると，

$$\begin{aligned} F(\tilde{x}(t)) &= F(\tilde{x}_{\mathrm{st}} + \tilde{x}(t) - \tilde{x}_{\mathrm{st}}) \\ &= F(\tilde{x}_{\mathrm{st}}) + (\tilde{x}(t) - \tilde{x}_{\mathrm{st}})F'(\tilde{x}_{\mathrm{st}}) + \frac{1}{2}(\tilde{x}(t) - \tilde{x}_{\mathrm{st}})^2 F''(\tilde{x}_{\mathrm{st}}) + \cdots \\ &= (\tilde{x}(t) - \tilde{x}_{\mathrm{st}})F'(\tilde{x}^*) + \frac{1}{2}(\tilde{x}(t) - \tilde{x}_{\mathrm{st}})^2 F''(\tilde{x}_{\mathrm{st}}) + \cdots \end{aligned} \tag{8.2}$$

を得る．ここで，$a = -F'(\tilde{x}_{\mathrm{st}})$, $b = -F''(x_{\mathrm{st}})/2$ とおき，定常状態からの差を

$x(t) = \tilde{x}(t) - \tilde{x}_{st}$ とする。この展開で1次の項だけを残すと式(8.1)は，

$$\dot{x}(t) = -ax(t) \tag{8.3}$$

と近似できる。初期値を $x(0) = x_0 = \tilde{x}_0 - \tilde{x}_{st} (x_0 \neq 0)$ とすると，この解は指数関数を用いて，$x(t) = x_0 e^{-at}$ と表せる。いま，$a > 0$ とすると，定常状態と異なる初期値から出発しても，時間が経過するにつれて指数関数的に定常状態に近づく。指数関数なので，その接近はたいへん急速である。

何らかの理由で $a = 0$ となり1次の項が消えると，テーラ展開の2次の項が重要になる。このとき，式(8.1)は，

$$\dot{x}(t) = -bx^2(t) \tag{8.4}$$

と近似できる。いま，$b > 0$ とすると，解は $x(t) = x_0/(1 + bx_0 t)$ と表せるので，時間 t が $(bx_0)^{-1}$ を超えるほど大きいとき（これを長時間極限での挙動という），

$$x(t) \approx t^{-1} \tag{8.5}$$

とべき関数を用いて表せる。同様に1，2次の項が消え，3次の項が支配的になると，長時間での解の挙動は $x(t) \approx t^{-1/2}$ となる。いずれの場合も，F を式(8.2)のように展開したとき，線形項が消えれば時間のべき関数にしたがって変動する。

さて，スケーリング法を用いて，式(8.4)の解を求めてみよう。いつものように，時間と変数を，

$$\begin{aligned} t' &= Tt \\ x'(t') &= Lx(T^{-1}t') \end{aligned} \tag{8.6}$$

とスケール変換し，式(8.4)に代入すると，

$$\frac{d}{dt'}x'(t') = -bT^{-1}L^{-1}x'^2(t') \tag{8.7}$$

を得る。このように変換した方程式が不変になることを要求すると，$TL = 1$ でなければならない。このとき，$x(t)$ と $x'(t)$ が同一の方程式にしたがうことになるので，任意の T に関して，

$$x(t) = T^{-1}x(T^{-1}t) \tag{8.8}$$

を満たす。この関数方程式を解くと，式(8.5)のように $x(t) \approx t^{-1}$ が導ける。このように，べき則が現れるシステムの特徴は，その挙動が非線形項に支配されていることである。

もう一つ重要な点がある。式(8.4)の解がべき則で表されるのは，長時間極限

8.1 臨界現象

$t \gg (bx_0)^{-1}$ が成り立つ場合である．つまり，任意の時間では式 (8.8) の不変性を示さない．このような矛盾が生じた理由は，スケーリング法を適用する際，初期値 x_0 に関する変換を無視しているからである．式 (8.8) では，初期値が影響しなくなるような長時間極限での挙動に着目していることを暗に仮定している．初期値の依存性を考えると，初期値のスケール変換は変数と同じく $x_0' = L x_0$ とすべきだろう．初期値依存性を陽に表し，$x(t)$ を $x(x_0, t)$ と書こう．式 (8.6) のスケール変換に加え，初期値の変換も考えると，

$$t' = Tt$$
$$x_0' = Lx_0 \tag{8.9}$$
$$x'(x_0', t') = Lx(L^{-1}x_0', T^{-1}t')$$

となる．これを，式 (8.4) に代入すると，

$$\frac{d}{dt'} x'(x_0', t') = -bT^{-1}L^{-1} x'^2(x_0', t') \tag{8.10}$$

となる．これが不変になることを要求すると，前と同じく $TL = 1$ を得る．このとき，任意の T に関して，

$$x(x_0, t) = T^{-1} x(Tx_0, T^{-1}t) \tag{8.11}$$

を満たさなければならない．これは 2 変数の関数方程式で，その解は 1 変数のスケール関数 f を用いて，

$$x(x_0, t) = x_0 f(x_0 t) \tag{8.12}$$

と表せる．スケーリング法では f の形までは決められない．しかし，長時間極限で初期値 x_0 によらないと仮定できるならば，式 (8.12) から $f(x_0 t) \cong (x_0 t)^{-1}$ でなければならない．実際，$x(x_0, t) \approx t^{-1}$ となって式 (8.5) が得られる．また，初期値を考えると，$f(0) = 1$ である．

以上のことから，スケーリング法は基本式に陽あるいは陰に現れる変数，パラメータに関するさまざまなスケール変換を通じて，対象のもつ多様な情報が引き出せるたいへん柔軟な方法であることが分かる．

さて，線形方程式 (8.3) に戻ろう．これにスケール変換を適用すると，

$$\frac{dx'(t')}{dt'} = -aT^{-1} x'(t') \tag{8.13}$$

となる．式 (8.7) とは異なり，パラメータ L が現れないのでその値は決まらず，スケールフリーではないことが分かる．このことは，変換した方程式が不変にな

るような解が存在しないことを意味し，べき関数になる解は現れない．しかし，それにもかかわらず，係数にまでスケール変換を施すと，スケーリング法は有用な情報を提供する．いま，$x(t)$ の係数 a への依存性を明確にするため，$x(a, t)$ と書こう．式 (8.6) の変換に加え，係数 a も変換し，

$$t' = Tt$$
$$a' = Aa \tag{8.14}$$
$$x'(a', t') = x(A^{-1}a', T^{-1}t')$$

とスケール変換する．ただし，線形方程式なので変数自体は変換されず，$L=1$ とした．これを式 (8.3) に代入すると，

$$\frac{dx'(a', t')}{dt'} = -A^{-1}T^{-1}a'x'(a', t') \tag{8.15}$$

となる．不変になることを要求すると，$AT=1$ でなければならない．このとき，$x(a, t)$ と $x'(a, t)$ が同一の方程式にしたがうことになるので，任意の T に対して，

$$x(a, t) = x(Ta, T^{-1}t) \tag{8.16}$$

を満たす．この関数方程式の解は，スケール関数 $\bar{f}$ を用いて，$x(a, t) = \bar{f}(at)$ と表せる．$\bar{f}$ は決められないが，係数と時間とは常に at という組となって現れることを示している．実際，$x(t) = x_0 e^{-at}$ である．

8.1.2 臨界点前後の挙動

もう少し具体的なモデルで考えてみよう．物理の諸分野で，1次項が a をパラメータとして，a_c の前後で符号が反転するようなモデルがしばしば見られる．たとえば，流体の対流問題では，式 (3.95) に示したように対流が生じる前後で，

$$\dot{x}(t) = (a - a_c)x(t) - cx^3(t) \tag{8.17}$$

の形の方程式が挙動を支配する．ここで，c は正の係数で，a はレーリー数を表し，a_c は対流の起こる臨界点である．$a < a_c$ では対流が起こらず，$a > a_c$ になると定常な対流が生じる．このように，臨界点の前後で流体の挙動が大きく変わる．対流の強度を表す $x(t)$ は，フーリエ級数で展開したときの基本モードの振幅である．$x(t)$ の符号を反転すると対流の回る方向 (左か右) が変わるだけで，水平方向に移動すれば同一の対流を表すことになる．$x(t)$ の 2 次項がないのは，このような対称性からくる．では，$x^3(t)$ の項はどのようなメカニズムで現れる

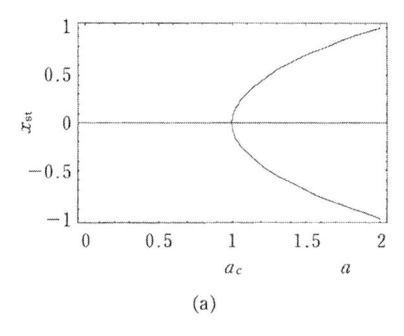

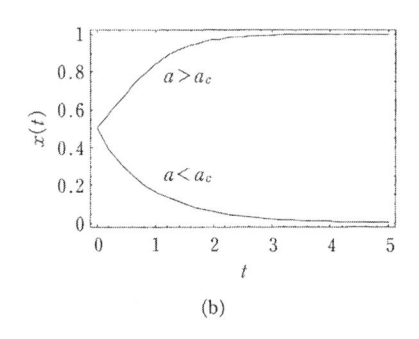

図8.1 (a) 方程式の挙動, (b) 定常解への接近

のだろうか．この項は，基本モード間の結合が，基本モードに与える影響を表している．たとえば，基本モードが $\sin x$ で表されているとすれば，恒等式 $(\sin x)^3 = (3\sin x - \sin(3x))/4$ に，基本モードに比例する項が現れることから理解できるだろう．つまり，モード間の相互作用という形の非線形項が再び基本モードを産み出す．前述したように，これはガラーキン近似に永年項が現れない条件を課すことでも導出できる．

式 (8.17) は非線形方程式だが，その解は，

$$x(t) = x_0 \left(\frac{(a-a_c)}{(a-a_c)e^{-2(a-a_c)t} + c(1-e^{-2(a-a_c)t})x_0^2} \right)^{\frac{1}{2}} \tag{8.18}$$

である．定常解 x_{st} は，$a>a_c$ (超臨界) では $x_{\mathrm{st}}^U = \sqrt{(a-a_c)/c}$, $a<a_c$ (亜臨界) では $x_{\mathrm{st}}^L = 0$ である．図 8.1(a) に，パラメータを $a_c = c = 1$ とした場合の定常解を，a の関数として描いた．定常解の周りで基礎方程式を展開し，定常解近傍での振る舞いを調べよう．$a>a_c$ では，

$$x(t) = x_{\mathrm{st}}^U (1 - e^{-2(a-a_c)t}) + e^{-2(a-a_c)t} x_0 \tag{8.19}$$

となり，指数関数的に定常解 x_{st}^U に近づく．同様に，$a<a_c$ でも，定常解近傍で，

$$x(t) = e^{(a-a_c)t} x_0 \tag{8.20}$$

となり，やはり指数関数的に定常解 x_{st}^L に近づく．パラメータを $a_c = c = 1$, $x_0 = 0.5$ とし，$a = 2$ および $a = 0$ のそれぞれの場合に定常解に近づく様子を時間 t の関数として，図 8.1(b) に示した．いずれの場合にも，べき関数にならない．

このように，定常状態の値は非線形項によって決まるが，定常状態への接近の様子は基本的に線形項で定まる．実際，式 (8.3) を参考にすると，超臨界，亜臨

界のいずれの場合にも，指数関数的な接近の仕方をする．

8.1.3 臨界点と非線形効果

以上のように，$a=a_c$ 以外では線形性に起因する指数関数的な挙動がシステムの動的特徴を与える．唯一，臨界点 $a=a_c$ が例外である．このとき，

$$\dot{x}(t)=-cx^3(t) \tag{8.21}$$

が成り立つ．この解は $x(t)=x_0/(1+2cx_0^2t)^{1/2}$ であるが，$x_0\neq 0$ としているので，長時間極限では自己相似な解

$$x(t)\approx t^{-\frac{1}{2}} \tag{8.22}$$

にしたがって 0 に近づく．線形項が消滅したことにより，非線形項が支配する現象である臨界点において，はじめてべき関数が必要になる．

さて，式 (8.17) の解をスケーリング法で解析しよう．いつものように，時間を $t'=Tt$，変数を $x'(t')=Lx(T^{-1}t')$ とスケール変換し，式 (8.17) に代入すると，

$$\frac{d}{dt'}x'(t')=T^{-1}(a-a_c)x'(t')-cT^{-1}L^{-2}x'^3(t') \tag{8.23}$$

となる．これがもとの方程式 (8.17) と等価になるためには，$TL^2=1$ と同時に，$T^{-1}(a-a_c)=a-a_c$ を満たさなければならない．後者の条件が任意の T に対して成り立つためには，$a=a_c$ でなければならない．このように，スケール変換不変性は自然と臨界点を要求し，式 (8.8) と同じような結論を得る．

a, a_c はともにシステムに固有なパラメータであるが，前述したように，時間，変数と同じように変換すれば有用な情報がもたらされる．係数 $a-a_c$ の依存性を明確にするため，$x(t)$ を $x(a-a_c, t)$ と書こう．パラメータも $(a'-a_c')=A(a-a_c)$ とスケール変換すると，式 (8.17) は，

$$\frac{d}{dt'}x'(t')=T^{-1}A^{-1}(a'-a_c')x'(t')-cT^{-1}L^{-2}x'^3(t') \tag{8.24}$$

と変換される．ここでスケール変換不変性を要求すると，$TL^2=1$ のほかに，$AT=1$ が得られる．すると，

$$x'(a'-a_c', t')=Lx(A^{-1}(a'-a_c'), T^{-1}t')=T^{-\frac{1}{2}}x(T(a'-a_c'), T^{-1}t') \tag{8.25}$$

と変換されるので，これから，

$$x(a-a_c, t)=T^{-\frac{1}{2}}x(T(a-a_c), T^{-1}t) \tag{8.26}$$

を得る．T は任意なので，1変数のスケール関数 f を用いて，

$$x(a-a_c, t) = (a-a_c)^{\frac{1}{2}} f((a-a_c)t) \tag{8.27}$$

と表すことができる．f を決めることまではできないが，t を

$$t \approx \frac{1}{a-a_c} \tag{8.28}$$

となるような時間とすると，$f((a-a_c)t)$ は一定になり，前述したように $x(a-a_c, t) \approx (a-a_c)^{1/2}$ に比例して増加する．これと式(8.18)とを比べればスケール変換不変性の有効性が理解できるだろう．なお，ここでは初期値に関するスケール変換は考慮していない．

さて，臨界点では式(8.22)が得られたが，これを利用すると，スケール関数 f に関する情報が引き出せる．実際，式(8.27)で $a \to a_c$ とすると，

$$f((a-a_c)t) \approx ((a-a_c)t)^{-\frac{1}{2}} \tag{8.29}$$

でなければならないことが分かる．これを式(8.27)に代入すると，$x(a-a_c, t) \approx (a-a_c)^{1/2}((a-a_c)t)^{-1/2} = t^{-1/2}$ となり，$x(t) \approx t^{-1/2}$ が得られる．

8.2 自己組織化

8.2.1 相互作用する線形システム

簡単な例を用いて，自己組織化とは何かについて，また，その現象を扱う数学的方法について説明する．いままでと異なる点は，スケール変換を導入して不変性を調べるのではなく，対象の特性からスケール変換の様式が自然と導入されることである．この意味において，自己組織化と呼んでいる．

いま，平均的な量に注目しているとしよう．平均値が分かれば十分であっても，それがどのような方程式にしたがうかは直ちには分からない場合が多い．簡単のため，1次元空間のシステムを考える．N 個のノードがあり，i ($i=1, 2, \cdots, N$) をノードの番号とする．各ノードに付随するノード変数を $x_i(t)$ によって表す．$x_i(t)$ は，対流の例でいうと各フーリエモードの振幅に相当する．ただし，N は非常に大きく，実質的に $N=\infty$ と考えよう．これは，自己組織化の条件として暗に仮定されていることであるが，これに関しては後で説明する．

各ノードの変動は，1階線形微分方程式

$$\dot{x}_i(t) = -x_i(t) + a(x_{i+1}(t) + x_{i-1}(t)) + b_i \tag{8.30}$$

にしたがうものと仮定する．ここで，a, b_i はシステムを特徴づけるパラメータである．ランダムな環境下で相互作用するような場合，これらのパラメータをランダム変数と見なすが，以下では簡単化のため定数と考える．さて，図8.2に示すような周期境界条件を課そう．式(8.30)で $i=1$ とおいた場合に右辺に現れる $x_0(t)$ は $x_0(t)=x_N(t)$ とし，また，$i=N$ の場合に現れる $x_{N+1}(t)$ は $x_{N+1}(t)=x_1(t)$ とする．このように周期境界条件は，等価的に $N=\infty$ が実現できる簡便な方法である．

式(8.30)で，各ノードの時間変化が隣接ノードから大きさ a で影響を受け，さらに外力 b_i が付加されている．ノードの時間的変化は線形方程式にしたがうので，方程式の解は解析的にも数値的にも求まるが，ここでは平均値

$$S(t)=\frac{1}{N}\sum_{i=1}^{N}x_i(t) \tag{8.31}$$

に興味があるのでそのような必要はない．たとえば，x_i が原子の変動を表せば，マクロ現象を特徴づける比熱のような量は S によって与えられる．周期境界条件を考慮し，式(8.30)の両辺において，i に関する和 $\sum_{i=1}^{N}$ をとり N で割ると，

$$\dot{S}(t)=-S(t)+2aS(t)+B \tag{8.32}$$

を得る．ここで，$B=\sum_{i=1}^{N}b_i/N$ である．このように，$S(t)$ に関して閉じた方程式が得られるので，その解は初期値を $S(0)$ とすると，

$$S(t)=\frac{B}{1-2a}(1-e^{-(1-2a)t})+e^{-(1-2a)t}S(0) \tag{8.33}$$

と容易に求まる．$a<1/2$ ならば，$t\to\infty$ での定常値は，

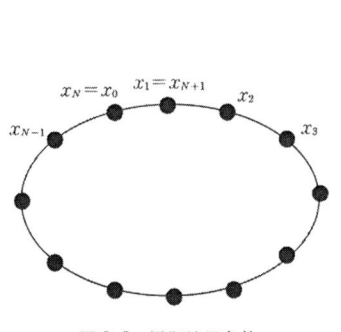

図8.2 周期境界条件

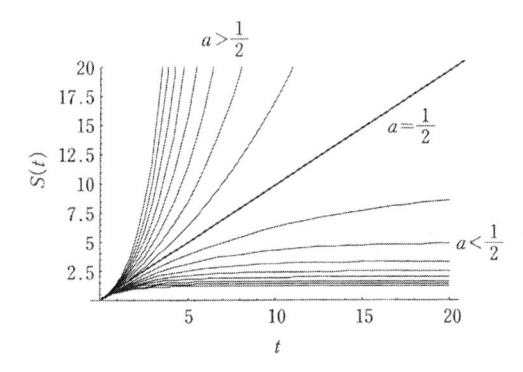

図8.3 パラメータ a の違いによる挙動の相違

$$S_{\rm st}=\frac{B}{1-2a} \tag{8.34}$$

となる.一方,$a>1/2$ ならば $S(t)\to\infty$ と発散する(図8.3を参照).a は隣接ノードからの影響の大きさ,あるいはエネルギーの流れの大きさを表すと考えられるので,隣接ノードから過剰にエネルギーを得ることになり,発散する.したがって,式 (8.30) の方程式が現実的な意味をもつのは,$a\leq 1/2$ に限る.

方程式 (8.32) から解 (8.33) を導く過程において,$a\neq 1/2$ を仮定している.もし,$a=1/2$ ならば,単に $\dot{S}(t)=B$ となり,その解は $S(t)=Bt+S(0)$ と求まる.時間が大きいと外力によって定まるべき則

$$S(t)\approx t \tag{8.35}$$

として表せる.$a=1/2$ は,式 (8.30) の右辺第1項で表されているエネルギーの散逸と隣接ノードからのエネルギーがバランスする,いわばエネルギー保存状態である[3].この意味で $a=1/2$ は臨界点である.一般的にも,このようなエネルギー保存が存在すればべき則が現れることが多いが,いままで何度か説明してきたスケーリング領域とはこのような保存状態が成り立つ領域である.

線形システム (8.30) では,エネルギー保存を可能ならしめるためにはこのように隣接ノードからの影響が不可欠である.一方,非線形システム (8.17) では,隣接ノードからの影響が非線形項に反映されているので,やはり,エネルギーが保存されるような状態は実現できる.

8.2.2 空間の粗視化によるスケール変換

式 (8.31) に示すような平均をとると,解の自己相似性が隠されてしまう.そこで,隣接ノードの局所的な平均値

$$X_i(t)=\frac{x_i(t)+x_{i+1}(t)}{2} \tag{8.36}$$

を新たな変数として導入しよう.平均値は $S(t)=\sum_{j=1}^{N}X_j(t)/N$ と表せる.あるいは,1個おきに取り出し,N を偶数とすると,図8.4(a) に示すように,

$$\widetilde{S}(t)=\frac{2(X_1(t)+X_3(t)+\cdots+X_{N-1}(t))}{N}=2N^{-1}\sum_{j=1}^{\frac{N}{2}}X_{2j-1}(t)$$

$$=N'^{-1}\sum_{j=1}^{N'}X_{2j-1}(t) \tag{8.37}$$

とすることでも可能だろう.式 (8.37) は $N'=N/2$ 個の新たな変数 $X_i(t)$ を用い

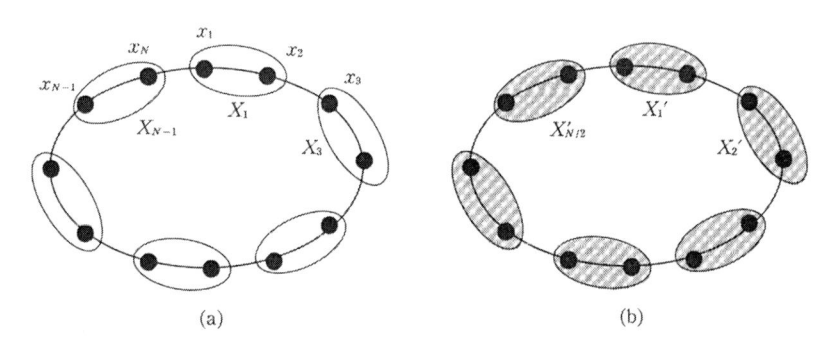

図 8.4 (a) 粗視化の概念, (b) 粗視化したノードの空間座標

て平均を定義している. 式 (8.31) と式 (8.37) の定義の仕方の違いは見かけだけで, 実は式 (8.36) を式 (8.37) に代入すれば, 両者は同じであることが分かる. ここで, 重要なことは, $N \to \infty$, $N' \to \infty$ とすると両式の和は同じになるので, 問題は $X_i(t)$ と $x_i(t)$ がどのように関係しているかである. この関係を与えるのが自己相似変換である. 両式の平均が同時に定義可能な場合は空間が十分に大きいとき, つまり, N が実質的に無限大のときである. N が有限な場合は, 平均をとるためのサンプル数が異なるため, $\tilde{S}(t)$ は $S(t)$ と異なる.

以上のように, $\tilde{S}(t)$ は 1 個おきの $X_i(t)$ を用いて算出しているので, 局所的な平均値 $X_i(t)$ は $x_i(t)$ を空間的に粗視化したノード変数と考えることができる[4]. 粗視化した値を用いて平均を求めるための最初のステップは, 粗視化ノードを, 粗視化した空間で表すことである. ノード番号を新たに I ($I=1, 2, \cdots, N/2$) として,

$$X_1' = \frac{x_1 + x_2}{2}, \ X_2' = \frac{x_3 + x_4}{2}, \cdots, X_I' = \frac{x_{2I-1} + x_{2I}}{2}, \cdots, X'_{\frac{N}{2}} = \frac{x_{N-1} + x_N}{2} \quad (8.38)$$

と定義する. 隣接ノードの局所平均は式 (8.36) と同じだが, ノード番号のつけ方が異なる. この作用は図 8.4(b) に示すように $x_1, x_2, x_3, x_4, \cdots, x_{N-1}, x_N$ を 2 つずつ, $(x_1, x_2), (x_3, x_4), \cdots, (x_{N-1}, x_N)$ に分けて, 新たな番号 I を用いて, $X_1', X_2', \cdots, X'_{N/2}$ とすることである. すると, 空間の大きさが, $1 \leq i \leq N$ から $1 \leq I \leq N/2$ へと半分になる. これはまさに, 空間座標および変数に関する自己相似変換

$$I = 2^{-1}(i+1)$$
$$X_I' = X_{2I-1} \tag{8.39}$$

を施したことにほかならない(図8.4ではiは奇数なのでこのような変換になるが,一般的には$I=2^{-1}i$, $X_I'=X_{2I}$と考えてよい).つまり,局所的に平均化した値を用い,番号づけを変更することで空間座標を自動的にスケール変換している.

粗視化したノードが,どのような動的過程で記述されるか調べよう.式(8.30)と,同式でiを$i+1$と置き換えた式の両辺を足し合わせると,

$$\frac{\dot{x}_i + \dot{x}_{i+1}}{2} = -\frac{x_i + x_{i+1}}{2} + \frac{a}{2}(x_{i+1}+x_{i-1}+x_{i+2}+x_i) + \frac{b_i + b_{i+1}}{2} \tag{8.40}$$

となる.ここで,$\bar{b}_i = (b_i + b_{i+1})/2$とおけば,$X_i$は

$$\dot{X}_i(t) = -X_i(t) + a(X_{i+1}(t) + X_{i-1}(t)) + \bar{b}_i \tag{8.41}$$

にしたがう.式(8.30)と基本的に同じ形をしている.この段階では,まだ空間座標のスケール変換は行っていない.粗視化ノードは,もとのノードに比べれば緩やかに自ずと変動する.いま,着目しているノードiが外力により変動したとすると,隣接ノードに大きさaでエネルギーが伝わる.$a<1/2$なので,そのエネルギーは減衰しながら伝わり,ノードiから離れたノードはiから見れば緩やかに変動する.すると,$x_{i\pm1}$の時間変動はX_iの変動に比べて小さいと仮定できるので,式(8.41)でiを$i\pm1$で置き換えた式の微分項を0とおくことで,

$$\begin{aligned} X_{i+1}(t) &\cong a(X_{i+2}(t) + X_i(t)) + \bar{b}_{i+1} \\ X_{i-1}(t) &\cong a(X_i(t) + X_{i-2}(t)) + \bar{b}_{i-1} \end{aligned} \tag{8.42}$$

と近似できる.これを式(8.41)の右辺に代入すると,

$$\dot{X}_i(t) = -(1-2a^2)X_i(t) + a^2(X_{i+2}(t) + X_{i-2}(t)) + B_i \tag{8.43}$$

となる.ここで,$B_i = a(\bar{b}_{i+1} + \bar{b}_{i-1}) + \bar{b}_i$とおいた.右辺の$X_i$の係数が1から$1-2a^2$に変化した理由は,ノード$i$には隣接ノード$i\pm1$からそれぞれ大きさ$a$の影響が与えられ,その隣接ノードがもとのノードに大きさ$a\times a$の影響を与えるからである.

式(8.43)には,iと$i\pm2$しか現れない.粗視化した座標で考えると,ノードiをIとすると,隣接ノード$i\pm2$は$I\pm1$に対応する.このように,空間的な粗視化により自己相似変換が実行できる.X_Iに対する方程式では,スケール変換した座標は式(8.39)より$X_i = X_{2I} = X_I'$と変換されるので,隣接ノードは$X_{i\pm2}$

$=X_{2I\pm 2}=X'_{I\pm 1}$ となる．したがって，式(8.43)は

$$\dot{X}'_I(t)=-(1-2a^2)X'_I(t)+a^2(X'_{I+1}(t)+X'_{I-1}(t))+B_I \qquad (8.44)$$

と変換される．これを粗視化方程式と呼ぶ．ただし，B_I も同様な変換をされるものと仮定した．式(8.30)と比べると，粗視化という空間の局所平均作用を通して，空間座標のスケール変換のみならずノード変数のスケール変換が自然と施される．これが数式で表した自己組織化の具体的な表現である．

8.2.3 スケーリング法

式(8.43)でまだ行っていない変換に時間がある．式(8.39)と合わせて，

$$\begin{aligned} I &= 2^{-1}(i+1) \\ t' &= Tt \\ X'_I(t') &= L X_{2I-1}(T^{-1}t') \end{aligned} \qquad (8.45)$$

とスケール変換する．以下では簡単のため $b_i=b$ は一定とすると，$B_I=b(2a+1)$ となる．本来，線形方程式であるがゆえに b も変数と同様に変換を受けると考えると，$b'=L_B b$ と変換されるだろう．これらの変換を式(8.44)に代入すると，

$$\frac{d}{dt'}X'_I(t')=-T^{-1}(1-2a^2)X'_I(t')+T^{-1}a^2(X'_{I+1}(t')+X'_{I-1}(t'))+T^{-1}LL_B^{-1}B_I \qquad (8.46)$$

となる．スケール変換不変性を要求すると，式(8.41)，および式(8.46)の右辺第1,2項から，

$$\begin{aligned} T &= 1-2a^2 \\ T &= a \end{aligned} \qquad (8.47)$$

でなければならない．これを満たす a を a^* とおくと，$a^*>0$ とすれば，

$$a^* = \frac{1}{2} \qquad (8.48)$$

となる．これは臨界点であり，散逸と隣接ノードからエネルギー授受がちょうどバランスしている．したがって，べき則が現れるのは自然なことである．このとき，式(8.47)より $T(a^*)=1/2$ となる．式(8.46)の最後の項は，$T^{-1}LL_B^{-1}B_I = T^{-1}LL_B^{-1}b(2a+1)$ なので，不変性を要求すれば，$T^{-1}LL_B^{-1}b(2a+1)=b$ である．そもそも，外力項は粗視化の結果，b から $B_I=b(2a^*+1)=2b$ に変換される．

$a^*=1/2$ を考慮すれば,$L_B(a^*)=2$ と考えることができるので,$L(a^*)=T(a^*)=1/2$ を得る.したがって,臨界点では式 (8.45) は $X_l(t)=(1/2)X_{2l-1}(2t)$ となるので,この関数方程式の解を $X_l(t)\approx t^\gamma$ とおけば,べき指数 γ は,

$$\gamma=\frac{\log 2}{\log 2}=1 \tag{8.49}$$

となる.予想したように式 (8.35) を導くことができ,粗視化した量は時間のべき関数にしたがって増加する.ただし,外力のスケール変換を考えなければ,線形システムを扱う限り指数 γ の値は決まらず,後で議論するように非線形システムを考えてはじめて決まることになる.臨界点では非線形性が支配するので,以上のような線形システムでは正確な挙動が把握できない.

粗視化方程式を平均値に応用しよう.ここでは,臨界点に固定せず,一般の a に対して議論を進める.ただし,時間スケールを $T^{-1}(1-2a^2)=1$ となるように選び,b の変換は考えない.すると,式 (8.46) は,

$$\frac{d}{dt'}X_l'(t')=-X_l'(t')+\frac{a^2}{1-2a^2}(X_{l+1}'(t')+X_{l-1}'(t'))+L\frac{2ab+b}{1-2a^2} \tag{8.50}$$

となる.いま,$a'=a^2/(1-2a^2)$, $b'=L(2ab+b)/(1-2a^2)$ とおく.ノード変数の a,b 依存性を陽に表すため,$X_i(t)=X_i(a,b,t)$, $X_l'(t')=X_l'(a',b',t')$ と表そう.両ノードはともに同じ方程式にしたがうので,同じ初期条件を課すと,

$$\begin{aligned}S(a,b,t)&=N'^{-1}\sum_{i=1}^{N'}X_{2i-1}(a,b,t)\\ \widetilde{S}(a',b',t')&=N'^{-1}\sum_{l=1}^{N'}X_l'(a',b',t')\end{aligned} \tag{8.51}$$

は $N'\to\infty$ とすると同じ値になる.これから,$X_i(a,b,t)=LX_l(a',b',T^{-1}t)$ を考慮すると,$S(a,b,t)=L^{-1}S(a',b',T^{-1}t)$ となる.以上から,$S(a,b,t)$ は関数方程式

$$S(a,b,t)=L^{-1}S\left(\frac{a^2}{1-2a^2},L\frac{2ab+b}{1-2a^2},(1-2a^2)^{-1}t\right) \tag{8.52}$$

を満たす.時間依存性が両辺で異なることが分かる.したがって,この等式が成り立つのは $t\to\infty$ とした時間によらない場合である.つまり,定常状態 S_{st} を考えているため,式 (8.52) は

$$S_{st}(a,b)=L^{-1}S_{st}\left(\frac{a^2}{1-2a^2},L\frac{2ab+b}{1-2a^2}\right) \tag{8.53}$$

と表せる.少々天下り的であるが,a,b を任意のパラメータとして,式 (8.53)

が成立することを要求すると，

$$S_{\text{st}}(a, b) = \frac{b}{1-2a} \tag{8.54}$$

が解となることが分かる．実際，式 (8.54) を式 (8.53) の右辺に代入すると，

$$\frac{L^{-1}L\frac{2ab+b}{1-2a^2}}{1-2\frac{a^2}{1-2a^2}} = \frac{2ab+b}{1-4a^2} = \frac{b(1+2a)}{(1+2a)(1-2a)} = \frac{b}{1-2a} \tag{8.55}$$

となり，左辺に等しくなる．仮定から $B = \sum_{j=1}^{N} b_j / N = b$ に留意すると，これはまさに定常解 (8.34) に等しい．以上のことから，定常解もスケール変換不変性を有する解になっていることが分かる．

8.2.4 時間領域におけるスケーリング法

上記の空間的な粗視化によるスケール変換は，以下に示すように解析がより容易な時間的粗視化で置き換えることができる[5,6]．空間的粗視化は，システムの時間的挙動で見れば，時間変化がより緩やかな $x_i(t)$ の高次微分を無視することで実行できる．そこで，外力を時間的に一定と仮定して，式 (8.30) の両辺を時間に関して微分すると，

$$\ddot{x}_i(t) = -\dot{x}_i(t) + a(\dot{x}_{i+1}(t) + \dot{x}_{i-1}(t)) \tag{8.56}$$

となる．ここで，$|\ddot{x}_i(t)| \ll |\dot{x}_i(t)|$ と仮定する．もし，$x_i(t) \approx e^{-\gamma t} (\gamma > 0)$ のように変化すると，$|\dot{x}_i(t)| \approx |\ddot{x}_i(t)|$ となる．しかし，$x_i(t) \approx t^{-\gamma}$ ならば，$\dot{x}_i(t) \approx t^{-\gamma-1}$，$\ddot{x}_i(t) \approx t^{-\gamma-2}$ となるので，時間が大きければ $|\ddot{x}_i(t)| \ll |\dot{x}_i(t)|$ が成り立つ．つまり，臨界点でそうであったように，この条件は解がべき則にしたがうことを暗に仮定している．このとき，式 (8.56) は

$$\dot{x}_i(t) = a(\dot{x}_{i+1}(t) + \dot{x}_{i-1}(t)) \tag{8.57}$$

と近似できる．右辺に式 (8.30) を代入すると，

$$\begin{aligned}
\dot{x}_i(t) &= a\{-x_{i+1}(t) + a(x_{i+2}(t) + x_i(t)) + b_{i+1} - x_{i-1}(t) + a(x_i(t) + x_{i-2}(t)) + b_{i-1}\} \\
&= 2a^2 x_i(t) - a(x_{i+1}(t) + x_{i-1}(t)) + a^2(x_{i+2}(t) + x_{i-2}(t)) + a(b_{i+1} + b_{i-1}) \\
&= 2a^2 x_i(t) - \dot{x}_i(t) - x_i(t) + a^2(x_{i+2}(t) + x_{i-2}(t)) + a(b_{i+1} + b_{i-1}) + b_i
\end{aligned} \tag{8.58}$$

となるが，右辺に再び式 (8.30) を代入して，まとめると，

$$\dot{x}_i(t) = -\frac{1-2a^2}{2}x_i(t) + \frac{a^2}{2}(x_{i+2}(t) + x_{i-2}(t)) + \frac{a(b_{i+1}+b_{i-1})+b_i}{2} \quad (8.59)$$

を得る．式 (8.43) と異なり，右辺各項の分母に 2 があるのは，局所平均値 X_i を用いていないからである．$B_i = (a(b_{i+1}+b_{i-1}) + b_i)/2$ とおき，空間的な粗視化を行うと，式 (8.50) と同様に，スケール変換された方程式は

$$\dot{x}_I(t) = -\frac{1-2a^2}{2}x_I(t) + \frac{a^2}{2}(x_{I+1}(t) + x_{I-1}(t)) + B_I \quad (8.60)$$

となる．このように，空間的な粗視化は時間的な粗視化に置き換えることができる．時間的粗視化は形式的に実行できるので便利がよい．

時間的粗視化はラプラス変換を用いるともっと機械的に実行できる．式 (8.30) にラプラス変換 $x_i(s) = \int_0^\infty e^{-st} x_i(t) dt$ を適用すると，

$$s x_i(s) = -x_i(s) + a(x_{i+1}(s) + x_{i-1}(s)) + b_i(s) + x_i(0) \quad (8.61)$$

となる．ここで，$x_i(s)$ は $x_i(t)$ の，また $b_i(s)$ は $b_i(t)$ のラプラス変換である．また，周期境界条件 $x_0(t) = x_N(t)$，$x_{N+1}(t) = x_1(t)$ を適用する．ここで，外力 $b_i = b$ は時間的に一定とすると，そのラプラス変換は

$$b_i(s) = \frac{b}{s} \quad (8.62)$$

である．初期値が $x_i(0) = x(0)$ と i によらず同じ値であると，式 (8.61) の逆ラプラス変換から求めた解も i によらず，

$$x_i(t) = \frac{b}{1-2a}(1 - e^{-(1-2a)t}) + e^{-(1-2a)t}x(0) \quad (8.63)$$

となる．対称性から，どの i に対しても同じになるからである．

式 (8.59) を導出するための条件であった $|\ddot{x}(t)| \ll |\dot{x}(t)|$ は，ラプラス変換では $|s^2 x_i(s)| \ll |s x_i(s)|$ と表される．時間的粗視化は本質的には微分を用いて行うのと同じであるが，s の次数の高い項を機械的に省略することで達成できるので，これもまた便利がよい．

8.3 非線形システム

8.3.1 非線形な相互作用モデル

外力のない線形システムでは，ノード変数のスケール変換を表すパラメータが決まらない．そこで，非線形項を追加して拡張した非線形システムを扱う．いま，各ノード変数 $x_i(t)$ $(i=1, 2, \cdots, N)$ が 1 階の非線形微分方程式

$$\dot{x}_i(t) = x_i(t) - x_i^3(t) + a(x_{i+1}(t) + x_{i-1}(t)) \tag{8.64}$$

にしたがうものとしよう．以下では，簡単のため外部項は考えない．3次の非線形項は，相互作用がなければ対流の場合と同様に一定値 $x_{\rm st} = \pm 1$ に近づくように導入した．境界条件として，以前と同じ周期境界条件を課す．上記のような非線形システムは対流に限らず，神経回路のモデルなどにも有効である．線形システムの場合と同様に，簡単化のため係数 a は定数と考える．

8.3.2 スケーリング法の適用

線形システムと同様，空間的粗視化によるスケール変換を施す．その手順は前に示したものと同じであるが，異なることは非線形項 x_i^3 の扱いである．途中は省略するが，時間のスケールは線形項の普遍性から決まるので，線形システムの場合と同じである．ここでは，時間領域におけるスケーリング法を用いる．いま，式(8.64)の両辺を時間で微分し，2階の微分を $=0$ とおくと，

$$0 = \dot{x}_i - 3\dot{x}_i x_i^2 + a(\dot{x}_{i+1} + \dot{x}_{i-1}) \tag{8.65}$$

を得る．右辺に式(8.64)を代入し，x_i^5 などの高次の項を無視して整理し，その後，粗視化すると，

$$\dot{x}_i(t) = \frac{1-2a^2}{2} x_i(t) - x_i^3(t) - \frac{a^2}{2}(x_{i+2}(t) + x_{i-2}(t)) \tag{8.66}$$

を得る．これにスケール変換(8.45)を施すと，

$$\frac{d}{dt'} X_I'(t') = T^{-1} \frac{1-2a^2}{2} X_I'(t') - T^{-1} L^{-2} X_I'^3(t') - T^{-1} \frac{a^2}{2}(X_{I+1}'(t') + X_{I-1}'(t')) \tag{8.67}$$

となる．したがって，スケール変換不変性は

$$T = \frac{1-2a^2}{2} = -\frac{a}{2}$$
$$T^{-1} L^{-2} = 1 \tag{8.68}$$

となれば満たされる．これから，臨界点は

$$a^* = -\frac{1}{2} \tag{8.69}$$

と求まる．線形システムの場合と異なり a^* が負になっている理由は，非線形システムでは，エネルギーの流れは相互作用のみならず非線形項を通してバランスしているからである．臨界点では $T(a^*) = 1/4$, $L(a^*) = 1/T(a^*)^{1/2} = 2$ となるの

で，式 (8.45) は $X_I(t)=2X_{2I-1}(4t)$ となる．これから，$X_I(t)\approx t^{-\gamma}$ とおくと，

$$\gamma=\frac{\log 2}{\log 4}=\frac{1}{2} \tag{8.70}$$

となる．粗視化した量は時間のべき関数にしたがって緩和する．この結果から，$1/f$ スペクトルが得られる[7]．2 あるいは 3 次元空間で定義されたシステム，あるいは，ランダムノイズが付加された場合の議論は，文献[8]を参照されたい．

相互作用のないシステムでは，線形項が消滅する臨界点でべき則が現れた．しかし，上記のような相互作用のある系では，たとえ線形項があっても相互作用の効果により，べき則が現れるような臨界点が存在する．

8.4 セルオートマトンモデル

8.4.1 基本モデル

自己組織化臨界現象のモデルとしてセルオートマトンがある[9]．式 (8.64) では，ノード変数が相互作用と非線形性によって動的に変化する．その変化の仕方は，ノードは線形項と非線形項により $x_{st}=\pm 1$ に向かおうとするが，変数の値が大きくなればなるほど，相互作用により隣接ノードへエネルギーが流れる．これは，定性的であるがセルオートマトンの動作と似ている．

いま，1 次元の格子を考える．各格子には状態量 s_i ($i=1, 2, \cdots, N$) が付随し，その値が 0 または 1 とする．先の例でのノード変数に対応する．時刻 t での状態量を $s_i(t)$ とすると，時間変化をたとえばルール

$$s_i(t+1)=s_{i-1}(t)+s_{i+1}(t) \quad (\mathrm{mod}\ 2) \tag{8.71}$$

にしたがって変更する．ここで，右辺の値は 1 を超えることがあるので，2 で割った余りを示す mod 2 を作用させることで 1 以下の値に抑える．値を抑える

図 8.5 セルオートマトンの実行例

この効果は，式(8.64)では非線形項によってなされている．セルオートマトンにはいろいろなバリエーションがあり，式(8.71)は最も簡単なものであるが，共通する重要な性質を備えている．図8.5に実行例を示すが，フラクタル図形になる．図中，黒点は $s_i=1$，白点は $s_i=0$ を表す．発生ルールによっては，区間的に一様，周期的変動，カオス的振舞いなどいろいろな模様が現れる．

8.4.2 交通流モデル

セルオートマトンの応用は広いが，まず輸送システムへの応用例を取り上げよう[10,11]．1車線交通流のモデルの概要を述べる．主なルールとして，車の速度を前の車との車間距離によって変化させ，1時刻に1単位長さを進むとする．車の速度が v，車間距離が d であったとすると，次の時刻での車の速度は

$$v(t+1) = \begin{cases} d-1 & ; v(t) \geq d \\ v(t)+1 & ; v(t) < d \end{cases} \tag{8.72}$$

にしたがって変更する．実に単純である．

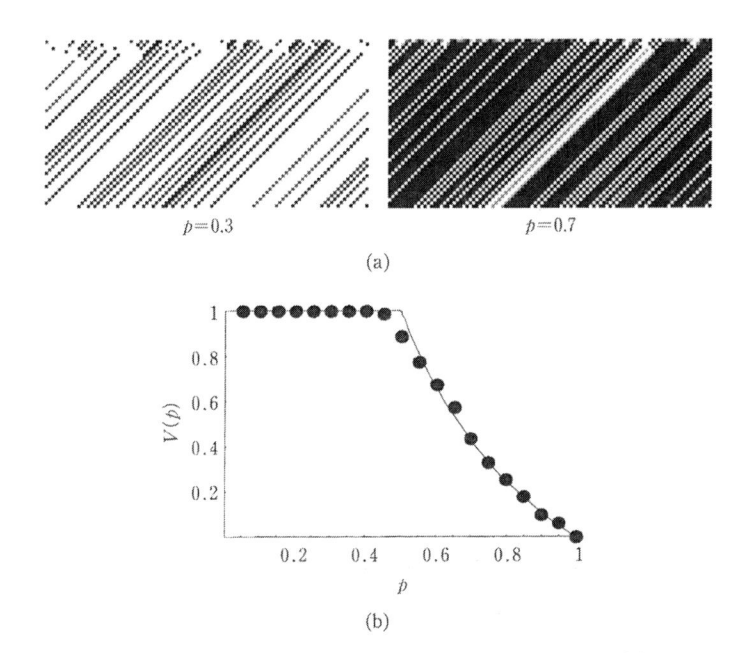

図 8.6 (a) 交通流モデルのシミュレーション，(b) 平均密度 $V(p)$

車の密度と平均速度の関係を調べると、密度が0のときは道路には1台の車も存在しないが、一方、密度が1のときは道路が車で埋まってしまう。渋滞を表す量として、車の平均速度を用いることにする。平均速度が0では車が動かない状態つまり完全な渋滞を、平均速度が1では渋滞がないことを表す。密度pは車の台数/道路の長さ、平均速度は各時刻での各車の速度の合計を車の台数で割った値とする。このように、交通流モデルでは平均速度を秩序変数として用いると、平均速度が1より小さいか、1に等しいかで2つの相が存在する。密度が増加すると、平均速度は減少する。図8.6(a)には、車の位置を横軸に、時間を縦軸にとった様子を表す。シミュレーションでは、道路の長さを100、最高速度を10、また車の台数は0から10とした。時間(繰り返し回数)は100とする。

平均速度を密度pの関数として$V(p)$とすると、

$$V(p) = \begin{cases} 1 & ; 0 \leq p \leq \frac{1}{2} \\ \frac{1-p}{p} & ; \frac{1}{2} < p \leq 1 \end{cases} \tag{8.73}$$

となる。図8.6(b)には、密度pの関数として、20回試行して求めた平均速度$V(p)$を黒点で示した。理論から予想された値になっている。$p^*=1/2$は臨界点で、臨界現象が現れる[12]。なお、p^*近傍で近似すると、$V(p) \cong 1-4(p-p^*)$と表せる。

8.4.3 地震モデル

自己組織化臨界現象の典型例としての地震を考える。地震はスケーリング法が実践できる場として、たいへん魅力的な対象である。地震を説明する理論として、プレートテクトニクス論がある[13~15]。プレート運動により、プレート境界に歪みが蓄積され、しきい値を超えれば地震が発生する。地震は、蓄積された歪みの解放過程で生じる大規模な破壊現象で、時空間分布に関する自己相似性は経験的な法則として以前から知られていた[16,17]が、素過程(破壊現象、歪みの蓄積などの過程)とマクロな法則としての自己相似性との間に大きなギャップがある[18]。プレート境界の地震を模したスプリングブロックモデルに始まり、その後さまざまなモデルが提案されている。以下では最も単純であるが、その単純さゆえに理想的な砂山モデル[3,19]に関してその概要を述べる。

モデルは2次元正方格子上で定義され，格子上での状態量は離散的な値をとり，定められたルールにしたがってその値を変更する．モデルは粒子を積み上げていったときの粒子の移動を表し，粒子数が各サイトにおける状態量である．ルールは単純で，各サイト (i,j) の状態量をランダムに1ずつ増していき，状態量が4となったサイトから滑りが始まり，そのサイトの状態量は0として，隣接する4つのサイトの状態量を1増す．その後，状態量が4以上のサイトは滑りを起こし，連鎖的に周囲のサイトの滑りを誘発していく．粒子はシステム境界から散逸するため，状態量は局所的には保存され，このような手順を繰り返すと，システムは自己組織化され，しだいに臨界状態になる．その結果，累積頻度分布は地震規模のほぼ全範囲にわたってべき則が成立する．

砂山モデルはパーコレーションモデルをもとに，臨界現象とのアナロジーから，自己相似性を臨界状態にあるときに現れる特徴として理解しようとする試みの中で提案された．臨界状態ではべき則が現れるからである．地震は歪みの蓄積を通じて自らこの臨界状態に実現しているので，自己組織化臨界現象を示す[20,21]．初期の試みとしての砂山モデルはきわめて単純な構造をしている．

図8.7に示すように，2次元平面を準備し，縦横の大きさを $L\times M$ 個の格子に分割する．境界の格子は常に0の値に設定する．各格子 (i,j) に値 $x_{i,j}$ を付与する．たとえば，0から始まる適当な整数値までとする．この値は砂山の勾配と考え，ある一定値以上になれば雪崩が発生する．$x_{i,j}$ は，ルール

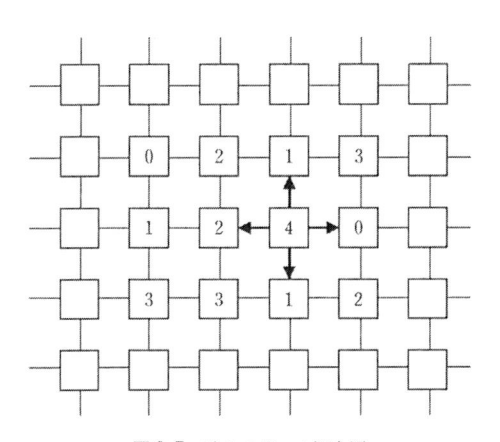

図8.7 砂山モデルの概念図

$$x_{i,j} \leftarrow \begin{cases} x_{i,j}+t & ; x_{i,j}<5 \\ x_{i,j}-4+t & ; x_{i,j}\geq 5 \end{cases} \tag{8.74}$$

にしたがって変更する．すべての i,j に対して，$x_{1,j}=x_{i,1}=x_{L,j}=x_{i,M}=0$ なる境界条件を課す．隣接する4つの格子のうち，不安定になった格子が t ($0\leq t\leq 4$) あったとする．いま，$x_{i,j}$ が隣接格子から値 t を受け取り，$x_{i,j}+t$ になったとしても不安定にならなければ（この場合，5を超えなければ），$x_{i,j}$ を $x_{i,j}+t$ に更新する．しかし，隣接格子から値 t を受け取り不安定になれば，隣接格子から合計値 t を受け取ると同時に，隣接する4つの格子に1だけ分配する．こうして，$x_{i,j} \leftarrow x_{i,j}-4+t$ に更新する．ここで用いた値，4,5,8などはパラメータである．このような手順を繰り返すことによって雪崩を起こす．雪崩を起こした格子の数 s に対してその頻度を調べると，べき則 s^{-1} が得られる．

断層の影響を取り入れることが可能なモデルとして，バリエールらは大小さまざまな大きさのセルをフラクタル的に配置したセルオートマトンモデルを提案した[20]．本モデルに実際の断層を取り入れたシミュレーションに関しては文献[22~24]を参照されたい．

付録　関数方程式

A.1　1変数の場合

複雑な現象を支配する基本的な法則は，関数方程式である．1次元変数 x の関数 $f(x)$ とパラメータ λ の関数 $g(\lambda)$ があって，任意の λ に対して

$$f(\lambda x) = g(\lambda) f(x) \tag{A.1}$$

を満たすとき，$f(x)$ を斉次関数という．簡単な例として，$f(x)=x^2$ とすると，$f(\lambda x)=\lambda^2 x^2$ となるので，$g(\lambda)=\lambda^2$ とすれば上記の関数方程式が満足される．この例から推察されるように，任意の λ に対して式 (A.1) が成り立つためには，特別な関数 $g(\lambda)$ が選択されなければならない．そこで，まず $g(\lambda)$ を決め，それから式 (A.1) の具体的な解を求めよう．

式 (A.1) は任意の λ に対して成立するので，左辺の λ に λl を代入すると，$f(\lambda l x)=g(\lambda l)f(x)$，また，$x$ に lx を代入すると，$f(\lambda l x)=g(\lambda)f(lx)=g(\lambda)g(l)f(x)$ となる．両式の右辺を比べると，$g(\lambda)$ は

$$g(\lambda l) = g(\lambda) g(l) \tag{A.2}$$

を満たさなければならず，$g(\lambda)$ は任意ではないことが分かる．

さて，具体的な $g(\lambda)$ を求めよう．式 (A.2) を l に関して微分すると，$\partial g(\lambda l)/\partial l = \lambda g'(\lambda l) = g(\lambda) g'(l)$ となる．これに，$l=1$ を代入すると，$\lambda g'(\lambda) = g(\lambda) g'(1)$ を得る．$g'(1)$ は定数である．この微分方程式を解くと，

$$g(\lambda) = \lambda^{g'(1)} \tag{A.3}$$

を得る．式 (A.1) に代入すると $f(\lambda x) = \lambda^{g'(1)} f(x)$ となり，特に，$\lambda = 1/x$ とおくと

$$f(x) = f(1) x^{g'(1)} \tag{A.4}$$

となる．このように，関数方程式 (A.1) の解 $f(x)$ は，べき指数が $g'(1)$ のべき関数となることが分かる．

【ランダムウォーク】
ランダムウォークの標準偏差は，式 (1.10) から任意の a に対して $\sigma(an) = a^{1/2} \sigma(n)$ を満たすので，$g(a) = a^{1/2}$ を得る．これから $g'(1) = 1/2$ となるので，式 (A.4) から，$\sigma(n) \approx n^{1/2}$ を得る．　□

A.2　2変数の場合

2変数の関数 $f(x,y)$ に拡張しよう．$g(\lambda)$ が λ のべき関数でなければならないのは，

2次元の場合でも同じである．そこで，p を定数として関数方程式

$$f(\lambda x, \lambda y) = \lambda^p f(x,y) \tag{A.5}$$

を考える．この場合も $f(x,y)$ を斉次関数という．λ の値は任意なので，特に，$\lambda = 1/y$ とすると，$f(x/y, 1) = y^{-p} f(x,y)$ となる．ここで，1は単なる定数なので，関数 $f(x/y, 1)$ を改めて $f(x/y, 1) = F_1(x/y)$ と表記すると

$$f(x,y) = y^p F_1\left(\frac{x}{y}\right) \tag{A.6}$$

と表せる．あるいは，x と y の役割を交換して，$F_2(y/x) = f(1, y/x)$ を導入すると，

$$f(x,y) = x^p F_2\left(\frac{y}{x}\right) \tag{A.7}$$

と書くこともできる．重要な点は，もともと2変数の関数であった $f(x,y)$ を，1変数の関数 F_1 あるいは F_2 で表すことができたため，変数が一つ減ったことである．このような関数をスケール関数という．2変数の関数に見えるが，実は1変数の関数である．スケール関数が導けたのは，任意の λ に対して式(A.5)が成立しているからである．

式(A.5)は x, y が同じ倍率 λ でスケール変換されている場合であった．異なる倍率でスケール変換される一般的な関数方程式としては，

$$f(\lambda^a x, \lambda^b y) = \lambda f(x,y) \tag{A.8}$$

が考えられる．ただし，$a \neq b$ とする．式(A.5)のように定数 p を導入して $f(\lambda^a x, \lambda^b y) = \lambda^p f(x,y)$ なる関数方程式も考えられるが，実は以下に述べるように，扱いは式(A.8)と等価である．式(A.6)を導く過程と同様に，$\lambda = y^{-1/b}$ とおき，式(A.8)に代入すると，$f(y^{-a/b} x, 1) = y^{-1/b} f(x,y)$ となる．ここで，$f(y^{-a/b} x, 1) = F_1(y^{-a/b} x)$ とおくと，

$$f(x,y) = y^{\frac{1}{b}} F_1(y^{-\frac{a}{b}} x) \tag{A.9}$$

となる．あるいは，x と y を交換して，$F_2(y/x) = f(1, y/x)$ を導入すると，

$$f(x,y) = x^{\frac{1}{a}} F_2(x^{-\frac{b}{a}} y) \tag{A.10}$$

となる．F_1, F_2 はともにスケール関数である．関数方程式が $f(\lambda^a x, \lambda^b y) = \lambda^p f(x,y)$ の場合は式(A.9)，式(A.10)において，それぞれ，$y^{1/b}$ が $y^{p/b}$ に，$x^{1/a}$ が $x^{p/a}$ に代わるだけなので，結局，扱いは式(A.8)と同じである．

【拡散方程式】

拡散方程式の解，$P(x,t) = (2\pi Dt)^{-1/2} e^{-x^2/2Dt}$ を考えよう．$a = -1, b = -2$ として，$P(\lambda^{-1} x, \lambda^{-2} t) = \lambda P(x,t)$ となることは直接代入することで確認できる．式(A.9)を適用すると，$P(x,t) = t^{-1/2} F_1(t^{-1/2} x)$，あるいは，$t^{1/2} P(x,t) = F_1(t^{-1/2} x)$ となるが，後者の式から，$t^{1/2} P(x,t)$ が一つの変数 $t^{-1/2} x$ にのみ依存する．異なる時刻における解は，横軸に $t^{-1/2} x$，縦軸に $t^{1/2} P(x,t)$ をスケール変換すると，すべて同じ形のグラフになる（図1.20を参照）． □

あとがき

　スケーリング法は次元解析，特異摂動法，フラクタル解析など，物理，工学などさまざまな分野で利用されている従来の手法と深く関係しているばかりでなく，それらの方法を一般化した手法と見なすことができる．本書の目的は複雑な現象に応用することを目指した手法を提供することであるが，本書で述べた方法がどこまで適用でき，またどのように有効な手段となりうるか，今後さまざまな分野での実践が必要になろう．読者からのフィードバックを期待したい．

　また，複雑系の対象となる分野が広範囲に及ぶのも，複雑な現象が非線形性に由来するからであり，そのため線形性を前提にした従来手法の枠を超えた新たな手法の研究，開発が今後ますます必要になるだろう．本書で述べた方法だけでなく，新たな展開に期待したい．

文　　献

本書に関連する書籍，論文は広範囲で年々増加しているため，すべてを掲げることは不可能である．各文献で引用している引用文献も参照されたい．また，最新の研究動向はインターネットで検索しよう．

第1章
1) B. B. Mandelbrot : *The Fractal Geometry of Nature*, Freeman, San Francisco, 1983.
2) H. O. Peitgen, H. Jürgens and D. Saupe : *Chaos and Fractals*, Springer-Verlag, New York, 1992.
3) M. F. Barnsley : *Fractal Everywhere*, 2nd ed., Academic Press Professional, New York, 1993.
4) 高木隆司：形の科学，朝倉書店，1992.
5) K. Falconer : *Fractal Geometry*, John Willy & Sons, New York, 1990.
6) D. Stauffer and H. E. Stanley : *From Newton to Mandelbrot*, Springer-Verlag, New York, 1990.（宮島佐介，西原　宏訳：ニュートンからマンデルブロまで，朝倉書店，1993.）
7) A. V. Aho, J. E. Hopcroft and L. E. Ullman : *The Design and Analysis of Computer Algorithms*, Addison-Wesley, New York, 1976.（野崎昭弘，野下浩平訳：アルゴリズムの設計と解析I，II，サイエンス社，1977.）
8) 本田勝也：フラクタル，シリーズ非線形科学入門1，朝倉書店，2002.
9) B. J. West, M. Bologna and P. Grigolini : *Physics of Fractal Operator*, Springer-Verlag, New York, 2003.
10) R. D. Mauldin and S. C. Williams : On the Hausdorff dimension of some graphs. *Trans. Am. Math. Soc.*, **298**, 793-803, 1986.
11) B. J. West and W. Deering : Fractal physiology for physics for physicists : Lèvy statistics. *Phys. Rep.*, **246**, 1-100, 1994.
12) D. Sornette : Discrete scale invariance and complex dimensions. *Phys. Rep.*, **297**, 239-270, 1994.
13) W. Feller : *An Introduction to Probability Theory and Its Applications*, John Wiley & Sons, New York, 1956.（河田竜夫監訳：確率論とその応用I上下，II上下，紀伊国屋書店，1997.）
14) 松葉育雄：確率，シリーズ工学のための数学5，朝倉書店，2001.
15) 森口繁一，宇田川銈久，一松　信：数学公式II，岩波書店，1984.
16) D. Stirzaker : *Probability and Random Variables*, Cambridge University Press, Cam-

bridge, 1999.
17) G. E. P. Box and G. M. Jenkins : *Time Series Analysis : Forecasting and Control*, Holden-Day, San Francisco, 1976.
18) E. Otto : *Chaos in Dynamical Systems*, 2nd ed., Cambridge University Press, Cambridge, 2002.
19) T. Vicsek : *Fractal Growth Phenomena*, World Scientific, Singapore, 1992. (宮島佐介訳：フラクタル成長，朝倉書店，1990.)
20) P. Meakin : *Phys. Rev. A*, **26**, 1495, 1983.
21) P. Meakin : *Fractals, Scaling and Growth Far From Equilibrium*, Cambridge University Press, Cambridge, 1998.
22) M. Batty and P. Longle : *Fractal Cities*, Academic Press, San Diego, 1994.
23) M. Batty and Y. Xie : Preliminary evidence for a theory of the fractal city. *Environment and Planning A*, **28**, 1745-1762, 1996.
24) W. Tober : Cellular geography. In : *Philosophy in Geography*, ed. by S. Gala and G. Olsson, pp. 379-386, Reidel, Boston, 1979.
25) H. A. Makse, S. Havlin and H. E. Stanley : Modeling urban growth patterns. *Nature*, **377**, 608-612, 1995.
26) R. White and G. Engelen : Urban systems dynamics and cellular automata : Fractal structures between orders and chaos. *Chaos, Solitons & Fractals*, **4**, 563-583, 1994.
27) I. Matsuba and M. Namatame : Scaling behavior in urban development process of Tokyo City and hierarchical dynamical structure. *Chaos, Solitons & Fractals*, **16**, 151-165, 2003.
28) 生田目将慎, 松葉育雄：都市成長のセルラオートマタモデルとフラクタル解析. 日本応用数理学会論文誌, **13**, 461-469, 2003.
29) L. Benguigui and M. Daoud : Is the suburban railway system a fractal ?. *Geographical Analysis*, **23**, 362-368, 1991.
30) G. K. Zipf : *Human Behavior and the Principle of Least Effort*, Addison-Wesley, Cambridge, 1949.
31) A. A. Tsonis, C. Schultz and C. A. Tsonis : Zipf's law and the structure and evolution of languages. *Complexity*, **2**, 12-13, 1997.
32) M. A. Montemurro : Beyond the Zipf-Mandelbrot law in quantitative linguistics. *Physica A*, **300**, 567-578, 2001.
33) B. Vilensky : Can analysis of word frequency distinguish between writings of different authors ?. *Physica A*, **231**, 705-711, 1996.
34) A. A. Tsonis, J. B. Elsner and P. A. Tsonis : Is DNA a language ?. *J. Theor. Biol.*, **184**, 25-29, 1997.
35) L. Pietroneroa, E. Tosattib, V. Tosattib and A. Vespignanic : Explaining the uneven distribution of numbers in nature : The laws of Benford and Zipf. *Physica A*, **293**, 297-304, 2001.

36) W. A. Naude and W. F. Krugell : Are South Africa's cities too small ?. *Cities*, **20**, 175-180, 2003.
37) Y. M. Ioannides and H. G. Overman : Zipf's law for cities : An empirical examination. *Regional Science and Urban Economics*, **33**, 127-137, 2003.
38) J. J. Ramsden and Gy. Kiss-Haypal : Company size distribution in different countries. *Physica A*, **277**, 220-227, 2000.
39) E. Gaffeoa, M. Gallegatib and A. Palestrinib : On the size distribution of frms : Additional evidence from the G7 countries. *Physica A*, **324**, 117-123, 2003.
40) J. Gaite and S. C. Manrubia : Scaling of voids and fractality in the galaxy distribution. *Mon. Not. R. Astron. Soc.*, **335**, 977-983, 2002.
41) S. Redner : How popular is your paper ? An empirical study of the citation distribution. *Eur. Phys. J. B*, **4**, 131-134, 1998.
42) C. Tsallis and M. P. de Albuquerque : Are citations of scientific papers a case of nonextensivity ?. *Eur. Phys. J. B*, **13**, 777-780, 2000.
43) D. L. Bartley, T. Ogden and R. Song : Frequency distributions from birth, death and creation processes. *BioSystems*, **66**, 179-191, 2002.
44) M. E. J. Newman and D. J. Watts : Renormalization group analysis of the small-world network. *Physics Letters A*, **263**, 341-346, 1999.
45) M. E. J. Newman and D. J. Watts : Scaling and percolation in the small-world network model. *Phys. Rev. E*, **60**, 7332-7342, 1999.
46) S. Picoli Jr., R. S. Mendes and L. C. Malacarne : Q-exponential, Weibull and q-Weibull distributions : An empirical analysis. *Physica A*, **324**, 678-688, 2003.
47) D. R. Lockwood and J. A. Lockwood : Evidence of self-organized criticality in insect population. *Complexity*, **2**, 49-58, 1997.
48) R. P. D. Atkinson, C. J. Rhodes, D. W. Macdonald and R. M. Anderson : Scale-free dynamics in the movement patterns of jackals. *OIKOS*, **98**, 134-140, 2002.
49) E. Kafestzopoulos, S. Gouskos and S. N. Evangelou : 1/f noise and multifractal fluctuations in rat bahavior. *Nonlinear Analysis, Theory, Methods & Applications*, **30**, 2007-2013, 1997.
50) R. F. Voss and J. Clarke : 1/f noise in music and speech. *Nature*, **258**, 317-318, 1975.
51) B. Manaris, V. Sessions and J. Wilkinson : Searching for beauty in music-applications of Zipf's law in MIDI-encoded music. *Technical Report*, CoC/CS TR#2001-7-1, August 2001.
52) B. Manaris, D. Vaughan, C. Wagner, J. Romero and R. Davis : Evolutionary music and the Zipf-Mandelbrot law : Developing fitness functions for pleasant music, in lecture notes in computer science. In : *Applications of Evolutionary Computing*, LNCS 2611, Springer-Verlag, New York, 2003.
53) S. Schaal and D. Sternad : Origins and violations of the 2/3 power law in rhythmic three-dimensional arm movements. *Exp. Brain Res.*, **136**, 60-72, 2001.

54) R. Plamondon and W. Guerfali : The 2/3 power law : When and why ?. *Acta Psychologica*, **100**, 85-96, 1998.
55) G. A. Reina and A. B. Schwartz : Eye-and coupling during closed-loop drawing : Evidence of shared motor planning ?. *Human Movement Science*, **22**, 137-152, 2003.
56) A. S. Monin and A. M. Yaglom : *Statistical Fluid Mechanics : Mechanics of Turbulence*, MIT Press, Cambridge, 1973.
57) B. B. Mandelbrot : *The Fractals and Scaling in Finance*, Springer-Verlag, New York, 1997.
58) R. N. Mantegna and H. E. Stanley : *An Introduction to Econophysics*, Cambridge University Press, Cambridge, 2000.
59) L. Voit : *The Statistical Mechanics of Financial Markets*, Springer-Verlag, New York, 2001.
60) I. Matsuba and H. Takahashi : Generalized entropy approach to stable Lèvy distributions with financial application. *Physica A*, **319**, 458-468, 2003.

第2章

1) R. Badii and A. Politi : *Complexity Hierarchical Structures and Scaling in Physics*, Cambridge University Press, Cambridge, 1997. (相沢洋二監訳：複雑さの数理，産業図書，2001.)
2) A. Papoulis : *Probability, Random Variables and Stochastic Processes*, McGraw-Hill, New York, 1984. (中山謙二ほか訳：応用確率論，東海大学出版会，1992.)
3) D. Stirzaker : *Probability and Random Variables*, Cambridge University Press, Cambridge, 1999.
4) 松葉育雄：確率，シリーズ工学のための数学5，朝倉書店，2001.
5) 今井秀樹：情報理論，昭晃堂，1997.
6) D. W. Mount : *Bioinformatics : Sequence and Genome Analysis*, Cold Spring Harbor Laboratory Press, New York, 2001. (岡崎康司，坊農秀雄監訳：バイオインフォマティクス，メディカルサイエンスインターナショナル，2002.)
7) D. ter Haar : *Elements of Statistical Mechanics*, Rinenhart & Company, New York, 1956. (田中友宏，池田和義訳：熱統計学 I，II，みすず書房，1970.)
8) 寺沢寛一編：数学概論(応用編)，岩波書店，1973.
9) H. Akaike : A new look at the statistical model identification. *IEEE Trans. Automat. Control*, **AC-10**, 716-723, 1974.
10) G. E. P. Box and G. M. Jenkins : *Time Series Analysis : Forecasting and Control*, Holden-Day, San Francisco, 1976.
11) C. Beck and F. Schlogl : *Thermodynamics of Chaotic Systems*, Cambridge University Press, Cambridge, 1993.
12) A. G. Bashkirov and A. V. Vityazev : Information entropy and power-law distributions for chaotic systems. *Physica A*, **277**, 136-145, 2000.

13) K. S. Fa and E. K. Lenzi : Thermostatistical aspects of generalized entropies. *Chaos, Solitons & Fractals*, **20**, 227-233, 2004.
14) C. Tsallis, S. V. F. Levy, A. M. C. Souza and R. Maynard : Statistical-mechanical foundation of the ubiquity of Lévy distributions in nature. *Phys. Rev. Lett.*, **75**, 3589-3593, 1995.
15) D. Sornette : *Critical Phenomena in Natural Sciences*, Springer-Verlag, New York, 2000.
16) G. A. Darbellay and D. Wuertz : The entropy as a tool for analyzing statistical dependences in financial time series. *Physica A*, **287**, 429-439, 2000.
17) R. N. Mantegna and H. E. Stanley : *An Introduction to Econophysics*, Cambridge University Press, Cambridge, 2000.
18) L. Voit : *The Statistical Mechanics of Financial Markets*, Springer-Verlag, New York, 2001.
19) I. Matsuba and H. Takahashi : Generalized entropy approach to stable Lèvy distributions with financial application. *Physica A*, **319**, 458-468, 2003.
20) E. A. Jackson : *Perspectives of Nonlinear Dynamics*, Cambridge University Press, Cambridge, 1991. (田中　茂, 丹羽敏男, 水谷正大, 森　真訳：非線形力学の展望 I, II, 共立出版, 1995.)
21) E. Otto : *Chaos in Dynamical Systems*, 2nd ed., Cambridge University Press, Cambridge, 2002.
22) T. C. Halsey, M. H. Jensen, L. P. Kadanoff, I. Procaccia and B. I. Shraiman : Fractal measures and their singularities : The characterization of strange sets. *Phys. Rev. A*, **33**, 1141-1151, 1986.
23) 松葉育雄：カオスと予測. 数理科学, **348**, 64-69, 1992.
24) G. J. Deboeck : *Trading on the Edge*, John Wiley & Sons, New York, 1994.

第3章

1) 森口繁一, 宇田川銈久, 一松　信：数学公式II, 岩波書店, 1984.
2) N. Gershenfeld : *The Nature of Mathematical Modeling*, Cambridge University Press, Cambridge, 1999.
3) S. Haykin : *Neural Networks*, 2nd ed., Prentice Hall, New Jersey, 1999.
4) 松葉育雄：ニューラルネットワークによる情報処理, 昭晃堂, 1993.
5) B. A. Finlayson : *The Method of Weighted Residuals and Variational Principles*, Academic Press, New York, 1972. (鷲津久一郎, 山本義明之, 川井忠彦訳：重みつき残差法と変分原理, 培風館, 1977.)
6) O. C. Zienkiewicz : *The Finite Element Method*, 3rd ed., McGraw-Hill, New York, 1978.
7) E. N. Lorenz : Deterministic nonperiodic flow. *J. Atoms. Sci.*, **20**, 130-141, 1963.
8) C. Sparrow : *The Lorenz Equations : Bifurcations, Chaos and Strange Attractor*, Sprin-

ger-Verlag, New York, 1982.
9) F. C. Moon : *Chaotic and Fractal Dynamics*, John Wiley & Sons, New York, 1882.
10) R. C. Hilborn : *Chaos and Nonlinear Dynamics*, Oxford University Press, Oxford, 1994.
11) G. K. Batchelor : *An Introduction to Fluid Dynamics*, Cambridge University Press, Cambridge, 1967.
12) A. S. Monin and A. M. Yaglom : *Statistical Fluid Mechanics : Mechanics of Turbulence*, Vols. 1, 2, ed. by Lumely, J., MIT Press, Cambridge, 1971.
13) H. Tong : *Non-linear Time Series Analysis*, Oxford University Press, Oxford, 1990.
14) 松葉育雄：ラグ回帰，しきい値モデル，カオスの臨界特性．電子情報通信学会論文誌，**J81-A**, 389-396, 1998.
15) 巽　友正，後藤金英：流れの安定性理論，産業図書，1976.
16) G. W. Bluman and J. D. Cole : *Similarity Methods for Differential Equations*, Springer-Verlag, New York, 1974.
17) J. Kevorkian and J. D. Cole : *Multiple Scales and Singular Perturbation Methods*, Springer-Verlag, New York, 1991.
18) L. Y. Chen, N. Goldenfeld and Y. Oono : Renormalization group and singular perturbations : Multiple scales, boundary layers, and reductive perturbation theory. *Phys. Rev. E*, **54**, 376-394, 1996.
19) ボゴリューボフ，ミトロポリスキー（益子正教訳）：非線型振動論 — 漸近的方法 —，共立出版，1968.
20) L. D. Landau and E. M. Lifshitz : *Fluid Mechanics*, Pergamonn Press, London, 1959.
21) S. Chandrasekhar : *Hydrodynamic and Hydromagnetic Stability*, Oxford University Press, Clarendon, 1961.
22) R. Graham : Hydrodynamic fluctuations near the convection instability. *Phys. Rev. A*, **10**, 1762-1784, 1974.
23) R. L. Stratonovich : *Topics in the Theory of Random Noise*, Gordon and Breach, New York, 1963.
24) L. Plaskota : *Noisy Information and Computational Complexity*, Cambridge University Press, Cambridge, 1996.
25) J. F. Traub, G. W. Wasilkowski and H. Wozniakowski : *Information-based Complexity*, Academic Press, New York, 1988.
26) R. Sedgewick : *Algorithm in C++*, Addison-Wesley, Massachusetts, 1990.（野下浩平，星　守，佐藤　創，田口　東共訳：アルゴリズム C++，近代科学社，1994.）
27) A. G. Werschulz : *The Computational Complexity of Differential and Integral Equations*, Oxford University Press, Oxford, 1991.
28) M. A. Kon and L. Plaskota : Information complexity of neural networks. *Neural Networks*, **13**, 365-375, 2000.
29) 松葉育雄，須鎗弘樹：ニューラルネットワーク．数理科学，**431**, 35-42, 1999.
30) D. J. Amit : *Modeling Brain Function*, Cambridge University Press, Cambridge, 1989.

31) L. A. Hertz, A. Krogh and R. G. Palmer : *Introduction to the Theory of Neural Computation*, Addison-Wesley, CA, 1991.
32) T. M. Cover : Geometrical and statistical properties of systems of linear inequalities with applications in pattern recognition. *IEEE Trans. Electron. Comput.*, **EC-14**, 326-334, 1965.
33) T. L. H. Watkin, A. Rau and M. Biehl : The statistical mechanics of learning a rule. *Rev. Mod. Phys.*, **65**, 499-556, 1993.
34) H. Suyari and I. Matsuba : Information theoretical approach to the storage capacity of neural networks with binary weights. *Phys. Rev. E*, **60**, 4576-4579, 1999.
35) E. Barkai, D. Hanse and I. Kanter : Statistical mechanics of a multilayered neural network. *Phys. Rev. Lett.*, **65**, 2312-2315, 1990.
36) E. Barkai : Broken symmetries in multilayered perceptrons. *Phys. Rev. A*, **45**, 4146-4161, 1992.
37) D. Marr : *Vision*, W. H. Freeman & Company, New York, 1982. （乾　敏郎，安藤広志訳：ビジョン ─ 視覚の計算理論と脳内表現 ─，産業図書，1987．）
38) D. H. Hubel and T. N. Wiesel : Receptive fields, binocular interaction and functional architecture in the cat's visual cortex. *J. Physio. (London)*, **160**, 106-154, 1962.
39) D. H. Hubel and T. N. Wiesel : Sequence regularity and geometry of orientation columns in the monkey striate cortex. *J. Comparative Neurology*, **158**, 267-293, 1974.
40) G. G. Blasdel : Orientation selectivity, preference and continuity in monkey striate cortex. *J. Neuro. Sci.*, **12**, 3139-3161, 1992.
41) M. Hübener, D. Shoham, A. Grinvald and T. Bonhoeffer : Spatial relationships among three columnar systems in cat area 17. *J. Neuro. Sci.*, **17**, 9270-9284, 1997.
42) R. Linsker : From basic network principles to neural architecture : Emergence of orientation selective cells. *Proc. Natl. Acad. Sci. USA*, **83**, 8390-8394, 1986.
43) R. Linsker : From basic network principles to neural architecture : Emergence of orientation columns. *Proc. Natl. Acad. Sci. USA*, **83**, 8779-8783, 1986.
44) R. Linsker : Self-organization in a perceptual network. *IEEE Computer*, **21**, 1988.
45) K. Okajima : The Gabor function extracts the maximum information from input local signals. *Neural Networks*, **11**, 435-439, 1998.
46) 佐久本政巳，松葉育雄：眼優位性および方位選択性コラムの現象論的カップリングモデル．電子情報通信学会論文誌，**J83-D-II**, 1005-1014, 2000．
47) B. A. Olshausen and D. J. Field : Emergence of simple-cell receptive field properties by learning a sparse code for natural images. *Nature*, **381**, 607-609, 1996.
48) B. A. Olshausen and D. J. Field : Sparse coding with an overcomplete basis set : A strategy employed by V1 ?. *Vision Res.*, **37**, 3311-3325, 1997.
49) N. V. Swindale : A model for the coordinated development of columnar systems in primate striate cortex. *Biol. Cybern.*, **66**, 217-230, 1992.

第4章

1) 本間 仁,春日屋伸昌:次元解析・最小2乗法と実験式,コロナ社,1956.
2) G. I. Barenblatt : *Dimensional Analysis*, Gordon and Breach Science Publishers, New York, 1987.
3) ボゴリューボフ,ミトロポリスキー(益子正教訳):非線型振動論 — 漸近的方法 —,共立出版,1968.
4) G. I. Barenblatt : *Scaling, Self-Similarity and Intermediate Asymptotics*, Cambridge University Press, 1996.

第5章

1) D. Sornette : *Critical Phenomena in Natural Sciences*, Springer-Verlag, New York, 2000.
2) A. S. Monin and A. M. Yaglom : *Statistical Fluid Mechanics : Mechanics of Turbulence*, MIT Press, Cambridge, 1973.
3) 神部 勉,P. G. ドレイジン:流体力学安定性と乱流,東京大学出版会,1998.
4) U. Frisch : *Turbulence*, Cambridge University Press, Cambridge, 1995.
5) M. Schroeder : *Fractals, Chaos, Power Law*, W. H. Freeman, New York, 1991. (竹迫一雄訳:フラクタル・カオス・パワー則,森北出版,1997.)
6) G. I. Barenblatt : *Scaling, Self-Similarity and Intermediate Asymptotics*, Cambridge University Press, Cambridge, 1996.
7) K. Schmidt-Nielsen : *Scaling : Why Is Animal Size So Important*, Cambridge University Press, Cambridge, 1984. (下沢楯夫,大原昌宏,浦野 知訳:スケーリング:動物の設計理論,コロナ社,1995.)
8) 本川達雄:ゾウの時間ネズミの時間,中公新書,1992.
9) R. Sedgewick : *Algorithm in C++*, Addison-Wesley, Massachusetts, 1990. (野下浩平,星 守,佐藤 創,田口 東共訳:アルゴリズムC++,近代科学社,1994.)

第6章

1) D. ben-Avraham and S. Havilin : *Diffusion and Reactions in Fractals and Disordered Systems*, Cambridge University Press, Cambridge, 2000.
2) 松下 貢編著:医学・生物学におけるフラクタル,朝倉書店,1992.
3) R. P. D. Atkinson, C. J. Rhodes, D. W. Macdonald and R. M. Anderson : Scale-free dynamics in the movement patterns of jackals. *OIKOS*, **98**, 134-140, 2002.
4) C. P. Doncaster and D. W. Macdonald : Activity patterns and interactions of red foxes (*Vulpes vulpes* L.) in Oxford city. *J. Zool.*, **241**, 73-87, 1997.
5) G. M. Viswanathan, V. Afanasyev, S. V. Buldyrev, *et al.* : Lévy flight search patterns of the wandering albatross. *Nature*, **381**, 413-415, 1996.
6) 松葉育雄:非線形時系列解析,統計ライブラリー,朝倉書店,2000.
7) J. Beran : *Statistics for Long-Memory Processes*, Chapman & Hall, New York, 1994.

8) G. E. P. Box and G. M. Jenkins : *Time Series Analysis : Forecasting and Control*, Holden-Day, San Francisco, 1976.
9) P. Embrechts and M. Maejima : *Selfsimilar Processes*, Princeton University Press, Princeton, 2002.
10) N. G. Van Kampen : *Stochastic Processes in Physics and Chemistry*, revised and enlarged edition, North-Holland, Amsterdam, 1992.
11) M. Riccardo, G. Paolo and J. W. Bruce : A dynamical approach to fractional brownian motion. *Fractals*, 2, 1994.
12) W. Willinger, M. S. Taqqu, W. E. Leland and D. V. Wilson : Self-similarity in high-speed packet traffic : Analysis and modeling of Ethernet traffic measurements. *Statistical Science*, 10, 67-85, 1995.
13) 小沢利久：長期記憶/自己相似性をもつトラフィックのモデル．システム制御情報学会誌, 43, 117-122, 1999.
14) K. Fukuda, M. Takayasu and H. Takayasu : Self-similar traffic originating in the transport layer, IC2000, 2000.
15) J. M. Peha : Protocols can make traffic appear self-Similar. In : Proceedings of the 1997 IEEE/ACM/SCS, Communication Networks and Distributed Systems Modeling and Simulation Conference, IEEE/ACM/SCS, 1997.
16) A. Feldmann, A. C. Gillbert, P. Huang and W. Willinger : Dynamics of IP traffic : A study of the role of variability and the impact of control. In : *Proceedings of SIGCOMM '99*, pp. 301-313, Cambridge, 1999.

第7章

1) J. L. McCauley : *Chaos, Dynamics and Fractals*, Cambridge University Press, Cambridge, 1993.
2) R. C. Hilborn : *Chaos and Nonlinear Dynamics*, Oxford University Press, Oxford, 1994.
3) C. Beck and F. Schlogl : *Thermodynamics of chaotic systems*, Cambridge University Press, Cambridge, 1993.
4) A. Lasota and M. C. Mackey : *Chaos, Fractals, and Noise*, Springer-Verlag, New York, 1994.
5) E. Otto : *Chaos in Dynamical Systems*, 2nd ed., Cambridge University Press, Cambridge, 2002.
6) P. Grassberger, T. Schreiber and C. Schaffrath : Nonlinear time sequence analysis. *Int. J. of Bifurcation and Chaos*, 1, 521-547, 1991.
7) H. D. I. Abarbanel : *Analysis of Observed Chaotic Data*, Springer-Verlag, New York, 1996.
8) H. Kantz and T. Schreiber : *Nonlinear Time Series Analysis*, Cambridge University Press, Cambridge, 1997.
9) 松葉育雄：非線形時系列解析，統計ライブラリー，朝倉書店, 2000.

10) A. Wolf, J. B. Swift, H. L. Swinney and J. Vastano : Determining Lyapunov exponents from a time series. *Physica D*, **16**, 285, 1985.
11) P. Grassberger and I. Procaccia : Measuring the strangeness of strange attractor. *Physica D*, **9**, 189-208, 1983.
12) J. L. Kaplan and L. A. Yorke : Chaotic behavior of multidimensional difference equations. In : *Functional Differential Equations*, ed. by H. O. Peitgen and H. D. Waither, pp. 204-227, Lecture Notes in Mathematics, Vol. 730, Springer-Verlag, New York, 1979.
13) E. A. Jackson : *Perspectives of Nonlinear Dynamics*, Cambridge University Press, Cambridge, 1991. (田中 茂, 丹羽敏男, 水谷正大, 森 真訳：非線形力学の展望 I, II, 共立出版, 1995.)
14) P. Cvitanovic : *Universality in Chaos*, IOP Publishing, New York, 1989.
15) M. Giglio, S. Musazzi and U. Perini : Transition to chaotic behavior via a reproducible sequence of periodic-doubling bifurcation. *Phys. Rev. Lett.*, **47**, 243-246, 1981.
16) J. Testa, J. Perez and C. Jeffries : Evidence for universal chaotic behavior of a driven nonlinear oscillator. *Phys. Rev. Lett.*, **48**, 714-717, 1981.
17) R. H. G. Helleman : Self-generated chaotic behavior in nonlinear mechanics. In : *Fundamental Problems in Statistical Physics*, ed. by E. G. D. Cohen, Vol. 5, pp. 165-233, North-Holland, Amsterdam, 1980.
18) I. Matsuba : Scaling of potential function derived from parameter renormalization of maps. *Physics Letters A*, **277**, 24-30, 1997.
19) I. Matsuba : Parameter renormalization of maps based on potential function. *CHAOS*, **7**, 278-289, 1997.
20) I. Matsuba : Parameter renormalization for asymmetrically coupled maps. *Int. J. Bifurcation and Chaos*, **9**, 865-874, 1999.
21) M. J. Feigenbaum : Quantitative universality for a class of nonlinear transformations. *J. Stat. Phys.*, **19**, 25-52, 1978.
22) M. J. Feigenbaum : The universal metric properties of nonlinear transformations. *J. Stat. Phys.*, **21**, 669-706, 1979.
23) M. J. Feigenbaum : Presentation functions, fixed points, and a theory of scaling function dynamics. *J. Stat. Phys.*, **52**, 527-569, 1988.
24) C. Tsallis, A. R. Plastino and W. -M. Zheng : Power-law sensitivity to initial conditions-new entropic representation. *Chaos, Solitons & Fractals*, **8**, 885-891, 1997.
25) C. Tsallis : Possible generalization of Boltsmann-Gibbs statistic. *J. Stat. Phys.*, **52**, 479-487, 1988.
26) A. Robledo : The renormalization group and optimization of non-extensive entropy : Criticality in non-linear one-dimensional maps. *Physica A*, **314**, 437-441, 2002.
27) J. S. Nicolis : *Chaos and Information Processing*, World Scientific, Singapore, 1991.
28) 林 茂宏, 松葉育雄：カオス制御によるシステムの保持情報量の算出, 電子情報通信学会

非線形問題研究会，電子情報通信学会技術研究報告，**102**, 93-98, 2002.
29) E. Otto, C. Grebogi and J. A. Yorke : Controlling chaos. *Phys. Rev. Lett.*, **64**, 1196-1199, 1990.
30) K. Pyragas : Continuous control of chaos by self-controlling feedback. *Physics Letters A*, **170**, 421-428, 1992.
31) K. Pyragas : Predictable chaos in slightly perturbed unpredictable chaotic systems. *Physics Letters A*, **188**, 203-210, 1993.
32) K. Ikeda and M. Matsumoto : High dimensional chaotic behavior in systems with time delayed feedback. *Physica D*, **29**, 223-235, 1987.
33) 大熊孝裕，松葉育雄：ディレーを推定するための新しい埋込み手法．電子情報通信学会論文誌 A，**J82-A**, 990-996, 1999.
34) B. Mensour and A. Longtin : Controlling chaos to store information in delay-differential equations. *Physics Letters A*, **205**, 18-24, 1995.
35) T. K. Lim, K. Kwak and M. Yun : An experimental study of storing information in a controlled chaotic system with time delayed feedback. *Physics Letters A*, **240**, 287-294, 1998.

第8章

1) P. Bak : How Nature Works : *The Science of Self-Organized Criticality*, Copernicus, New York, 1996.
2) H. J. Jensen : *Self-Organized Criticality*, Cambridge University Press, New York, 1998.
3) P. Bak, C. Tang and K. Wiesenfeld : Self-organized criticality. *Phys. Rev. A*, **38**, 364-374, 1988.
4) S. K. Ma : *Modern Theory of Critical Phenomena*, Benjamin, Massachusetts, 1976.
5) 神谷良信，須鎗弘樹，松葉育雄：ニューラルネットワークモデルの粗視化による脳波の $1/f$ スペクトルの導出．電子情報通信学会論文誌，**J84-A**, 1148-1156, 2001.
6) Y. Kamitani and I. Matsuba : Self-similar characteristics of neural networks based on Fokker-Planck equation. *Chaos, Solitons & Fractals*, **20**, 329-335, 2004.
7) P. Bak, C. Tang and K. Wiesenfeld : Self-organized criticality : An explanation of $1/f$ noise. *Phys. Rev. Lett.*, **59**, 381-384, 1987.
8) Y. Kamitani and I. Matsuba : Neural networks in three dimensions producing $1/f$ spectra. *ICONIP*, **2**, 627-631, 2001.
9) A. Ilachinski : *Cellular Automata*, World Scientific, Singapore, 2001.
10) 菊地　誠ほか：応用数理学会誌，特集：交通流，Vol. 12, 104-108, 2002.
11) D. Helbing and M. Schreckenberg : Cellular automata simulating experimental properties of traffic flow. *Phys. Rev. E*, **59**, 2505-2508, 1999.
12) L. Roters, S. Lübeck and K. D. Usadel : Critical behavior of a traffic flow model. *Phys. Rev. E*, **59**, 2672-2676, 1999.
13) C. H. Scholz : *The Mechanics of Earthquakes and Faulting*, Cambridge University

Press, Cambridge, 1990.
14) 宇津徳治：地震学 第2版，共立出版，1988.
15) 茂木清夫：日本の地震予知，サイエンス社，1982.
16) K. Aki : Scaling law of seismic spectrum. *J. Geophy. Res.*, **72**, 1217-1231, 1967.
17) J. B. Rundle : Derivation of the complete Gutenberg-Richter magnitude-frequency relation using the principle of scale invariance. *J. Geophy. Res.*, **94**, 12337-12342, 1989.
18) D. L. Turcotte : *Fractals and Chaos in Geology and Geophysics*, Cambridge University Press, Cambridge, 1992.
19) L. Pietronero, A. Vespignani and S. Zapperi : Renormalization scheme for self-organized criticality in sandpile models. *Phys. Rev. Lett.*, **72**, 1690-1693, 1994.
20) B. Barriere and D. L. Turcotte : Seismicity and self-organized criticality. *Phy. Rev. E*, **49**, 1151-1160, 1994.
21) I. Matsuba : Renormalization group approach to earthquake scaling. *Chaos, Solitons & Fractals*, **13**, 1281-1294, 2002.
22) 太田　順，松葉育雄：散逸的セルラオートマタモデルによる地震解析．電子情報通信学会論文誌，**J81-A**，354-360，1998.
23) 大澤好男，松葉育雄：地震の頻度分布と幾何学的特徴．電子情報通信学会論文誌，**J82-A**，1548-1554，1999.
24) 大澤好男，松葉育雄：スプリングブロックモデルにおける状態遷移と破壊の幾何学的様相．電子情報通信学会論文誌，**J83-A**，736-743，2000.

索　引

あ　行

アフィン変換　133
亜臨界　207
鞍点法　72

位相的エントロピー　65
1次量　123
一般化フラクタル次元　68
イーデンモデル　41

ウォーク次元　162
埋め込み次元　181
埋め込みベクトル　181

AIC　54
永年項　102
$1/f$ノイズ　47
エントロピー最大化原理　50

遅れ時間　181
オーバーフィッティング　85
重みつき残差法　88, 106

か　行

概周期運動　175
階層構造　152
外部解　99
ガウス型確率密度　53
カオス　37, 91, 175
カオスアトラクタ　180
拡散過程　29
拡散方程式　29
拡散律速過程　38
カプラン・ヨーク予測　182

ガラーキン法　90, 106
カルバック・ライブラー情報量　53
関数方程式　5, 135, 224
慣性領域　153
カントール集合　12, 96, 182, 185
眼優位性コラム　118

記憶容量　50, 198
逆伝播法　86
境界層理論　96
極限集合　185

クイックソート　149
区分線形関数　78
グラフ次元　25, 77, 168
グラムシュミット法　80
くりこみ変換式　190

計算論的複雑さ　105〜107
結合確率密度関数　75

コッホ曲線　16
コラム構造　118
コルモゴロフ　164
コルモゴロフ・シナイ・エントロピー　68, 192
コルモゴロフ則　47, 153

さ　行

再帰プログラム　150
最小努力の法則　42, 46, 164
最小2乗法　83
最大エントロピー法　51
細分化　66
最尤法　54, 82

サリス・エントロピー　58, 193

シェルピンスキー・ガスケット　15
視覚野　117
シグモイド関数　81
次元　8, 124
次元解析　125
自己アフィン相似性　23
自己アフィン変換　133
試行関数　89
自己回帰モデル　36, 167
自己共分散　75
自己相関関数　75
自己相似性　11
自己相似変換　96, 133
自己相似変換不変性　133
自己組織化　209, 213
自己組織化臨界現象　222
地震　221
ジップの法則　42
ジップ分布　43
ジップ・マンデルブロの法則　45
シナプス　111
ジャッカル　164
シャノン・エントロピー　49
周期軌道　176
周期点　176
周期倍分岐　176
受容野　120
ジュリア集合　19
情報圧縮　195
情報次元　69, 196
情報生成　61
情報の平均変化率　63, 195
情報半径　108
情報量　48
情報量規準　54
神経回路　217
浸透モデル　41

スケーリング則　2
スケーリング法　133
スケーリング領域　4, 11, 181

スケール関数　20, 34, 137, 225
スケールフリー　7, 140
スケール変換　7
スケール変換不変性　7, 31, 133, 134
スターリングの公式　29
ストレージキャパシティ　116
ストレンジアトラクタ　184
砂山モデル　221
スパースコーディング　119
スプライン関数　78

正規直交系　80
斉次関数　224
正則化　87
成長関数　113
節約の原理　54
線形分離可能　113
選点法　89

相関次元　71
相関積分　180
相空間　62
相似変換　133
測定誤差　83
測度論的エントロピー　67
粗視化　212
粗視化方程式　213

た　行

第1次視覚野　117
対数尤度　82
対流　91
多項式近似　79
多スケール遁減法　101
単位系　123
短期記憶　166
短期記憶過程　167
単振り子　125, 129

長期記憶　166
長期記憶過程　170
長時間極限　204
超臨界　207

直交　80

定常時系列　75
定常性条件　75
定常な増分　169
停留条件　52
テント写像　63

動径基底関数　80
特異スペクトラム　72
特異摂動法　96
特異値　86
特異値分解法　86
ドリフト　28

な 行

内部解　98
ナビエ・ストークス方程式　91

2次元ランダムウォーク　29
2次量　123
ニューラルネットワーク　81, 111
ニューロン　111

ネズミゾウ曲線　147
熱伝導方程式　88, 91

濃度　108
濃度数　108

は 行

パーコレーションモデル　222
ハースト数　26, 77, 168
パーセプトロン　112
バーデ近似　79
汎化誤差　84

非整数ブラウン運動　77, 171
ピタゴラスの定理　131
ピッチフォーク分岐　93
非定常過程　28

ファイゲンバウム定数　186

ファイゲンバウム比　187
ファイゲンバウム理論　189
ファンデルポール方程式　102
VC次元　113
VC容量　112, 114
フォッカー・プランク方程式　173
不動点　176
太ったカントール集合　13
不変確率密度　63
ブラウン運動　35
　　非整数——　77, 171
フラクタル　1, 180
フラクタル構造　96
フラクタル次元　2
ブラントル数　92, 103
浮力　91
分散　75

平均対数尤度　54
平均値　75
平均場近似　39
べき関数　2, 126
べき則　2
ペシアン等式　193
ヘブ則　111
ベルヌイシフト写像　63, 196
ベンフォードの法則　43

方位選択性コラム　118
ボックスカウント次元　3
ホップ分岐　94
ボルツマン・ギブス・エントロピー　51

ま 行

マッチング条件　99
窓　179
マルコフ過程　27
マルチフラクタル　72
マンデルブロ集合　18
マンデルブロ図　19

未定乗数　52

無次元量　124

モーメント法　89

や　行

容量次元　3

ら　行

ラグランジュ未定乗数法　51
ランジュバン方程式　105
ランダウ方程式　103
ランダムウォーク　26, 161
ランダムフラクタル　19
乱流　47, 175

リアプノフ次元　182
リアプノフ指数　63

臨界点　103, 177, 206

レイノルズ数　175
レヴィウォーク　163
レヴィフライト　162
レヴィ分布　61
レニィ・エントロピー　56
レーリー数　92, 103
連想記憶　111

ロジスティック写像　18, 37, 65, 175
ローレンツアトラクタ　95
ローレンツモデル　91, 195

わ　行

ワイエルシュトラス関数　22

著者略歴

松葉育雄
(まつばいくお)

1952 年　大阪府に生まれる
1980 年　東京大学大学院理学系研究科
　　　　博士課程修了
現　在　千葉大学工学部情報画像工学科教授
　　　　理学博士

複 雑 系 の 数 理

定価はカバーに表示

2004 年 12 月 10 日　初版第 1 刷
2005 年 3 月 10 日　　第 2 刷

著　者　松　葉　育　雄
発行者　朝　倉　邦　造
発行所　株式会社　朝　倉　書　店

東京都新宿区新小川町 6-29
郵便番号　162-8707
電　話　03 (3260) 0141
ＦＡＸ　03 (3260) 0180
http://www.asakura.co.jp

〈検印省略〉

© 2004 〈無断複写・転載を禁ず〉

中央印刷・渡辺製本

ISBN 4-254-28002-5　C 3050　　　　Printed in Japan

千葉大 松葉育雄著
統計ライブラリー
非線形時系列解析
12660-3 C3341　　　　A5判 208頁 本体3600円

不規則に変動する時系列データを，非線形な特徴をとらえ解析する方法を解説。実際的な応用や演習問題により，具体的な方法について詳しく説明〔内容〕時系列解析／統計入門／線形・非線形統計モデル／長期記憶解析／カオス入門／非線形解析

千葉大 松葉育雄著
シリーズ〈工学のための数学〉5
確　　　　率
11545-8 C3341　　　　A5判 192頁 本体3000円

工学系の学生が「確率」を使いこなせるよう，例題，演習問題，詳しい解答など様々な工夫を凝らして説明。大学初年級のテキストとして最適。〔内容〕確率とは／確率変数／確率変数の関数／母関数とその応用／エントロピーとその応用／解答集

東工大 宮川雅巳著
シリーズ〈予測と発見の科学〉1
統 計 的 因 果 推 論
―回帰分析の新しい枠組み―
12781-2 C3341　　　　A5判 192頁 本体3400円

「因果」とは何か？データ間の相関関係から，因果関係とその効果を取り出し表現する方法を解説。〔内容〕古典的問題意識／因果推論の基礎／パス解析／有向グラフ／介入効果と識別条件／回帰モデル／条件付き介入と同時介入／グラフの復元／他

九大 小西貞則・統数研 北川源四郎著
シリーズ〈予測と発見の科学〉2
情 報 量 規 準
12782-0 C3341　　　　A5判 208頁 本体3400円

「いかにしてよいモデルを求めるか」データから最良の情報を抽出するための数理的判断基準を示す〔内容〕統計的モデリングの考え方／統計的モデル／情報量規準／一般化情報量規準／ブートストラップ／ベイズ型／さまざまなモデル評価基準／他

早大 永田 靖著
統計ライブラリー
サンプルサイズの決め方
12665-4 C3341　　　　A5判 244頁 本体4300円

統計的検定の精度を高めるためには，検出力とサンプルサイズ（標本数）の有効な設計が必要である。本書はそれらの理論的背景もていねいに説明し，また読者が具体的理解を得るために多くの例題と演習問題（詳解つき）も掲載した

成蹊大 岩崎 学著
統計ライブラリー
統計的データ
解析のための # 数 値 計 算 法 入 門
12667-0 C3341　　　　A5判 216頁 本体3700円

統計的データ解析に多用される各種数値計算手法と乱数を用いたモンテカルロ法を詳述〔内容〕関数の展開と技法／非線形方程式の解法／最適化法／数値積分／乱数と疑似乱数／乱数の生成法／モンテカルロ積分／マルコフチェーンモンテカルロ

東大 金子邦彦・北大 津田一郎著
複雑系双書1
複雑系のカオス的シナリオ
10514-2 C3340　　　　A5判 312頁 本体5500円

カオス，複雑現象の研究から到達した新しい自然認識を開示。〔内容〕複雑系科学の必然性／カオスとは何か／情報論的立場による観測問題／CML／カオス要素のネットワーク／カオス結合系の生物ネットワークへの意義／脳の情報処理とカオス

東大 金子邦彦・東大 池上高志著
複雑系双書2
複雑系の進化的シナリオ
―生命の発展様式―
10515-0 C3340　　　　A5判 336頁 本体5900円

複雑系としての生命とは何か。〔内容〕理論生物学の可能性／共生：多様な相互作用世界／ホメオカオス／繰り返しゲーム・コミュニケーションゲームにおける進化／マシンとテープの共進化システム／細胞社会に見る多様性，分化，再帰性など

「複雑系の事典」編集委員会編
複 雑 系 の 事 典
―適応複雑系のキーワード150―
10169-4 C3540　　　　A5判 448頁 本体14000円

本事典は，新しい知の枠組みとしての〈複雑系〉を基本としながら，知の類似性をもとに広く応用の意味を含めて，哲学・科学・工学・経済・経営までを包括したキーワード150を50音順に配列したものである。各キーワードは見開き2〜4頁を軸に簡潔にまとめ随所に総合解説を挿入し，キーワードの相互連関を助けるよう配慮した。編集委員会メンバーは，太田時男（横国大名誉教授）・渡辺信三（京大名誉教授）・西山賢一（埼玉大）・相澤洋二（早大）・佐倉統（東大）の5名

上記価格（税別）は2005年2月現在